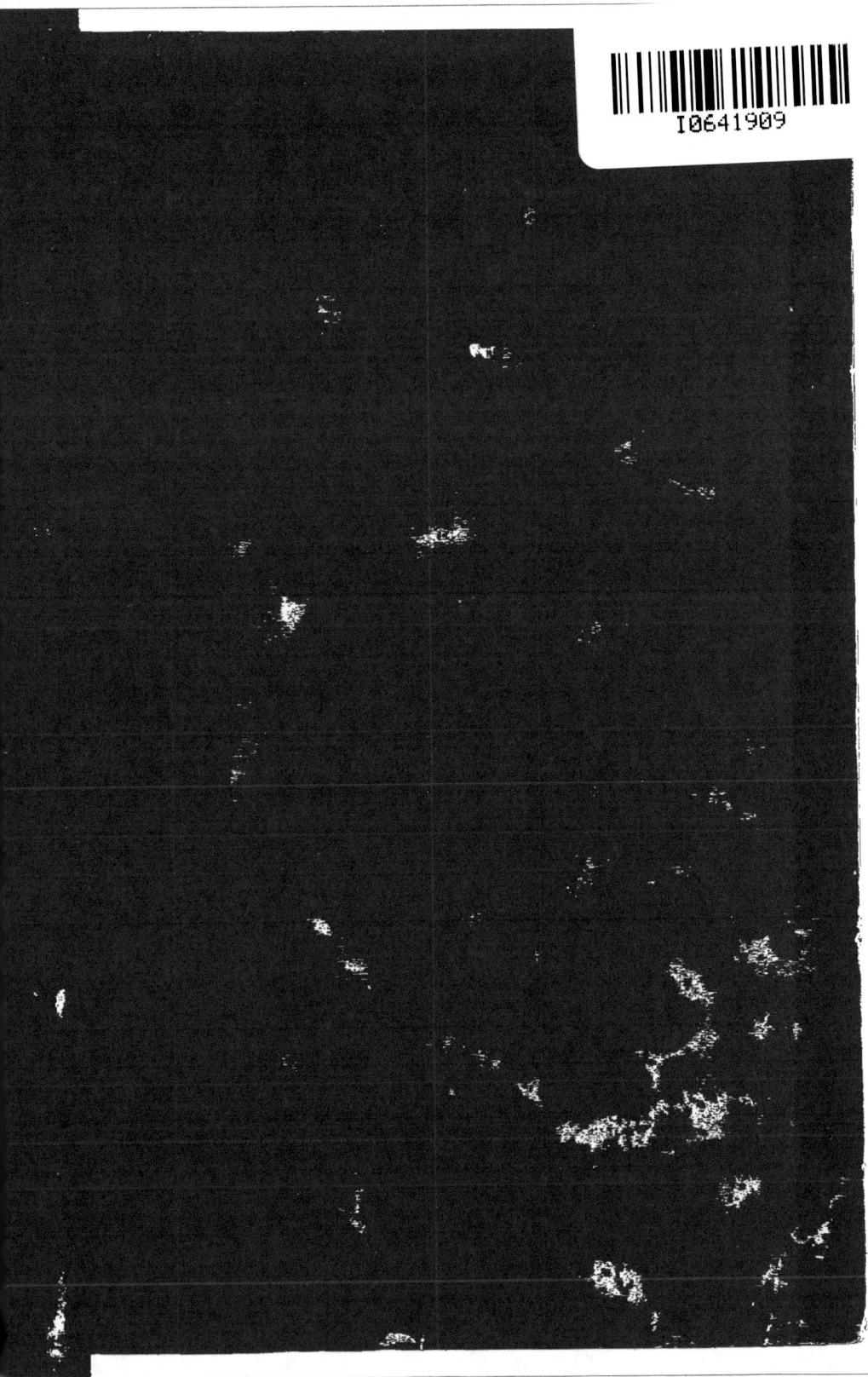

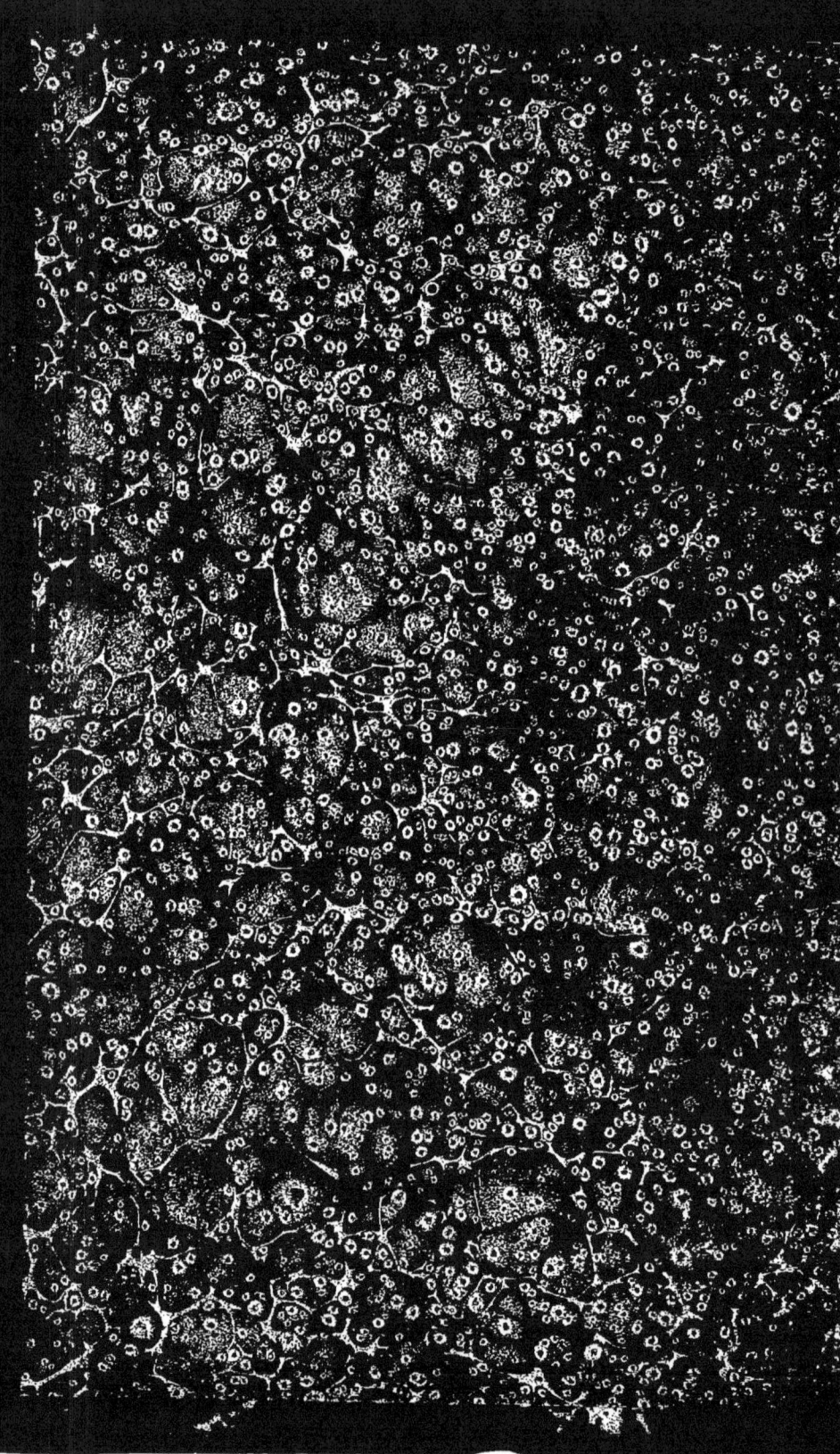

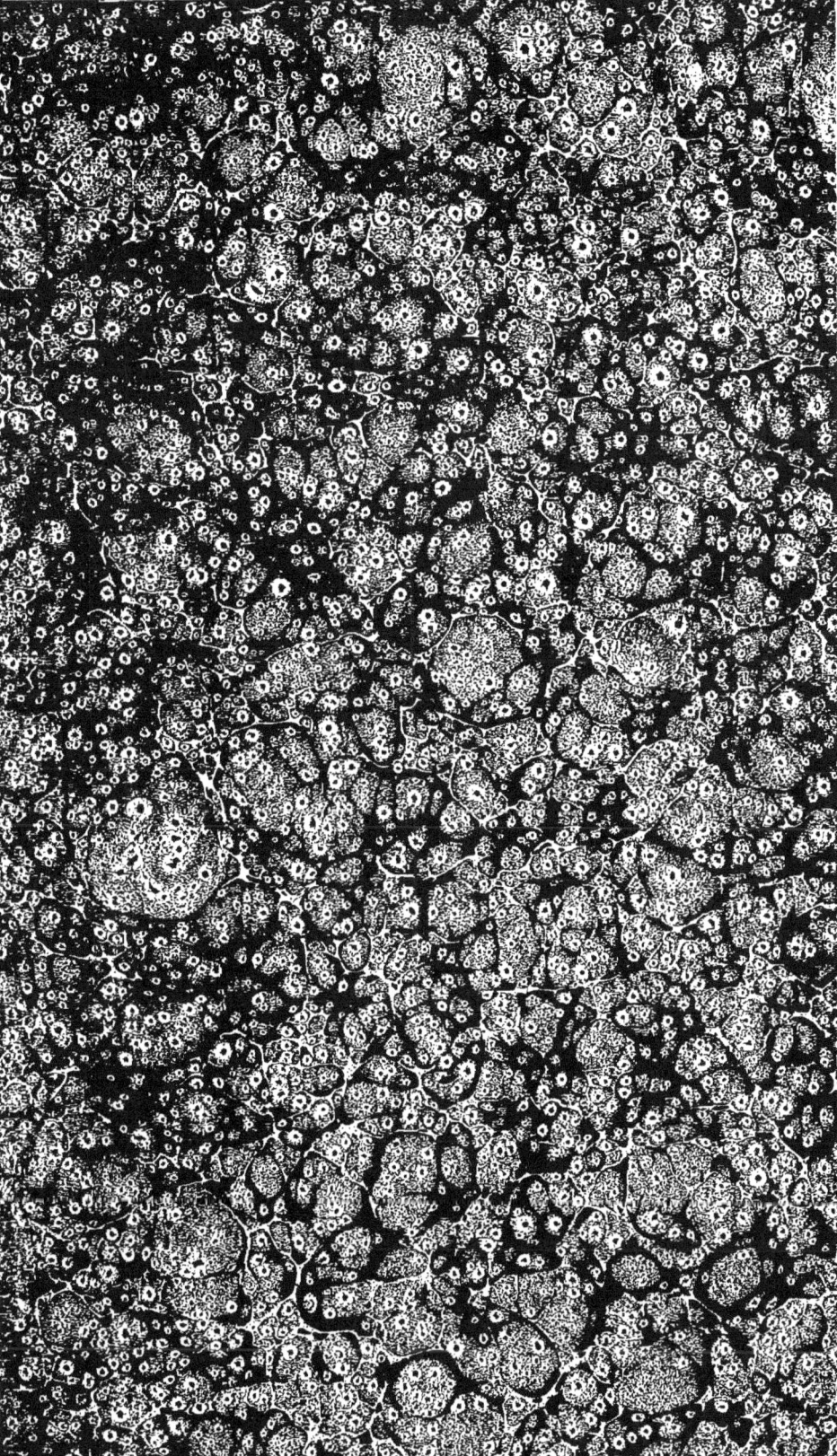

28500

CULTURE DE LA VIGNE

ET

VINIFICATION

PARIS — IMP. SIMON RAÇON ET COMP., RUE D'ERFURTH, 1.

CULTURE

DE

LA VIGNE

ET

VINIFICATION

PAR

LE Dr JULES GUYOT

DEUXIÈME ÉDITION

PARIS

LIBRAIRIE AGRICOLE DE LA MAISON RUSTIQUE

26, RUE JACOB, 26

1861

INTRODUCTION

—

Le traité de la viticulture et de la vinification que je publie aujourd'hui est une improvisation pour ainsi dire forcée par des circonstances que j'étais loin de prévoir.

Après trente ans passés dans l'observation et la pratique de la culture des vignes et des fermes, j'ai commencé, en 1850, sur les données les plus positives de nos meilleurs vignobles et de notre agriculture la plus progressive, l'étude comparative de la viticulture et de l'agriculture dans les terrains médiocres et pauvres, et j'ai poursuivi cette étude sous le triple rapport de l'intérêt privé, du pouvoir colonisateur et de la richesse nationale.

A cet effet, j'ai créé, dans un lieu et dans des terrains jugés des moins favorables à la vigne, un peu plus propres à la ferme, mais en général d'une très-minime valeur pour toute culture, un vignoble de 34 hectares et une ferme d'une étendue double.

Voulant faire une étude sérieuse et la rendre profitable à tous, j'appelai sur mes travaux l'attention des autorités compétentes du département et de l'arrondissement : des commissions composées d'hommes considérables, délégués par les comités et par les sociétés savantes, surveillèrent avec persévérance la marche de mes opérations jusqu'au mois d'août 1857, époque où j'ai rendu le domaine, base de mes expériences, à celui qui devait en rester propriétaire.

Cette année-là le vignoble de 34 hectares, dont la moitié seulement était arrivée, non à sa pleine production, mais à sa production de cinquième année seulement, l'autre moitié ne comptant encore que trois feuilles, produisit 560 pièces de vin, 200 pièces à peu près provenant de 5 hectares protégés par les paillassons, et 360 pièces provenant des 29 hectares non protégés. Mes prévisions étaient ainsi dépassées de beaucoup, car le vignoble, arrivé à peine au tiers de sa production, rendait déjà plus de 30 hectolitres à l'hectare ; les années suivantes, avec la protection, la culture et l'engrais indispensables dans ce lieu maigre, humide et sujet aux gelées de printemps et d'automne, sa production normale devait s'élever à plus de 1,000 pièces de 2 hectolitres.

Mes expériences ont été ainsi interrompues trois ou quatre années trop tôt pour que tout le monde fût édifié sur la valeur respective de la ferme et de la vigne dans les terrains pauvres ; mais pour moi la lumière était faite, et elle était déjà assez sensible aux yeux des commissions et des hommes compétents pour qu'ils n'aient pas hésité à en rendre publiquement témoignage.

Il fallait encore faire à la ferme, après sept ans, une avance annuelle considérable pour la soutenir et l'améliorer. Elle n'offrait à son futur apogée que 3,000 à 4,000 francs de profit net à réaliser, après douze ans d'attente et de frais, et ne nourrissait de ses salaires que deux familles, tandis que le vignoble nourrissait vingt familles, donnait, au tiers de sa production, plus de 500 pièces de vin, offrait en perspective une récolte régulière de plus de 1,000 pièces de vins fins valant, dans le pays, de 100 à 400 francs la pièce, c'est-à-dire de 100,000 à 400,000 francs de produit brut par an pour 30,000 à 50,000 francs de dépense annuelle.

Voyant ces faits réalisés, et joignant à leur appréciation ce que j'avais observé depuis mon enfance, le désert et la pauvreté des fermes à terrains maigres, et la richesse des populations nombreuses des vignobles de ces mêmes terrains, j'ai emporté de la Champagne, au mois d'août 1857, les convictions profondes que je réunis dans ce livre et l'immense chagrin de laisser inachevées les applications qui devaient en être la confirmation vivante aux yeux de tous.

A tort ou à raison, je sentais, en quittant mes chères créations, qu'elles seraient incomprises, bouleversées, détruites, et que leurs conséquences, devenues déplorables, seraient peut-être même un jour invoquées contre les précieuses vérités qu'elles étaient appelées à confirmer.

C'est sous l'empire de cette appréhension que je me hâtai de les faire connaître par une série d'articles insérés dans le *Journal d'Agriculture pratique.*

Ces articles ont été accueillis de tous les points des vignobles de France avec une bienveillance et un empressement qui m'ont une fois de plus démontré que, dans notre pays, la vérité est aimée du plus grand nombre, et que les accents sincères et dévoués qui l'expriment, si faibles et si inconnus qu'ils soient, trouvent partout des échos sympathiques et puissants.

Cet accueil prouve encore que les progrès de la viticulture et de la vinification sont dans tous les esprits, et que les temps de la bonne vigne et du bon vin vont revenir. La découverte d'une vérité ou d'un

progrès n'appartient point à un seul ni même à
quelques-uns. Une vérité et un progrès viennent en
leur temps et en leur saison comme la fleur et le fruit
sur un arbre : les découvertes et les progrès des sociétés humaines résident dans l'ensemble de ces sociétés et sont les conséquences nécessaires de leur développement et de leur travail traditionnel ; celui de
leurs membres qui voit une vérité et qui l'exprime le
premier est compris et accueilli de tous les autres
membres, parce que tous entrevoyaient cette vérité,
ou bien parce que tous étaient préparés à la comprendre. C'est pour cela que, si les bonnes idées ré-
vélées et répandues honorent les individus, elles n'honorent pas moins les familles, les tribus, les nations,
qui les reconnaissent et les accueillent avec empressement.

Pour mon compte, je ne sais rien de la viticulture
que ce que j'en ai appris en observant les vignes et
les vignobles, en étudiant les auteurs, en cultivant
moi-même la vigne et en cherchant dans la pratique
fondée sur la tradition et l'observation ce qui peut
être le mieux pour la vigne, pour le vigneron et pour
tous. Je déclare que, toutes les fois qu'une solution
m'a semblé consacrée comme la meilleure par l'expérience, j'ai reconnu bientôt que cette solution avait
déjà été indiquée soit par les bons auteurs, soit par la
pratique d'un des meilleurs vignobles. Je n'ai donc

rien fait que je puisse m'attribuer, et je ne reven-
dique absolument aucune découverte : j'ai simplement résumé la question de la viticulture après l'avoir
pendant longtemps étudiée pratiquement et sur une
grande échelle.

Beaucoup d'excellents ouvrages ont traité cette question depuis longtemps et à des points de vue différents : pour ne parler que des ouvrages plus récents,
je citerai la *Maison rustique du 19ᵉ siècle;* le *Manuel
du Vigneron*, de M. le comte Odart ; l'*Ampélographie
française*, de M. Rendu ; le *Livre du Vigneron*, de
M. Monny de Mornay ; la *Chimie appliquée à la viticulture et à l'œnologie*, de M. Ladrey ; le travail des
vins, et surtout des vins mousseux, de M. Maumené.
Je pourrais citer encore plusieurs publications et mo-
nographies sur la vigne et les vins ; ces publications
complètent toutes les questions que je traite moi-
même.

J'ai donc été fort surpris d'être invité par un grand
nombre de viticulteurs de toutes les régions viticoles
de la France à réunir en un volume les articles publiés par moi, dans le *Journal d'Agriculture pratique*,
de 1857 à 1860.

Ces invitations, souscrites de noms autorisés et
considérables en viticulture, m'imposaient une obligation à laquelle je devais satisfaire; mais il me fal-
ait à cet effet, pour donner à mon ouvrage son com

plément indispensable, joindre à la viticulture mes observations sur la vinification. J'ai recueilli ces observations, mes points de vue et les résultats de mon expérience sur cette conclusion obligée de la culture de la vigne, et c'est la culture de la vigne et la vinification, groupées et concentrées à l'improviste, que je livre à la publicité, en réclamant l'indulgence des lecteurs pour les imperfections de toute nature qu'ils rencontreront trop souvent dans mon ouvrage.

Tel qu'il est, je n'aurais pu livrer cet ouvrage à la publicité assez à temps pour être encore utile au grand mouvement que le récent traité de commerce avec l'Angleterre va donner à la viticulture et à la vinification, sans le concours énergique et affectueusement dévoué de mon éditeur, qui a bien voulu se charger lui-même de mettre dans mes idées l'ordre et la précision qui leur auraient fait défaut en maints endroits ; c'est là un service réel que je dois, comme bien d'autres auteurs, et plus encore qu'eux, à la *Librairie agricole*, et j'en adresse ici mes vifs remercîments à son excellent directeur.

1er mai 1860.

Cette première édition de mon livre a paru au mois de mai 1860. Au mois de novembre de la même année elle est entièrement épuisée : cette faveur inespérée du monde vinicole, appuyée de l'approbation des viticulteurs, propriétaires et praticiens les plus considérables, m'engage à donner une seconde édition de mon œuvre dans toute sa simplicité primitive.

Je me suis donc contenté de faire disparaître dans cette édition les fautes d'impression assez nombreuses qui se faisaient remarquer dans la première, d'éclaircir les points obscurs de sa rédaction, et d'en rendre la table plus précise et plus complète.

Je n'aurais eu d'ailleurs absolument rien à retrancher ni à ajouter à ce que j'ai dit, car les principes, les préceptes et les points de vue que j'expose ont été considérés par les vignerons comme s'approchant le plus de la bonne pratique.

Dans cinq ou six années seulement, des faits nouveaux ou mieux observés pourront mettre en lumière les vérités ou les erreurs de mes expériences et de mes observations, et je signalerai alors les unes et les autres avec une égale impartialité.

50 novembre 1860.

Dᴿ JULES GUYOT.

CULTURE DE LA VIGNE

ET

VINIFICATION

CHAPITRE PREMIER

INFLUENCE COLONISATRICE DES CULTURES EN GÉNÉRAL ET DE LA VIGNE
EN PARTICULIER

Expression de la richesse d'un lieu et d'un sol. — La
véritable expression de la richesse d'un lieu est le chiffre
de la population qui l'habite et qui s'y maintient à l'état de
prospérité.

La véritable expression de la richesse d'un sol est dans
le chiffre de la population qu'il entretient, c'est-à-dire dont
il paye la main-d'œuvre et les fournitures par ses produits
bruts ou travaillés sur place.

Quand des populations nombreuses sont accumulées
sur un point et entretenues par le commerce, l'industrie,

1

les arts, ou par les fonds de l'État, ces populations commanditent les cultures voisines et peuvent tirer les produits qui leur sont utiles des sols les plus pauvres, en y répandant les ressources et la richesse qui leur viennent d'ailleurs.

Dans ce cas, c'est la population qui enrichit le sol pour s'entretenir, et non le sol qui entretient la population par sa richesse.

Cette fertilité artificielle n'a d'ailleurs qu'un périmètre dont la limite absolue est déterminée par les besoins du groupe central et par l'équilibre entre les prix de ces produits et les prix des produits provenant des points plus éloignés. Au delà de cette limite, toute extension ou tentative d'extension de grandes cultures dans un sol pauvre n'engendrera que la gêne, la misère, et, en fin de compte, le délaissement du sol.

Quand un sol est naturellement fertile ou producteur de récoltes estimées et payées un haut prix, il attire, fixe et entretient par lui-même des populations nombreuses ; il est réellement un principe de richesse ; il est essentiellement colonisateur.

Il importe beaucoup, en philosophie agricole, de ne pas confondre la fertilité d'un sol obtenue par la richesse d'une population préexistante et indépendante, avec la fertilité d'un sol qui a créé une population et sa richesse. Le premier sol n'a qu'une valeur relative, le second sol possède une valeur absolue; ce dernier est producteur de la richesse locale, l'autre sol en est l'absorbant.

Signes qui constatent le degré de valeur colonisatrice d'un sol. — A quels signes reconnaître et par quels chiffres exprimer le degré de valeur colonisatrice négative ou positive d'un sol quelconque ? Par la nature de ses produits et par le prix brut offert à ces produits immédiats ou travaillés sur place. Le chiffre brut de la vente sur place, telle est la seule expression vraie de la richesse de la culture, c'est la richesse de la colonie; le chiffre du profit net n'exprime que le taux du revenu privé. Que la terre produise des métaux précieux, qu'elle produise le thé, le café, l'indigo, le coton, le mûrier, la canne, la betterave, la vigne, l'olivier, les céréales, les pâturages ou les forêts, cette base d'appréciation de la richesse coloniale reste la même et parfaitement exacte.

En effet, le produit d'un hectare peut être vendu 2,000 fr. et ne rendre que 100 fr. de bénéfice net; un autre produit vendu 500 fr. peut rendre également 100 fr. net. Dans ces deux cas, l'intérêt privé est le même, tandis que la puissance colonisatrice du premier est quatre fois plus grande que celle du second, puisqu'il a été payé quatre fois plus de main-d'œuvre, de fournitures et de concours divers, et que, par suite, la population a reçu une somme quatre fois plus grande que le produit de la récolte d'une superficie égale[1].

Cultures à basse, à moyenne et à haute main-d'œuvre. — En prenant pour point de départ les sols qui ne produisent rien, la valeur brute des produits se superpose à

[1] Entre Sept-Saulx et Reims, la rivière de Vesle avec ses affluents traverse environ 600 hectares de marais. Leurs produits sont généralement composés de roseaux, de carex, de joncs et de prêles, qui fournissent des litières de qualité inférieure. Ces marais valent en moyenne 1,200 fr. l'hectare, et rapportent de 50 à 60 fr. de revenu net, qui, avec une dépense de main-d'œuvre de 15 fr. pour la récolte, donnent de 65 à 75 fr. de valeur brute. Le propriétaire d'un hectare de ces marais reçoit donc 4 ou 5 pour 100 de la valeur de son sol, ce qui est un beau revenu foncier pour l'intérêt privé. — Mais 65 et 75 fr. par hectare sont un triste produit pour la société et pour l'État, puisque 10 hectares de ces marais ne pourvoiraient pas au budget annuel d'une pauvre famille qui se contenterait de recueillir leurs produits naturels.

Tout près de Reims, 20 à 30 hectares de ces mêmes marais ont été mis en cultures potagères à l'aide de sacrifices de temps et d'argent; chaque hectare vaut de 12 à 15,000 fr., donne des produits nets de 500 à 600 fr. et des pro-

peu près dans l'ordre suivant : les maigres pâturages des pelouses, friches et savarts, les marais à litière, les forêts, les bons pâturages et prairies naturelles. Ces quatre premières classes peuvent être désignées sous le nom de produits *à basse main-d'œuvre*.

La *moyenne main-d'œuvre* est représentée par la grande classe des céréales et prairies artificielles. Viennent ensuite les plantes féculentes et oléagineuses, les plantes textiles, les cultures potagères et fruitières, celles des plantes saccharifères, celles des vinifères, celles des plantes stimulantes, etc., etc. Ces dernières classes, qu'on désigne sous le nom de cultures à *haute main-d'œuvre*, comprennent le tabac et l'indigo, le thé, le café, la vigne, la betterave et la canne à sucre; le mûrier, le cotonnier, le lin, le chanvre, etc.

Toute culture à haute main-d'œuvre est essentiellement colonisatrice, et ses produits ont toujours une valeur vénale brute élevée, relativement aux produits de la basse et de la moyenne main-d'œuvre. Si la culture à haute main-d'œuvre peut s'établir et prospérer, même à grands frais, sur un sol délaissé, elle y attirera la population, l'y fixera et fera prospérer ainsi forcément les cultures inférieures, indispensables à l'alimentation humaine, en les commanditant en forces et en valeurs permanentes.

Avantages de la culture de la vigne dans les terrains pauvres. — En présence d'un sol désert qu'il veut peupler et fertiliser, le chef des colonisateurs devra donc chercher, avant toute entreprise sérieuse, quel est le produit de haute

---

duits bruts de 1,200 à 1,500 fr. — Le revenu net est encore de 4 ou 5 pour 100 pour le propriétaire, mais chaque hectare donne un revenu brut qui représente le budget local de deux pauvres familles.

Voilà la richesse colonisatrice, voilà une grande valeur pour l'État.

Si les 600 hectares de marais étaient amenés à cette production, ils suffiraient à entretenir 1,200 familles au lieu de 60 familles.

main-d'œuvre et du prix brut le plus élevé que ce sol puisse produire. S'il le découvre, il dirigera vers lui tous les efforts et toutes les ressources dont il peut disposer, convaincu que, par sa conquête, il assurera naturellement celle de tous les produits agricoles inférieurs. A un point de vue moins collectif, le capitaliste, ce puissant agent du progrès, ne dissipera point ses forces en cultivant sur des espaces sans fin de misérables produits à basse ou même à moyenne main-d'œuvre. Il saura bientôt qu'un hectare de Château-Laffitte ou de Clos-Vougeot produit plus de richesses pour tous que cent hectares de landes, de friches ou de savarts laissés en pâturages, plantés en bois ou mis en culture de ferme.

En termes plus précis, dans les terrains pauvres et délaissés, la production du pain et de la viande n'engendrera jamais la richesse, tandis que la richesse y produira toujours le pain et la viande. Jamais la culture des céréales et des prairies artificielles, seules ou appuyées de la production et de l'entretien du bétail correspondant, n'arriveront, sans une commandite permanente, à peupler les déserts de la Champagne, de la Sologne et des Landes; et cette commandite ne sera permanente que dans la culture à haute main-d'œuvre et à prix brut élevé, dans la culture de la vigne, par exemple, qui convient parfaitement à ces trois sols délaissés, et dont le produit moyen peut toujours atteindre un prix brut de trois à huit fois plus élevé que le produit moyen de la ferme, à surface égale.

En effet, si, dans les sols pauvres les mieux cultivés, on calcule la moyenne des jachères, des prairies artificielles, de l'avoine, de l'orge, du seigle et du froment dans la proportion de leur assolement, on trouve que le rendement annuel brut, vendu sur pied, fourrages et grains, est loin d'atteindre toujours 200 fr., et s'élève très-rarement à

300 fr. par hectare, et que le rendement brut moyen de chaque hectare de vigne dépasse toujours 600 fr., et s'élève souvent bien au-dessus de 2,400 fr.

Pour donner de ce rapport un exemple précis et frappant, je dirai qu'en 1857 le prix brut moyen de chaque récolte d'un hectare de vigne a dépassé 4,000 fr., tandis que le prix de chaque hectare de froment, la céréale la plus chère formant un huitième seulement de l'assolement, n'a pas atteint 600 fr., même dans les fermes qui sont en vue du camp de Châlons.

En prenant pour base la moyenne des vingt dernières années, on reconnaît que la vigne a une puissance colonisatrice de trois à huit fois plus grande que celle de la ferme; en effet, dans les conditions actuelles, la vigne nourrit de trois à huit fois plus d'ouvriers, et donne en outre de trois à huit fois plus de produits nets que la ferme.

Si la culture de la vigne était perfectionnée comme elle peut l'être désormais; si elle était préservée de la gelée et de la coulure par des moyens pratiques et permanents, sa richesse et ses effets colonisateurs seraient doublés.

En affirmant que la vigne convient parfaitement aux terrains délaissés des Landes, de la Sologne et de la Champagne, je n'entends pas dire qu'ils peuvent et doivent être entièrement plantés de vignes. Je dis qu'une faible partie de ces terrains (de $\frac{1}{25}$ à $\frac{1}{12}$), cultivée en vignes, suffirait pour y commanditer perpétuellement l'agriculture proprement dite. J'ajoute que le capital sera gaspillé en efforts stériles pendant vingt-cinq ans s'il est appliqué d'abord à la culture des céréales et des prairies artificielles, et qu'il doublera en huit ans si l'on commence par la culture des vignes.

Rendement annuel comparatif d'un hectare de vigne et d'un hectare de ferme en Champagne. — Les assertions que je viens d'énoncer, fondées sur l'observation et la pra-

tique directes, sont positives; voici, à cet égard, quelques
bases extraites de mes notes et chiffres sur le rendement
annuel moyen de la vigne et de la ferme en Champagne,
arrondissement de Reims :

24 hectares de terres défrichées et mises en culture de
ferme donnent, après douze années d'avances de temps et
d'argent, un produit brut ainsi composé :

5 hectares de froment vendu sur pied (paille et grain). .	1,200 fr.
5 hectares d'avoine.	600
5 hectares de seigle.	1,000
5 hectares de jachère.	»
5 hectares d'orge.	700
5 hectares de prairie artificielle d'une année.	600
5 hectares de prairie artificielle de deuxième année. . .	800
5 hectares de prairie artificielle de troisième année. . .	700

Total du produit brut moyen des 24 hectares. . . 5,600 fr.

Ce total, divisé par 24, donne 233 fr. pour produit brut
moyen de chaque hectare.

24 hectares de vignes plantées en bons cépages (dits fins
noirs de Champagne) donnent, après huit ans d'avances
de temps et d'argent, un produit brut ainsi composé :

En tenant compte des intempéries, maladies et ravages
d'insectes, la récolte moyenne, calculée sur douze années,
est reconnue de 15 pièces de vin de 2 hectolitres par chaque
hectare; et la moyenne du prix de chaque pièce de vin,
déduite du même nombre d'années, est supérieure à
100 fr.

Le rendement total brut des 24 hectares de vigne est
donc de 36,000 fr., c'est-à-dire de 1,500 fr. par hectare.
Ce prix moyen ne baissera jamais. Les faits accomplis depuis quarante ans le prouvent. La consommation continuera
à progresser. L'insuffisance actuelle des récoltes de vin,

insuffisance qui oblige le commerce local à s'approvisionner au loin, en Touraine, en Bourgogne et jusque dans les
Graves de Bordeaux, aura peine à disparaître. Le choix
rigoureux des cépages et les améliorations de la viticulture
produiront des vins encore plus recherchés. Enfin les encouragements et les facilités que le gouvernement ne manquera pas de donner aux vignerons, tout en assurant la
sincérité et la pureté de leurs produits, porteront dans
l'univers entier la consommation des vins de France à une
progression plus rapide que l'accroissement de la production.

Le produit brut de l'hectare de vigne est donc de six à
sept fois plus élevé en Champagne que le produit brut de
l'hectare de ferme; et on obtient ce résultat en moins de
huit ans, tandis que plus de douze ans sont nécessaires
pour atteindre l'amélioration agricole. En portant à huit fois
la plus-value de la richesse de la vigne, on reste donc au-
dessous de la vérité. Dans les localités où l'on ne cultive
que les gros cépages et par les plus mauvais procédés, la
plus-value de la richesse de la vigne est encore de trois fois
supérieure à la richesse des produits de la ferme. En effet,
on constate que là où le vin vaut en moyenne 12 fr. 50
l'hectolitre, la récolte moyenne par hectare est de 60 hectolitres, c'est-à-dire de 750 fr., tandis que la moyenne de
l'hectare de ferme n'y dépasse pas 255 fr.

Par la comparaison des produits bruts, la vigne a donc
partout une puissance colonisatrice de trois à huit fois plus
grande que celle de la ferme : ce fait est incontestable. Du
reste, pour s'assurer qu'il ne s'agit point ici d'un paradoxe
arithmétique, il suffit de jeter un coup d'œil comparatif
sur la population des vignobles et sur celle des fermes. Ici
de vastes plaines avec une petite oasis au milieu, là de
riches villages entassés les uns sur les autres.

Prix comparatif de la main-d'œuvre sur un hectare de vigne et sur un hectare de ferme. — Il est facile de se rendre raison de la différence que je constate par une considération autre que celle du produit brut. Le prix moyen de la main-d'œuvre de chaque hectare de ferme ne s'élève pas jusqu'à 25 fr. en y comprenant la culture, la récolte et jusqu'à la mise en état de vente des produits; tandis que le prix de la main-d'œuvre d'un hectare de vigne, y compris la préparation des produits pour la vente locale, ne peut jamais descendre au-dessous de 125 fr., et s'élève souvent, par exemple en Champagne, jusqu'à 400 fr. Ce qui revient à dire que la vigne nourrit de cinq à seize fois plus de bras d'ouvriers manuels que la ferme. Plus la culture de la vigne se perfectionnera, plus la colonisation viticole augmentera. La ferme subit, au contraire, une loi diamétralement opposée. Les batteuses, les moissonneuses, faneuses, etc., diminueront de jour en jour la main-d'œuvre agricole; et c'est là un véritable progrès, car à des produits à bon marché il faut des moyens rapides et économiques de production. Mais en diminuant la main-d'œuvre qui s'y applique, il faut reporter avec énergie cette main-d'œuvre sur des cultures plus riches, sous peine de dépeupler les campagnes et d'encombrer les villes.

Influence de la division de la propriété. — La division de la propriété, depuis soixante ans, en fournissant un développement extraordinaire à la main-d'œuvre parcellaire des champs, a contribué par-dessus toutes les autres causes au développement de la population. Mais, si la division de la propriété a d'abord rendu l'agriculture plus productive, à son tour l'agriculture n'a pas tardé à ressentir le fardeau du grand nombre de travailleurs qu'elle avait à nourrir, et, pour produire plus et à meilleur marché, elle tend aujourd'hui à rétablir les grands espaces où elle puisse former des assolements et promener à l'aise ses instruments perfectionnés et ses troupeaux; en effet, il faut de grandes exploitations pour multiplier les petits bénéfices.

Je le répète ici, et je le répéterai toujours : le pain et la viande sont des conséquences, et non des principes de colonisation; ils constituent des nécessités et non des richesses; ils sont aux populations ce que le salaire est aux ouvriers, une dépense et non pas le trésor qui fournit la paye. La vigne, au contraire, est à la fois l'atelier et le banquier des vignerons ; elle nécessite et commandite autour d'elle la production du pain et de la viande, elle paye un large tribut à l'État, elle exporte au loin ses produits et elle trouve encore le moyen de rémunérer largement son propriétaire s'il est un véritable viticulteur.

Je terminerai ce chapitre par la démonstration sommaire de cette dernière assertion.

Frais et produits d'un hectare de vigne. — Pour préparer et amender le sol de façon qu'il reçoive une vigne dans de très-bonnes conditions; pour planter cette vigne, la cultiver et l'entretenir pendant six ans, il faut dépenser de 5,000 fr. à 6,000 fr. par hectare; rien de moins; car, s'il est vrai que rien n'est ruineux comme la culture économique, cela est plus vrai encore pour la vigne que pour toute autre culture.

Après six ans pendant lesquels l'intérêt de l'argent et la main-d'œuvre sont payés, si les cépages sont bien choisis et la culture bien suivie, la récolte moyenne sera toujours de 40 hectolitres dans les fins crus, et de 60 hectolitres dans les crus moins délicats. Les vins de la première catégorie vaudront, en prix moyen et en tous pays, plus de 57 fr. 50 l'hectolitre; et les vins de la seconde catégorie plus de 12 fr. 50 l'hectolitre, soit, en produit brut, au moins 1,500 fr. pour les 40 hectolitres de fins crus, et

750 francs pour les 60 hectolitres de crus ordinaires.

De ce prix brut devront être retranchés 750 fr. de main-d'œuvre, fournitures et entretien annuels pour les vignes de la première catégorie, et 575 fr. pour les vignes de la seconde catégorie.

Produit net d'un hectare de vigne. — La vigne donnera donc toujours 750 fr. de produit net dans un cas, et 575 fr. dans l'autre cas, c'est-à-dire plus de 12 pour 100 du capital avancé, ou plus de 10 pour 100, valeur du sol comprise. C'est, en effet, le revenu que les vignerons intelligents ou les propriétaires expérimentés obtiennent de la vigne. Et je ne crains pas d'affirmer que ce revenu sera souvent plus que doublé par les améliorations faciles à réaliser dans la viticulture de tous les pays.

CHAPITRE II

DE LA VIGNE EN GÉNÉRAL.

----

§ 1. — LIMITES DE LA CULTURE DE LA VIGNE. — SOLS FAVORABLES. — VÉGÉTATION. — MÉTHODES DE CULTURE.

Limites de la culture de la vigne en France. — La vigne est l'arbrisseau le plus facile à multiplier et à cultiver dans tous les terrains et dans tous les pays de la France compris entre les Pyrénées et la Méditerranée, et une ligne qui partirait de Vannes en Bretagne pour se diriger sur Mézières en passant par Alençon et Beauvais. La vigne végète parfaitement bien au nord de cette ligne, mais elle n'y mûrit bien ses fruits que dans des situations exceptionnelles ou par des soins et des moyens protecteurs tout à fait spéciaux.

Sols favorables à la vigne. — Les sols calcaires, siliceux, alumineux, magnésiens; les terrains primitifs, de transition, secondaires, tertiaires, volcaniques, conviennent tous parfaitement à la vigne, pourvu qu'ils ne soient pas imprégnés d'eau et qu'ils n'occupent pas des bas-fonds où les brouillards s'abattent et séjournent. L'excès d'humidité dans le sol et dans l'atmosphère est également, et en tous lieux, défavorable à la vigne.

La vigne s'accommode très-bien de terrains maigres, arides, perméables à l'air et à l'eau, dans lesquels tout autre végétal aurait peine à prospérer.

Avant qu'une longue expérience eût fait connaître la richesse de la vigne et motivé son extension aux sols de grande fécondité, elle était considérée comme propre seulement à occuper les espaces délaissés, et nos meilleurs vignobles, les plus anciens d'ailleurs, sont encore assis sur des terres dont l'agriculture proprement dite ne pourrait tirer un bon parti.

Puissance de végétation de la vigne. — La vigne est tellement vivace et puissante dans sa végétation, qu'en tout climat elle lance ses rameaux à des distances prodigieuses : depuis la treille gigantesque d'Hamptoncourt, près de Londres, jusqu'aux ceps qui traversent des fleuves en Afrique, partout on peut voir la vigne couvrir d'une seule tige des espaces considérables et vivre des siècles. Partout on peut la voir aussi, sous la serpette du vigneron, se maintenir, quoique à regret, dans quelques décimètres carrés et s'y porter assez bien pendant un grand nombre d'années.

Sur les rochers, sur les arbres, contre les murs, courant sur terre, rampant sous terre, sauvage ou disciplinée, libre ou torturée, la vigne vit partout et résiste à tout, pourvu qu'elle ait la part de sol, de nourriture, d'air et de soleil, qui lui est strictement nécessaire.

Mais il ne suffit pas que la vigne vive, il faut qu'elle donne des fruits, qu'elle les donne abondants et de bonne qualité, à des conditions telles qu'un profit considérable, régulier, permanent, soit le résultat de sa culture.

Méthodes de cultiver la vigne. — Depuis des siècles, le problème d'une production abondante et de bonne qualité est résolu pratiquement de mille façons différentes, et toutes heureuses. Toutes les méthodes de culture et d'exploitation de la vigne sont parfaitement pratiquées en leur lieu, parfaitement décrites dans d'excellents ouvrages, et, s'il est permis de dire : *rien de nouveau sous le soleil*, c'est certainement dans cette question spéciale.

Mais toutes ces méthodes sont-elles essentielles ? Leurs différences considérables, leurs oppositions même sont-elles inhérentes au sol, au climat, aux cépages correspondants, au point de ne pouvoir être éclairées l'une par l'autre et modifiées avantageusement ? En un mot, une seule et même méthode peut-elle convenir mieux que toute autre à la culture de la vigne et aux profits à en obtenir dans toutes les contrées de la France?

Je n'hésite pas à répondre affirmativement à cette dernière question pour tout vignoble à établir, tout en reconnaissant que la vigne est généralement conduite avec beaucoup d'intelligence et au mieux de l'intérêt du propriétaire et du vigneron engagés actuellement dans chaque méthode traditionnelle.

Oui, la viticulture en grand pour la production des vins peut se traduire en une seule méthode plus productive et plus avantageuse qu'aucune autre méthode, à l'exception de la culture des raisins de table ou des cépages à vin cultivés dans des sols très-riches et très-chauds, où la vigne peut être mêlée avec avantage à d'autres cultures et même les protéger, et à l'exception aussi des sites trop tourmentés pour être soumis à des mesures régulières.

Cette méthode, que je vais indiquer, ne m'est point particulière : elle repose sur des faits accomplis et des préceptes pratiqués de temps immémorial; je les ai pris dans les meilleurs et les plus anciens vignobles, et je les ai choisis, contrôlés et pratiqués suivant les données et les conquêtes de la science moderne.

§ 2. — PRINCIPES DE LA CULTURE DE LA VIGNE.

Culture en lignes basses et sur souche. — La vigne doit être plantée, cultivée et maintenue en lignes basses et sur souche.

Distance des ceps. — Les ceps ou plants de vigne doivent être distants les uns des autres de un mètre au moins en tous sens.

Provignage. — Les ceps ne doivent jamais être provignés.

Taille. — Chaque cep doit porter tous les ans au moins une branche à bois et une branche à fruit.

La branche à fruit produit presque exclusivement la grappe de raisin; elle doit être attachée horizontalement près de terre à une ligne de fil de fer ou à des échalas.

La branche à fruit doit être coupée tous les ans à la taille sèche, c'est-à-dire à la fin de l'hiver.

Les pampres des branches à fruit doivent être pincés, c'est-à-dire retranchés à l'aide du pouce, au-dessus de leur sixième feuille; les pampres de la branche à bois ne doivent pas être pincés.

La branche à bois ne produit jamais qu'un petit nombre de grappes; ses pampres doivent être maintenus verticalement en faisceaux.

La branche à bois doit produire chaque année deux sarments ou rameaux principaux, dont l'un remplacera la branche à fruit que l'on coupe chaque année; l'autre sarment, taillé au-dessus de deux yeux ou bourgeons naissants, deviendra branche à bois et produira les deux sarments nécessaires pour l'année suivante.

Nourriture ou Engrais. — La nourriture, c'est-à-dire les engrais ou amendements, doit être apportée à chaque cep en raison directe des grappes qu'on en veut obtenir et en raison inverse de la richesse du sol.

Nombre des grappes. — Chaque cep occupant un mètre carré et recevant une nourriture suffisante doit, sans s'épuiser et sans nuire aux ceps voisins, porter seize grappes sur sa branche à fruit et quatre grappes sur sa branche à bois, en tout vingt grappes, pesant en moyenne 50 grammes par grappe, soit un kilogramme par cep.

Palissage et Ébourgeonnage. — Trois fois par saison, les sarments et les pampres ou rameaux herbacés doivent être attachés et palissés, c'est-à-dire fixés en ligne, rognés avec soin, et le cep doit être débarrassé de tous les pampres inutiles.

Binages. — Aucune herbe, aucun végétal étranger ne doit être laissé dans les vignes; les binages, c'est-à-dire les façons ou cultures superficielles du sol, doivent y être multipliés; les cultures profondes doivent être rares.

Cépages. — Les vignes doivent être plantées des plus fins cépages, c'est-à-dire des meilleures espèces de vignes. Ces cépages, par une bonne méthode de culture, produisent autant que les cépages grossiers.

Paillassonnage. — Partout où le vin peut atteindre une valeur moyenne de 50 fr. l'hectolitre, les vignes devront être paillassonnées, c'est-à-dire garanties par des paillassons contre les gelées, la coulure, la grêle. Le paillassonnage a aussi pour effet de hâter et perfectionner la maturité des raisins : sans cette préservation, les profits de la vigne sont souvent grands, mais ils subissent parfois des intermittences fâcheuses.

Emploi du sulfate de fer et de la fleur de soufre contre la maladie. — Tous les ans, du 15 avril au 30 mai, 20 kilogrammes de sulfate de fer pulvérisé seront semés à la volée par chaque hectare de vigne; dans les vignes ravagées par la maladie, on sèmera en outre 20 kilogrammes de fleur de soufre par hectare, et l'on aura soin de pincer tous les jeunes rameaux, sans exception, au-dessus de leur sixième feuille.

Je développerai successivement chacune de ces prescriptions, et j'en donnerai la raison appuyée sur l'exemple et la pratique.

CHAPITRE III

CULTURE DE LA VIGNE.

— —

En France, les vignes sont plantées en lignes ou plantées en quinconce.

Dans certains vignobles, les sarments qui sont le produit de la plantation primitive sont recouchés en sens divers, de façon à garnir le sol le plus complétement possible, mais sans aucune régularité; cette culture a reçu le nom de *culture en foule*, c'est la méthode suivie dans la haute Champagne et dans presque toute la Bourgogne. Il en est ainsi partout où le provignage et le recouchage sont la base de la culture de la vigne.

Au contraire, dans le Médoc, la ligne primitivement adoptée pour la plantation est toujours conservée pendant toute l'existence de la vigne, qui vit ainsi constamment sur sa souche primitive sans avoir été provignée; c'est ce qu'on appelle *culture en lignes*.

Ces deux modes de culture ne sont pas toujours suivis d'une façon absolue, on les modifie à l'infini.

§ 1. — CULTURE DE LA VIGNE EN LIGNES BASSES ET SUR SOUCHE.

Avantages de la culture en lignes. — La culture en lignes est, pour la vigne, la meilleure des cultures :

1° Parce qu'elle permet l'emploi de tous les moyens et de tous les instruments mis en mouvement par la main de l'homme ou par les animaux de trait : les bêchages, binages et sarclages à la main y sont pratiqués sans hésitation et sans crainte d'attaquer les tiges ou les racines; les façons par les animaux de trait ne sont possibles que dans un alignement rigoureux, et les labourages et binages par les bœufs, comme dans le Médoc, par les chevaux, ou même par les ânes, sont de première importance et d'une grande économie, en ce qu'ils suppléent la main de l'homme, qui n'a plus qu'à achever, entre les ceps, la culture et le nettoyage qui ont été exécutés rapidement par les animaux de trait sur la plus grande superficie de la vigne;

2° Parce qu'elle permet une surveillance prompte et infaillible sur la propreté, l'état d'entretien et les besoins de tout le vignoble. Par un simple coup d'œil le long de sa vigne alignée, le propriétaire constate l'exactitude ou l'incurie de son vigneron : le maître vigneron, de son côté, contrôle avec la même facilité la quantité et la bonne façon du travail de chacun de ses ouvriers;

3° Parce que les moyens de soutènement, de protection et de palissage sont plus faciles, plus solides et plus économiques qu'avec aucune autre disposition;

4° Parce que l'alignement des ceps facilite la distribution et la répartition exacte des engrais et amendements au pied de chaque cep; la sortie hors du vignoble des sarments, des pampres rognés et des produits de la vendange : en un mot, toutes les opérations de culture de la vigne;

5° Parce que les rayons du soleil échauffent la terre dans l'intervalle des lignes, sans que pour cela ils échauffent moins et moins directement les ceps et les pampres bien rognés et bien palissés, la terre rendant ensuite aux ceps, pendant que le soleil cesse de luire, la chaleur qu'elle a reçue pendant l'insolation ;

6° Enfin, parce que la circulation et le renouvellement de l'air indispensables à une bonne végétation ne peuvent avoir lieu dans des ceps groupés sans ordre comme dans des ceps alignés.

Avantages des lignes basses. — Plus les vignes sont basses, c'est-à-dire plus les bras de la souche sont rapprochés du sol, plus les avantages que je viens d'énumérer sont mis en évidence : les cultures à la main et à l'aide de bêtes de trait, l'importation et l'exportation des résidus et des produits, des matériaux réparateurs, protecteurs ou d'appui, la surveillance, l'insolation et l'aérage, tout y devient plus facile, plus économique et plus efficace.

Nécessité de l'insolation. — Lorsque les lignes de la vigne sont tenues très-basses et dirigées du sud au nord, le soleil, depuis son lever jusqu'à son coucher, frappe constamment tous les ceps; il échauffe également toute la surface de la terre qui joue le rôle d'un mur d'espalier, et il active ainsi toutes les phases de la végétation. Le contraire a lieu lorsque les vignes sont élevées et que les ceps sont en quinconce ou en désordre. Toute la terre est couverte d'ombre, beaucoup de fleurs coulent par suite de la fraîcheur que l'ombre développe, et la maturité des raisins enfouis sous les feuillages est tardive et imparfaite.

Nécessité d'un bon aérage. — La libre et régulière circulation de l'air est plus importante encore pour la fertilité de la vigne en plein champ que l'insolation elle-même. On peut se convaincre de cette vérité en observant les beaux

vignobles de la Champagne au moment de la maturité du
raisin. Tous les sentiers qui séparent les vignes sont très-
étroits, mais, quoique ombragés, ils sont libres et droits, et
la quantité de raisins des ceps qui les bordent est toujours
triple ou double au moins de la quantité des raisins des
ceps intérieurs de la vigne; cette exubérance de production
ne peut être attribuée qu'à la supériorité de l'aérage, car
l'air circule mal dans l'intérieur des vignes garnies généralement par hectare de quarante mille ceps enchevêtrés
pêle-mêle.

Inconvénient des lignes basses. — La vigne basse a un
inconvénient réel : elle subit plus facilement que les autres
vignes l'effet des gelées d'hiver et de printemps : aussi elle
ne peut être considérée comme absolument parfaite que si
l'on parvient à la préserver des intempéries; mais, alors
même qu'elles sont abandonnées aux mauvaises chances
d'une culture sans préservation, les vignes basses l'em-
portent encore de beaucoup sur les vignes hautes.

Culture sur souche. — La vigne doit être maintenue sur
souche, c'est-à-dire ne jamais être ni provignée ni couchée :
c'est là une condition absolue pour la production du bon
vin; c'est une vérité de physiologie végétale autant qu'une
vérité incontestable d'expérience et d'observation.

Tant que la souche d'un cep n'est pas complétement
formée, c'est-à-dire tant que de nouveaux colliers de racines
s'ajoutent au bois de l'année précédente, l'élaboration des
sucs du raisin est imparfaite, et le vin qui en résulte ne vaut
rien. Je ne dirai point que plus la souche est vieille plus le
raisin est parfait, je n'en sais rien; mais ce que je sais, c'est
que jamais une souche qui ne compte pas sept ou huit ans
n'a donné de bon vin, quelle que soit la nature du cépage.
Ce que je sais encore, c'est qu'un sarment recouché, quand
bien même il partirait d'une vieille souche, s'il a poussé

des racines sur sa partie mise en terre, ne donne jamais qu'un vin de qualité inférieure, et cette infériorité du produit est proportionnelle au nombre des colliers radiculaires nouveaux qui s'ajoutent au sarment producteur. Tous les vignerons savent que le raisin provenant des jeunes vignes, comme le raisin provenant de ceps provignés, donne un vin d'une médiocrité incontestable.

Pour avoir du bon vin, il ne faut donc pas entretenir les vignes par le provignage : il faut respecter les vieilles souches et remplir les vides du vignoble par du jeune plant.

§ 2. — PROVIGNAGE. — RECOUCHAGE. — ENTERRAGE. — ENSOUCHÈMENT.

Provigner, c'est coucher au fond d'une fosse, sans les couper, un ou plusieurs sarments d'une souche, les étaler et les recouvrir d'engrais et de terre pour leur faire prendre racine, et en former, pour ainsi dire, autant de ceps nouveaux.

Le *recouchage* consiste dans l'abaissement d'une souche sous 20 à 25 centimètres de terre seulement, pour ne laisser à l'air libre que le sarment ou les sarments producteurs de l'année. Dans certains pays on opère le recouchage sur tous les ceps de la vigne, et on renouvelle tous les ans l'opération; c'est même, dans quelques localités importantes, en Champagne, par exemple, et à Argenteuil, la première culture de printemps de toutes les vignes. Dans la jauge de labour ouverte à la bêche ou à la pioche, le vigneron abaisse chaque souche et la recouvre de terre à mesure qu'il avance dans son travail, en sorte que la vigne qui a reçu un premier labour ne présente plus à l'œil que les sarments de l'année.

On pratique le provignage et le recouchage suivant plusieurs méthodes et dans plusieurs buts.

Le premier mode et le plus général, en Bourgogne surtout, est l'enterrage en fosse profonde d'une souche principale et la dispersion de ses sarments pour rajeunir et repeupler la vigne ; le second mode est l'abaissement des sarments d'un cep pour en former des marcottes ; un troisième mode est le recouchage sous terre de tous les vieux bois de la vigne pour ne laisser sortir du sol que le sarment de l'année ; enfin, le repiquage d'un long bois de l'année, ayant pour résultat de lui faire prendre racine par son extrémité ou dans sa longueur, se rattache encore en principe au provignage. Ces derniers modes ont pour but d'ajouter de nouvelles racines chaque année pour augmenter la production du raisin et suppléer ainsi à l'insuffisance ou à l'absence d'engrais.

Tous les genres de provignage sont nuisibles à la qualité du raisin et ne sont indispensables en aucun cas à sa quantité, quantité qu'on obtient parfaitement par la culture sur souche. Ils jettent le désordre dans les âges, les alignements, les besoins et l'entretien des ceps, au point qu'un vigneron archiviste, ou son élève en tradition locale, peuvent seuls bien gouverner telle ou telle vigne : le propriétaire ou l'acquéreur doivent posséder ou acquérir le vigneron avec la vigne sans espoir de réforme ou de progrès possible.

Ensouchement. — Le recouchage prend le nom d'*ensouchement* quand il n'a pour objet que de constituer, une fois pour toutes, une souche souterraine, munie de racines en assez grand nombre pour pourvoir aux besoins d'un grand développement extérieur du cep, aux besoins d'une treille, par exemple, et aussi quand le recouchage a pour but de fournir plus de sucs nutritifs à un cep quelconque planté dans un sol ingrat.

Les ceps ne doivent jamais être provignés ni recouchés, si ce n'est dans les terrains maigres et peu profonds où on

peut les *ensoucher* la troisième ou quatrième année une
seule fois, et en une seule tige. Cette pratique de l'ensouchement, presque indispensable à la production des raisins
de table, ne doit être employée que sous l'empire d'une
absolue nécessité pour le raisin de vigne.

§ 3. — QUALITÉS OPPOSÉES DU BON RAISIN DE TABLE ET DU BON RAISIN
DE VIN.

Les qualités recherchées pour le raisin de table sont tout
à fait opposées à celles que doit avoir le raisin dont on veut
tirer du bon vin. Le chasselas de Fontainebleau, ou plutôt
de Thomery, ce type de la grappe belle à servir à table et
délicieuse à manger, donne le vin le plus détestable qu'il
soit possible de boire.

Le vin des chasselas est bien inférieur au vin des gamais,
le plus mauvais et le moins alcoolique des vins : aussi le
gamai est-il un raisin agréable et sain à manger comme
fruit. Les fruits les plus riches pour faire le cidre et le poiré
présentent, avec les pommes et les poires à couteau, le même
contraste : toutefois les pineaux blancs et noirs, les méliers
et les fromentés, qui donnent les meilleurs vins, sont fort
sucrés et fort agréables à goûter : mais une certaine âpreté
vineuse et la petitesse de leurs grains les excluent de nos
tables.

§ 4. — EXEMPLES DE CULTURE DE VIGNES EN LIGNE ET DE CULTURE
DE VIGNES EN FOULE.

En résumé, c'est dans les magnifiques vignobles du Médoc,
à Château-Laffite, Château-Margaux, Château-la-Rose, etc.,
que l'on trouve les pratiques les plus anciennes et les plus
intelligentes de la culture en lignes basses et sur souche,
avec proscription du provignage. Je citerai aussi la culture
originale et excellente du charmant vignoble de Chablis

comme type d'une culture sur souche admirablement comprise.

On peut comparer les deux pratiques absolument opposées de la viticulture aux environs de Paris sur les mêmes terrains et avec les mêmes cépages : on verra la culture *en foule* ou *en désordre*, en cépages serrés, avec provignage et recouchage annuel sur les coteaux d'Argenteuil, tandis que sur les flancs du mont Valérien, à Puteaux, Suresnes, etc., on observera la culture *en lignes basses*, sur souche et sans provignage ni recouchage. Dans les deux cas, la production est aussi abondante, seulement la culture est plus économique sur souche, la maturité plus prompte, et, depuis qu'Argenteuil recouche tous les ans, Suresnes produit de meilleurs vins qu'Argenteuil : malheureusement dans tous les vignobles des environs de Paris les meilleurs vins ne valent rien, parce que le gamai domine.

§ 5. — DISTANCE DES CEPS.

Inconvénient de trop rapprocher les ceps. — Les vignes plantées et entretenues de 20,000 à 40,000 ceps à l'hectare sont l'exemple le plus frappant de l'avidité déçue par la sottise et l'ignorance. Une vigne à 10,000 ceps peut produire et produit plus qu'une vigne à 40,000 ceps.

Qu'on se représente 40,000 cerisiers, pruniers ou pommiers, ou, pour prendre comme terme de comparaison des plantes analogues à la vigne en arborescence, supposons qu'on plante 30,000 ou 40,000 glycines, bignonias, clématites, dans un hectare de terrain, et l'on comprendra l'étiolement, le rachitisme, l'absence de fleurs et de fruits, le développement de tous les insectes nuisibles et de toutes les maladies possibles : aucun horticulteur, aucun arboriculteur ne pourrait concevoir la fécondité et la santé des végétaux dans de pareilles conditions. Eh bien, la vigne est un arbrisseau dont les racines et les tiges ont d'aussi grandes, de plus grandes allures que celles des végétaux que je viens de citer ; une seule treille couvre 100 mètres superficiels, un seul cep enveloppe et surmonte un arbre de première grandeur : telle est la puissance naturelle de la vigne ; et ce n'est que par des soins infinis, des artifices particuliers, que le vigneron parvient à la maintenir et à lui faire produire des fruits dans un très-petit espace. C'est à résoudre ce problème que s'appliquent les mille façons de cultiver et de tailler la vigne.

Espace nécessaire à un cep. — Il y a un minimum d'espace au-dessous duquel le cep ne peut atteindre son développement physiologique indispensable, et l'observation démontre qu'à moins d'un mètre carré, pour asseoir solidement ses racines, le cep ne peut vivre et rester fertile que par les provignages et les recouchages : il faut, *si le cep a moins d'un mètre de terrain à sa disposition*, le faire courir sous terre pour lui donner de nouveaux colliers de racines éphémères, et lui faire chercher sa vie par des organes supplémentaires, qui n'acquièrent jamais la force des organes primitifs et altèrent la qualité des produits.

Inconvénients du provignage. — Lorsqu'un cep de vigne a solidement fixé et étendu ses racines mères dans un mètre carré, il est constitué à l'état de végétal vigoureux et viable sur place : si le terrain est fertile et profond, le cep y prospérera même avec peu d'amendement ou d'engrais ; si le sol est végétal à une faible épaisseur seulement et s'il est maigre, une superficie d'un mètre carré est suffisante pour y déposer les aliments indispensables aux besoins du cep, c'est-à-dire les engrais, et pour les mettre à la portée d'un chevelu richement développé.

La constitution du cep sur le faisceau primitif de ses racines mères est la plus grande garantie de sa vigueur et de sa durée. Les racines deviennent fortes; elles s'enfoncent le plus profondément possible dans le sol, et, tout en recherchant les veines de terre les plus favorables, elles se mettent à l'abri de la sécheresse ou des mutilations de la culture; elles pourvoient ainsi à tous les besoins de la tige. Si au contraire, d'année en année, on fait pousser au cep des colliers supplémentaires de racines en les recouchant, les liquides affluent par ces nouvelles aspirations, et les racines mères s'atrophient en proportion; en sorte que si, faute d'engrais ou d'humidité à la surface du sol, ou bien par un labour intempestif, ces colliers superficiels et tendres viennent à cesser d'alimenter la tige, la vigne jaunit et périt, parce que ses racines mères n'ont plus la vigueur nécessaire pour pourvoir à ses besoins, besoins dont s'était chargée la nouvelle génération de racines. Je répète donc que *jamais les ceps ne doivent être provignés*, et qu'ils doivent occuper chacun un mètre carré de sol.

§ 6. — TAILLE.

Nécessité de laisser à chaque cep, tous les ans, une branche à fruit et une branche à bois. — Une souche, occupant avec ses racines un mètre carré de sol, peut entretenir des rameaux qui couvriraient une bien plus grande superficie; donc, pour dompter l'expansibilité de la vigne et conserver la fécondité dans ces limites d'un mètre carré, il faut que la taille intervienne encore avec énergie et sagacité; il faut, pour ainsi dire, satisfaire la nature en la trompant, comme on satisfait l'activité d'un écureuil en le laissant courir dans une cage tournante qui n'est guère plus grande que lui. On sait que les arbres abandonnés en plein vent n'ont presque besoin d'aucun soin, tandis que les

arbres en quenouilles, en espaliers ou en cordons ont besoin de tout l'art de l'arboriculteur. Il en est de même pour
la vigne.

Taille sèche ou d'hiver. — Chaque souche, selon son
âge et sa vigueur, peut produire, par période de végétation
annuelle, de quatre à six sarments de 1 mètre et plus de
longueur. A la taille d'hiver ou taille sèche, la plupart de
ces sarments doivent être abattus complétement et le plus
près possible de la souche; mais deux sarments au moins
doivent être conservés : l'un rogné à deux ou trois yeux de
la souche; l'autre, maintenu à une grande longueur, et,
mieux encore, à toute sa longueur. C'est ce dernier sarment, laissé tous les ans au printemps et abattu tous les
ans pour être remplacé au printemps suivant par un autre
sarment pareil, qui satisfait à l'activité de la vigne en lui
laissant la plus grande allure possible, c'est-à-dire toute la
longueur du bois qui a poussé l'année précédente.

Les gravures 1 et 2 montrent les principes et les effets les
plus parfaits de la taille. Une branche à bois CD (grav. 1) a
produit quatre sarments : un de ces sarments, CE, le plus
rapproché de la vieille souche, sera taillé en E à deux yeux
pour reproduire de deux à quatre sarments, suivant la
vigueur de la vigne, et les pampres qui devront constituer
ces sarments seront élevés et soutenus contre un échalas
de 1^m à $1^m.25$; des trois autres sarments, on choisira, non
le plus gros, mais un sarment de grosseur moyenne, à
nœuds saillants, le plus propre à prendre la position horizontale, DF, par exemple, pour en faire la branche à fruit
A'B' (grav. 2) : quant à la vieille branche à fruit AB, elle
devra être coupée à son point d'insertion sur la souche.

Cette taille, la plus propre de toutes à assurer la fécondité de la vigne et à entretenir sa vigueur, est d'une grande
simplicité, et peut être maintenue avec une facilité merveil-

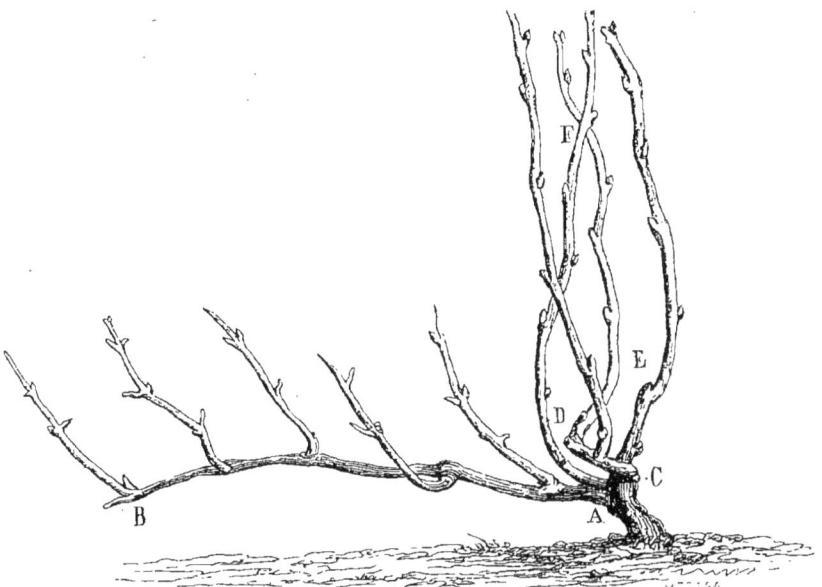

Grav. 1. — Souche adulte avant la taille sèche. — AB, branche à fruit après récolte. — CD, branche à bois.

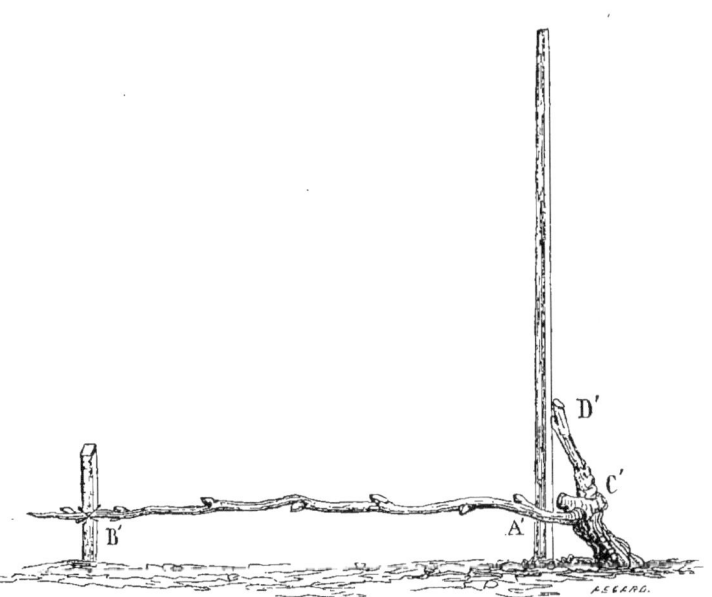

Grav. 2. — Branche adulte après la taille sèche. — A'B', branche à fruit avant les feuilles. — C'D', branche à bois.

2.

leuse chaque année; elle s'adapte parfaitement aux vignes cultivées en lignes, et si parfois la branche à bois n'a pas donné ses sarments et que la branche à fruit se soit emportée, un ravalement intelligent a bientôt rétabli dans l'état normal le cep dérangé.

Cette méthode, que je recommande parce que je l'ai pratiquée avec un succès incontestable, n'est point nouvelle : elle est appliquée de temps immémorial, mais sans principe et sans règles fondées. Les sarments laissés de toute ou de presque toute leur longueur, pliés en cercles et rattachés au cep, courbés en arc et piqués en terre, couchés horizontalement et attachés près du sol sous les noms de *pleyons, pics, raquettes, longs bois, verges, hastes, courgées*, etc., etc., ne sont autre chose que des branches à fruit, comme celles que je conseille, et les coursons ou crochets représentent parfaitement mes branches à bois. Je n'indique rien de nouveau, je mets en ordre et en lumière les meilleures pratiques en expliquant leur raison d'être.

Rapports entre la production du bois et la production du fruit. — Dans la vigne, comme dans les arbres fruitiers, plus la taille est courte, plus les jets de bois sont vigoureux et le fruit rare; plus la taille est longue, plus les fruits sont abondants et les pampres faibles. La taille à un courson et à un long bois répond parfaitement à la production vigoureuse du bois et à la fructification régulière de la vigne, surtout si la longueur de la branche à fruit est proportionnée à l'âge et à la vigueur du cep : l'expérience et l'observation peuvent seules guider le vigneron à cet égard; tant que la branche à bois donne des jets suffisants pour la taille de l'année suivante, le vigneron peut allonger sa branche à fruit; aussitôt que ces jets faiblissent, la branche à fruit doit être tenue plus courte.

Cette distinction de la branche à bois et de la branche à

fruit est loin d'être absolue pour la vigne comme elle l'est pour la plupart des arbres fruitiers. En fait, tout franc bourgeon d'un sarment de l'année contient toujours le fruit et le bois depuis la base du sarment jusqu'à son extrémité. On peut toujours compter que deux ou trois grappes existent à l'état d'embryon dans chaque bourgeon; parfois cependant il n'y a qu'une seule grappe : l'absence complète d'embryon est une rare exception, et quand la vigne n'offre pas de *montre*, c'est-à-dire lorsque le bourgeon à son développement apparaît sans grappes, c'est le résultat d'un avortement interne produit par causes extérieures ou par maladie.

Théorie de la taille. — Si chaque franc bourgeon contient en moyenne ses deux grappes, pourquoi s'embarrasser d'une longue branche à fruit portant huit à douze bourgeons, au lieu de laisser seulement de deux à trois bourgeons sur quatre coursons? Pourquoi la taille à long bois au lieu de la taille en tête de saule? Pourquoi une branche à bois et une branche à fruit?

C'est là la question fondamentale de la culture de la vigne en plein champ; c'est pourquoi je m'arrêterai quelques instants pour la traiter.

Dans tous les cépages, l'observation montre que plus les bourgeons s'élèvent vers l'extrémité du sarment, plus l'embryon du fruit y est vigoureux et mieux il y est conservé : il n'est aucun vigneron, aucun jardinier, qui n'ait constaté que les grappes ne manquent jamais aux bourgeons terminaux des sarments, et qu'elles s'y développent plus abondantes et plus grosses qu'en aucun autre point de sa longueur. Il n'est aucun viticulteur qui n'ait pu remarquer que les grappes manquaient souvent aux bourgeons inférieurs, ou qu'elles y étaient souvent réduites à un très-petit volume et même à quelques grains, surtout dans les cépages délicats et de qualité supérieure. Ce fait a tellement frappé les viticulteurs, qu'ils ont arraché leurs plus fins cépages, pour les remplacer par des espèces qui fissent exception et leur donnassent des raisins malgré le procédé barbare employé pour les tailler. Le gamai et quelques autres cépages aussi grossiers ont en effet ce singulier privilége de pousser des grappes jusque sur la souche; franc bourgeon, contre-bourgeon, troisième bourgeon, tout, dans le gamai, porte un ou plusieurs embryons vivaces; quelles que soient les intempéries de l'hiver, malgré les gelées de printemps, que la taille soit longue ou courte, le gamai produit presque toujours.

Eh bien, les plus fins cépages possèdent autant de fruits et peuvent en fournir autant que les cépages les plus grossiers, seulement ils ne les portent pas à la même place et ne les donnent pas aux mêmes conditions de taille : c'est vers les parties élevées du sarment qu'ils ont leurs plus beaux embryons, c'est loin du sol, au-dessus de l'humidité et des neiges qu'ils les conservent pendant l'hiver : c'est sur ces sarments abaissés en bonne saison, et de toute leur longueur, qu'on fera une abondante et précieuse récolte. Si l'on ne veut que quatre bourgeons fructifères sur un sarment de 1 mètre, il vaut mieux couper, ou, selon l'expression des jardiniers, *éborgner* les bourgeons les plus rapprochés de la souche, et laisser les quatre bourgeons extrêmes, que de tailler le sarment à quatre bourgeons de la souche. Ces quatre premiers bourgeons seront presque toujours stériles dans les fins cépages, tandis que les quatre derniers seront toujours fertiles.

Quand un vigneron taille sa vigne en coursons ou crochets à un ou deux yeux, il est assuré de jeter bas sa plus belle récolte, et il est loin d'être certain (même pour le gamai) de rien conserver qui soit d'un bon produit : c'est la rigueur de la saison d'automne et d'hiver qui stérilise les bourgeons inférieurs des sarments, et c'est la serpette du vigneron qui jette bas la récolte échappée aux intempéries : tel est le secret de la montre ou de l'absence de montre des vignes.

D'après ce qui précède, il est facile de comprendre l'utilité d'une branche à fruit, c'est-à-dire d'un sarment conservé dans toute sa longueur; il est facile aussi de voir que ce sarment, devant être retranché tout entier l'année suivante, ne peut nuire à la régularité de la conduite de la vigne, quand bien même il porterait ses fruits à son extrémité la plus éloignée du cep ; mais, si cette branche doit tomber tout entière, il faut pourvoir à son remplacement par un sarment vigoureux : de là la nécessité d'une branche à bois, c'est-à-dire d'un courson qui produise avant tout des pampres suffisamment développés.

Avant d'aborder la question des pampres, je dois ajouter à la question de la taille sèche quelques considérations importantes.

Le sarment laissé de toute sa longueur, comme branche à fruit, n'est pas utile seulement parce qu'il porte les bourgeons terminaux les plus fructifères et les mieux préservés contre les alternances de l'humidité, des gelées et des frimas, mais encore et surtout parce qu'il satisfait à la constitution expansive et vagabonde de la vigne, et entretient ainsi sa vigueur, et, par suite, sa fécondité.

Certains cépages (et ce sont les plus fins) ne produisent constamment qu'à la condition de courir toujours.

En 1842, au mois de février, je montais au télégraphe de Poligny ou d'Athis, près de Semur, à travers des vignes qui me semblèrent étranges; elles étaient en lignes, soutenues par de petits échalas réunis par des perchettes : le long de ces palissades couraient sur terre des souches dont

plusieurs avaient jusqu'à 20 mètres de long; elles mar-
chaient réunies de place en place en faisceau commun par
une hart d'osier, et n'offraient, dans leur longueur, aucun
sarment; chacune des souches ne portait généralement que
sa broche terminale, et parfois un courson tout auprès : de
telle sorte que chaque cep ne produisait sa végétation et son
fruit qu'à 10, 15 ou 20 mètres de son pied.

J'accomplis mon ascension au télégraphe, et, en redes-
cendant pour revenir à Semur, j'étudiai de nouveau cette
singulière disposition, et je vis bientôt qu'elle n'était pas
générale. Plusieurs vignes étaient taillées sans souche et
très-près de terre. J'accostai successivement trois vignerons,
et tous trois s'accordèrent à répondre ainsi à mes questions : « Les ceps que nous faisons courir sur terre sont
des fins plants, et surtout des pineaux, qui seraient stériles
si nous les taillions court, et ceux que nous taillons court
sont des gamais, qui produisent beaucoup, même quand ils
sont toujours ravalés sur place. Les vignes à souche nous
donnent d'excellent vin, et en quantité suffisante, parce
que nous les laissons courir. » Arrivé à Semur, je me suis
fait servir du vin de pineau sur souche, et je dois dire que
nulle part je n'en ai trouvé de plus délicat. Je savais que les
vignerons de Semur sont de fins observateurs, mais je n'ap-
préciai pas alors, faute d'expérience, toute la portée d'une
pratique qui me sembla d'abord très-gênante et tout à fait
barbare. Pourquoi, me disais-je, ne pas faire courir sous
terre ces souches dégarnies, aussi embarrassantes que
laides ? N'est-ce pas là ce que font les Champenois dans leurs
riches et belles cultures de fins plants ? Aujourd'hui, je comprends que les Semurois ne voulaient pas gâter leur raisin
par les colliers de racines ajoutés chaque année le long
d'une souche souterraine; enterrer la souche, lui faire
prendre racine, c'est la supprimer, c'est amener chaque

année, dans le fruit, des fluides aqueux mal élaborés, c'est rajeunir le cep annuellement.

La branche à fruit sur souche résout seule toutes les difficultés de quantité et de qualité réunies dans une culture uniforme, simple, propre et facile.

La stérilisation de la vigne par la taille courte ou en tête de saule est facile à comprendre : quel est le jardinier ou le plus simple cultivateur qui serait surpris de ne point récolter de groseilles sur un groseillier dont il ravalerait tous les ans les branches à deux ou trois yeux de sa tige? de ne point récolter de noisettes sur un noisetier, de cerises sur un cerisier, traités de même? Chaque végétal a son arborescence et son expansion propres, et la vigne est loin de faire exception. Le savant Payen n'admirait-il pas, il y a quelques semaines, qu'un cep de pineau, parfaitement stérile tant qu'il avait été tenu court, fût devenu tout à coup d'une fertilité remarquable lorsqu'il avait été lâché en treille? Ce fait, observé par un savant non moins renommé, M. Becquerel, et par conséquent d'une exactitude incontestable, contient toute la théorie que j'expose, et la pratique que j'ai suivie et que je conseille n'est que son application.

Époque de la taille. — Si cette taille de la branche à bois et de la branche à fruit sur souche est admise, à quelle époque convient-il de la pratiquer? Tard en saison; le plus tard possible, si l'on veut savoir ce que l'on fait, et surtout être assuré de la montre.

Si l'on doit appliquer des moyens réguliers de protection contre les gelées du printemps, la taille doit être faite quelques jours seulement avant le renflement et l'épanouissement des bourgeons, c'est-à-dire en général du 15 mars au 15 avril sous le climat moyen de Paris.

Pleurs de la taille. — On ne doit pas craindre les pleurs de la taille; ils n'épuisent la vigne en aucune façon : l'eau qui coule alors en abondance n'est point la séve, c'est le ruisseau où chaque bourgeon puise en passant, selon ses besoins, les éléments de sa séve; et, de ce que le ruisseau court, il n'en devient ni plus faible ni plus malsain pour cela : les pleurs de la vigne prouvent simplement que les organes irrigateurs fonctionnent et qu'ils fonctionnent bien.

Sur les conseils de M. Dugué, ingénieur en chef du département de la Marne, homme aussi éminent dans la pratique que dans la théorie des sciences naturelles et mathématiques, j'ai fait, à l'égard des pleurs de la vigne, des expériences sur une grande échelle.

120 ceps du même âge, dans un même terrain, ont été taillés moitié à un courson et à un long bois, moitié à trois coursons à un et deux yeux, avant tout mouvement de séve; 60 ceps en ligne à côté ont été taillés à trois coursons à un et deux yeux, les pleurs de la vigne coulant librement et en abondance; 60 ceps traités de même ont été cautérisés au fer rouge de façon à arrêter tout épanchement. Enfin 60 ceps ont été taillés avec un courson et un long bois pendant la montée des pleurs. Les pousses et les fruits des ceps taillés par ce dernier procédé, comparés aux 60 ceps taillés longtemps avant le mouvement de la séve, n'ont présenté aucune infériorité à leur égard. Les ceps taillés court et cautérisés ont donné des pampres évidemment inférieurs aux ceps analogues non cautérisés, et ces deux séries n'ont presque pas donné de fruits comparativement aux ceps taillés à long bois. C'est par ces expériences, et par un plus grand nombre d'autres observations aussi concluantes, quoique moins précises, que j'ai reconnu, de façon à pouvoir l'affirmer, que l'écoulement des pleurs de la vigne est plus favorable que nuisible à la bonne végétation du cep.

Avantage de tailler au moment de l'ascension de la séve. — La taille au moment de la séve offre au viticulteur intelligent un avantage inappréciable : celui de pouvoir conformer l'opération à l'état des bourgeons et à leur degré de conservation; combien de fois n'ai-je pas vu les trois ou quatre yeux inférieurs attaqués, détruits par l'hiver ! « Les vignes sont gelées d'hiver, dit-on alors, il n'y aura pas de récolte. » Mais jamais, dans ces circonstances, je ne les ai vues gelées, ni dans leurs parties supérieures ni dans la totalité du cep : comment ménager la production future, si la vigne a été taillée avant l'hiver, comment choisir les sarments les plus épargnés et les bourgeons les plus sûrs?

Dans tous les pays sujets aux rigueurs de l'hiver, la vigne ne doit être taillée qu'au moment où la séve se met en mouvement, et ce moment serait, à mes yeux, encore prématuré, si l'on ne devait protéger, soit par des paillassons, soit par d'autres moyens, la vigne taillée.

En l'absence de tous moyens protecteurs, et dans l'intention arrêtée d'abandonner la vigne à toutes les chances du printemps, la taille peut être pratiquée sans inconvénient ni dommage, du 15 au 30 mai, après la sortie de tous les bourgeons. On peut alors, à son aise, choisir tous les fruits, et n'en laisser que la quantité convenable et proportionnée à la force du cep, comme cela se pratique d'ailleurs pour d'autres arbrisseaux à fruits.

J'ai expérimenté cette méthode en 1845, 1846 et 1847, à Argenteuil, avec un succès complet et continu, sur 9 ares de vieille vigne absolument stérile, depuis quatre ans sous mes yeux, et depuis un grand nombre d'années au dire du vigneron. Au mois de mars, je nettoyais chaque cep de ses petits sarments, laissant de un à trois des meilleurs brins dans toute leur longueur. Puis je donnais une bonne culture et je plantais les échalas en lignes, bien que les ceps ne

3

fussent point alignés, et j'unissais les échalas par deux rangs
de fils de fer : du 15 mai ou 15 juin, suivant l'année, tous
les bourgeons offraient une pousse de 6 à 12 centimètres.
Les pampres stériles et les pampres fertiles étaient alors
parfaitement distincts. La plupart des bourgeons terminaux
(les quatre à cinq bourgeons supérieurs) présentaient leurs
deux grappes chacun, tandis que les six à sept bourgeons
inférieurs étaient absolument stériles. Je choisissais une ou
deux branches à fruit que j'abaissais en les attachant horizontalement, ayant soin d'abattre toutes leurs pousses stériles, et je taillais un autre sarment, lui laissant ses deux
ou trois pousses les plus basses pour le bois de l'année suivante. Je rendis ainsi pendant trois ans une fécondité complète à cette portion de vigne. Les ceps, loin de souffrir de
cette taille tardive, semblaient reprendre plus de vigueur
d'année en année; le raisin arrivait à maturité en même
temps que celui des autres vignes, et le bois ne présentait
aucune différence dans son aoûtage. J'aurais poursuivi l'é-
preuve indéfiniment, si 1848 ne m'avait détourné de cette
étude pour d'autres études du même genre, beaucoup
plus étendues en d'autres lieux.

A propos du choix des cépages, des engrais et des cultures superficielles ou profondes, je reviendrai sur les expériences et les observations faites par moi aux environs de
Paris en général, et à Argenteuil en particulier : car la plupart des exemples et des solutions pratiques de la viticulture
se trouvent réunis dans les départements de la Seine et de
Seine-et-Oise.

Taille des pampres. — La conduite et la taille des
pampres sont des plus simples : elles se réduisent à ces préceptes : 1° arrêter toute expansion du bois dans la branche
à fruit en pinçant l'extrémité de chaque pousse à deux
feuilles au-dessus de la plus haute grappe, comme l'in-

diquent les traits $p\,p\,p\,p\,p$ (grav. 5), le long de la branche à fruit AB; 2° exalter les pousses de la branche à bois BC, c'est-à-dire en favoriser le développement, en les maintenant verticales le long d'un grand échalas, et en se gardant bien de les pincer ni rogner avant qu'elles aient dépassé cet échalas; 3° le long de la branche à fruit, de même qu'à la branche à bois et à la souche, jeter bas toutes les pousses stériles ou gourmandes, tous les pampres, en un mot, qui ne peuvent servir ni à la récolte de l'année ni à former le bois de l'année suivante. (Grav. 5.).

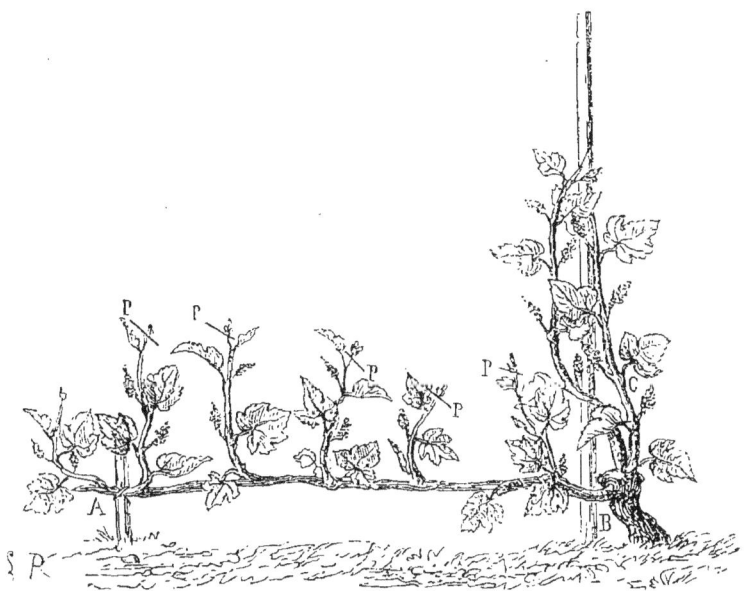

Grav. 5. — Cep en végétation du 15 mai au 15 juin. — AB, branche à fruit; $p\,p\,p\,p\,p$, point où il faut pincer

Étalage et rognage. — L'étalage, c'est-à-dire la suppression des tales ou pampres inutiles et gourmands, ainsi que le rognage des pousses après les avoir ramassées et liées autour de l'échalas, ont été pratiquées de tout temps, mais généralement après la floraison et sans autre but que de grouper les branches éparses, d'empêcher leur destruction par le vent ou par les opérations de la culture, et de faire mieux pénétrer dans la vigne l'air et le soleil.

§ 7. — PINÇAGE.

Le pinçage, quoique inventé déjà depuis cinquante ans, n'a été bien étudié dans ses effets que depuis une quinzaine d'années, et l'on peut dire qu'aujourd'hui même son application à la vigne est loin d'être générale. Pourtant les services tirés de cette opération faite avec intelligence et discrétion sont énormes; je vais essayer de les faire connaître et de les expliquer.

Le pinçage est une opération qui consiste à arrêter l'expansion d'une pousse de l'année en supprimant son sommet au moyen des deux ongles du pouce et du doigt indicateur. Le pinçage diffère du rognage en ce qu'il ne supprime que le bourgeon terminal du jeune rameau, alors que le bourgeon présente à peine le volume d'une lentille (*p p*, grav. 5); tandis que le rognage supprime le quart, le tiers, la moitié d'un pampre tout venu, c'est-à-dire 20, 30 et 50 centimètres de ce pampre.

Le pinçage a pour objet : 1° d'empêcher les sucs végétaux de s'appliquer à la création et au développement exubérant d'un rameau dont le prolongement est inutile; 2° de reporter ces sucs sur les fruits, les feuilles et les bourgeons restants, de façon à en assurer la formation, à en augmenter le volume et à en activer les périodes d'évolution, de maturité et de perfection.

Le pinçage appliqué aux melons, aux petits pois, aux tomates et à un grand nombre d'autres productions potagères, a prouvé depuis longtemps qu'il remplissait très-bien le double objet indiqué ci-dessus pour les plantes herbacées.

Dans l'arboriculture, Argenteuil en a tiré le plus grand parti possible pour l'exploitation des figuiers. Grâce au pinçage des bourgeons foliacés, les jeunes figues ne coulent pas, elles acquièrent promptement un grand volume ; elles mûrissent plus tôt et sont plus riches en sucre.

Le pinçage appliqué à la production abondante et parfaite des figues est une pratique générale et très-ancienne à Argenteuil, et cette pratique est une des sources de fortune de ce riche et intelligent pays. Mais, si ses habitants savent si bien produire les figues, ils observent aussi toutes les conditions qui peuvent en assurer la beauté et la qualité : lorsqu'ils sont assurés de la montre de leurs figues et de sa solidité, ils abattent sans ménagement toutes les figues qui dépassent la quantité jugée suffisante pour l'étendue et la vigueur du figuier, et c'est par centaines, par milliers, qu'ils les sacrifient. Ces hécatombes se font également pour les pêchers et pour d'autres arbres fruitiers. Elles se feront également sur la vigne quand on osera lui laisser montrer toute sa fécondité, pour choisir ensuite à son aise la quantité et la qualité des fruits qu'on en veut obtenir.

Le pinçage a été et est encore appliqué à la vigne par des praticiens très-intelligents, il a été expérimenté et conseillé par de savants professeurs. Toutefois les lois de son application ne sont pas encore dégagées de toute obscurité : pour mon compte, voici les effets que j'en ai obtenus et les conséquences qui me semblent devoir en être déduites.

Si l'on pince exactement tous les pampres d'un même cep sans en laisser un seul s'étendre en un long bois, toutes les grappes réussissent bien et la récolte est abondante la première année, si le nombre des grappes n'excède pas ce que le cep doit en porter ; la seconde année, les grappes sont plus rares, plus claires et plus petites ; la troisième année, le cep a perdu de sa vigueur et ses bourgeons sont à peu près stériles. Il reste dans cet état les années suivantes, et ne reprend sa fertilité que lorsqu'en cessant de pincer ses pampres ou le laisse se refaire. Plus le cep sur lequel on pratique le pinçage absolu est vigoureux, plus il se stérilisera rapidement. Il m'est arrivé de voir, dans cette condition, les seconds bourgeons sortir avec énergie, et emporter les grappes dans une végétation folle, malgré un second pinçage exercé sur leurs pousses ; en sorte que le pinçage, qui, pratiqué partiellement et sur une ou deux branches spéciales du cep seulement, s'oppose à toute coulure, devient parfois une cause de coulure s'il est appliqué au cep tout entier ; mais, dans tous les cas, le pinçage absolu et répété devient une cause de stérilisation et de dépérissement final.

Si l'on ménage, au contraire, d'une façon quelconque, mais surtout selon la méthode que je propose, la végétation normale du cep, en laissant les pampres acquérir toute la longueur que la première sève est capable de leur donner, l'opération du pinçage, pratiquée seulement sur la branche ou sur les branches à fruit collatérales et accessoires aux ceps, donne les résultats les plus favorables, et doit être pratiquée tous les ans sans crainte pour l'avenir. Dans cette condition, le pinçage limite exactement la dépense des sucs végétaux à la nutrition, au développement et à la maturité des fruits, en leur fermant les débouchés et en rendant leur détournement impossible de ce côté. La branche à fruit, pincée dans tous ses pampres, peut être comparée assez justement à une lambourde de poirier ou de pommier, dont la seule fonction est de donner des fruits : cette branche à fruit devient en effet, par le pinçage, une véritable lambourde artificielle.

Aussi, fort de mon expérience, je n'hésite pas à dire aux vignerons : « Quel que soit votre mode de culture de la vigne, si vous laissez de longs bois, des pics, hastes, verges, courgées ou des pleyons à vos ceps, pincez, à deux feuilles au-dessus de la deuxième grappe, tous les pampres fertiles qui en sortiront, et abattez tous les pampres stériles ; puis soignez le cep principal comme à l'ordinaire. Par cette pratique vous pourrez doubler votre récolte. Si vous n'avez pas l'habitude des longs bois, adoptez-la sans hésitation et sans crainte ; le pinçage vous garantit que votre vigne n'en sera point fatiguée, et cette branche à fruit donnera la récolte la meilleure et la plus sûre. »

Je ne sais pas comment les sucs végétaux forment le bois et les fruits, ni si c'est le même fluide qui peut engendrer les fruits et le bois ; mais il est certain, d'une part, que par des opérations chimiques on peut convertir le ligneux en sucre, et que la nature, à une certaine époque de la végétation, convertit le sucre des graminées en fécule et en ligneux ; il n'est pas moins évident, dans l'arboriculture, que l'abondance du fruit se produit au détriment du bois et que l'exubérance du bois exclut la grande production du fruit. Il y a donc au moins un rapport et une solidarité incontestables entre ces deux produits, en apparence si différents : et c'est sans doute en arrêtant le développement exagéré des pampres que le pinçage fixe la grappe, l'empêche de couler, la fait grossir et mûrir plus tôt.

Il est facile de s'assurer d'ailleurs que le prolongement des pampres au-dessus des fruits est une perte réelle de sucre, puisque ces pampres, pilés, réunis en masse et mis en tonneaux, fermentent et produisent une certaine proportion d'alcool.

Je placerai ici une observation que tout vigneron a pu faire, mais qui n'a jamais été exprimée de façon à fixer l'attention des savants : un bourgeon qui sort d'une vieille souche et produit un beau sarment ne donne jamais de fruit la première année. C'est une branche gourmande pour la vigne. De plus, ce gourmand, quoique d'une belle et saine végétation, ne porte lui-même encore aucun sarment à bourgeon fertile : c'est du bois seulement qui sortira de ses bourgeons; ce n'est qu'au troisième bois sorti de la vieille souche que le fruit sera produit. La conséquence de ce fait me paraît importante en ce qu'elle tend à montrer qu'il existe, dans le sarment même, des prédispositions ou des éléments essentiels à la production du fruit. Le vieux bois ne possède plus ces éléments, le bois de deux ans lui-même ne les a déjà plus. Le sarment de l'année les possède seul, et il les possède plus vers ses extrémités élevées que dans sa partie la plus rapprochée de sa souche mère. Certains sarments de l'année, que les vignerons connaissent bien, sarments très-gros, à canal médullaire très-développé, à nœuds très-éloignés et à tige très-droite, semblent aussi de vraies branches à bois; leurs bourgeons sont rarement fertiles, et le bon vigneron ne les conserve pas; il leur préfère avec raison les sarments moyens à bourgeons très-renflés et à intervalles grêles.

Ces faits ne sont point étrangers à la théorie du pinçage, parce qu'ils établissent nettement que, s'il est possible de détourner au profit de la fructification une portion des sucs végétaux qui seraient perdus en bois surabondant, il ne faut pas moins songer à préparer des bois bien constitués et dans les conditions physiologiques indispensables à la production du fruit. La question du bois doit même dominer dans l'art, comme elle domine dans la nature : car la nature, dans les végétaux abandonnés à eux-mêmes, subordonne toujours la fructification à l'arborescence normale et complète. Chaque espèce d'arbre a son arborescence spéciale à former avant de pouvoir produire son fruit : c'est-à-dire qu'il lui faut une certaine étendue et une certaine qualité de rameaux indispensables à la fructification. La vigne ne se maintiendra fertile et vivace qu'à la condition de produire sans cesse de longs bois nouveaux chaque année.

J''ai pratiqué le pinçage en grand pendant plusieurs années sur les branches à fruit qui toujours présentaient une production moyenne de dix à vingt belles grappes, sans que le cep qui les portait et se développait librement à côté parût diminuer de vigueur. L'expérience faite sur un grand nombre de ceps m'a montré, au contraire, que la branche à fruit, sans l'opération du pinçage, épuisait promptement la vigne si tous ses pampres réussissaient à porter fruit et n'étaient modérés que par un rognage tardif.

Le premier pinçage doit être pratiqué aussitôt que deux petites feuilles se sont développées au-dessus de la deuxième grappe, et au-dessus de la cinquième ou sixième feuille s'il ne se montre qu'une grappe au pampre ; l'époque la plus convenable pour le pinçage varie du 15 au 30 mai dans les vignobles du nord de la France, et du 15 avril au 1er mai dans le Midi : la règle de son application, aussitôt l'épanouissement de deux feuilles au-dessus de la deuxième grappe, est d'ailleurs précise et ne laisse aucune incertitude sur le meilleur moment de pratiquer le premier pinçage en tous pays. Les pinçages qui suivent celui-ci, le premier est le plus important, s'appliquent à tous les contre-cœurs ou sous-bourgeons de la branche à fruit auxquels on ne laisse que deux ou trois feuilles, au moment des accolages, des épamprages, des rognages, et toutes les fois qu'il faut donner à la vigne une façon d'été, le précepte rigoureux étant de ne jamais laisser la séve se perdre en produisant des pampres inutiles.

Il ne faut jamais abattre, en les désarticulant du sarment qui les porte, les contre-cœurs ou sous-bourgeons sortis le long des pampres, mais il faut seulement les pincer ou les casser en leur laissant deux ou trois feuilles. Cette petite

3.

ramille attire la séve dans le bouton qui se prépare à sa base pour l'année suivante : ce bouton sera plus gros que les autres et renfermera toujours des embryons fructifères d'une grande solidité.

CHAPITRE IV

ENGRAIS ET AMENDEMENTS.

---

§ 1. — NÉCESSITÉ D'AMENDER ET D'ENGRAISSER LE SOL.

Il est des terrains riches de fonds et de nature où la vigne peut végéter utilement pendant de nombreuses années sans le secours d'aucun engrais ni même d'aucun amendement, surtout quand les ceps sont convenablement distants l'un de l'autre.

Mais ces terrains privilégiés sont rares, et d'ailleurs on les couvre aujourd'hui d'une si grande quantité de ceps, et on leur demande tant de produits, que la généralité des vignes a besoin d'un supplément de nourriture à des intervalles très-rapprochés. Cette nourriture, comme celle de la plupart des cultures, comprend les amendements, les composts et les engrais proprement dits ou fumiers.

§ 2. — AMENDEMENTS.

Sable et Marne. — Les amendements consistent en apports de sables siliceux dans les vignes calcaires, et réciproquement de marnes calcaires ou craies dans les terrains siliceux. En tous pays et dans tous les vignobles, les marnages et l'emploi de la craie ajoutent à la fertilité de la vigne et surtout à la finesse des vins. Le calcaire crayeux est le sol qui donne les jus les plus francs et les plus exempts de goût de terroir. Tous les cépages s'y perfectionnent. Le marnage des vignes peut être appliqué aux plus fins vignobles à silex, tels que ceux du Médoc, avec la certitude d'augmenter et de perfectionner les produits.

Terrage. — Il est bon de joindre aux amendements des apports de terre prise dans les vallées où les eaux pluviales l'ont entraînée, enlevée au sommet des montagnes stériles sous le nom de peloux, ou prise à la surface de terrains humides sous le nom de palus.

Dans ces deux derniers cas, les peloux et les palus doivent passer au moins une année en tas pour s'aérer et pourrir leurs herbes avant d'être portés à la vigne.

Les terrages et les amendements doivent être très-abondants pour suppléer l'engrais, qu'ils ne peuvent d'ailleurs jamais remplacer tout à fait; ils sont importants surtout lorsque le sol manque de profondeur, et leur emploi est tout à fait subordonné à leur proximité et aux circonstances toutes locales dans lesquelles on se trouve.

§ 5. — ENGRAIS.

Composts. — La confection et l'emploi de certains composts ne sont qu'une espèce de transaction onéreuse entre les terrages et les engrais. Leur main-d'œuvre est très-coûteuse, et les réactions qui s'opèrent entre leurs éléments sont autant d'effets perdus pour la vigne. Le fumier stratifié entre des lits de terre, mis en tas pendant six mois ou un an, a perdu la moitié de sa puissance et de sa durée lorsqu'on l'apporte en cet état aux pieds des ceps. La vigne,

arbrisseau vivace, n'a pas besoin d'un engrais tout décomposé et tout prêt à favoriser une germination ou l'évolution
rapide d'une plante annuelle : elle tire plus d'avantage des
engrais les plus durs et les plus lents à se décomposer.

Ainsi les bruyères, les fougères, les pailles, les sarments,
les branches de sapin, les fagots de ramilles et de broussailles enfouis et pouvant se pourrir dans deux ou trois
années, sont pour la vigne d'excellents engrais. Les chiffons
de laine, les cornes, les sabots, les cuirs, sont précieux
pour leur influence prolongée.

Fumier. -- Le fumier de ferme est généralement l'engrais le plus sûr, le plus régulier dans son action et le seul
qui puisse être soumis à des expériences comparables : aussi
est-ce cet engrais qui m'a permis d'étudier et de comprendre les besoins de la vigne, et de trouver des règles à
peu près certaines pour satisfaire ces besoins.

Rapport entre l'engrais et le produit de la vigne. --
Sur un sol de craie, de silice ou d'alumine pures, c'est-
à-dire infertile par lui-même, un cep de vigne, planté dans
un encaissement de 3 décimètres de profondeur sur 4 décimètres de longueur et de largeur dans un compost de
40 litres de terre végétale et de 10 litres de fumier, sera
parfaitement développé et adulte à la quatrième, cinquième
ou sixième année, suivant le climat. A partir de ce moment,
5 litres ou $2^k,5$ de fumier de ferme répandus chaque année
autour du cep sur 1 mètre de surface, enfoui et mélangé,
en cultivant sans distinction le sol artificiel, ou berceau
primitif, et le sol naturel, entretiendront chaque année dans
ce cep une vigueur suffisante pour lui faire produire un
très-beau bois et vingt grappes au moins de 50 grammes
chacune en moyenne. A la huitième année, le sol étant devenu fertile par la culture et par l'engrais, 2 kilogrammes
de fumier, par cep et par an, suffiront à entretenir la même

vigueur et la même fertilité. Dans les sols médiocres, mais
déjà un peu fertiles, tels que les savards de la Champagne,
les landes de Bordeaux et les sables de la Sologne, je crois
pouvoir affirmer, d'après mes observations et mes expériences, que la vigne, sans que la vigueur de sa végétation
en soit altérée, rendra toujours en raisin un poids égal au
poids du fumier déposé. Dans les terrains de bonne fertilité, là où les vignobles ont trouvé ou peuvent trouver une
assiette naturelle, une fumure de la moitié du poids de la
vendange sera toujours suffisante.

Pour se faire une idée approximative de la dépense en
engrais relativement à la valeur de la récolte brute, il faut
supposer les vignes plantées de 10,000 ceps à l'hectare,
chaque cep produisant en moyenne 1 kilogramme de
grappes, soit 10,000 kilogrammes ou 80 hectolitres de vin
d'une valeur brute moyenne de 20 francs l'hectolitre pour
toute la France. La valeur de la récolte brute pour un hectare serait donc de 1,600 francs. Cette récolte aurait exigé,
dans un sol ordinaire, 10,000 kilogrammes de fumier à
15 francs les 1,000 kilogrammes, soit 150 francs, et dans
un sol mauvais 20,000 kilogrammes de fumier, soit
500 francs de dépense. La proportion de l'engrais au produit varierait ainsi du dixième au cinquième de la valeur
brute de la récolte.

Effets du fumier sur la vigne. — Une grande question
s'agite depuis longtemps dans les différents vignobles et
surtout dans les vignobles qui produisent les vins les plus
délicats et les plus recherchés : Doit-on fumer les vignes,
peut-on les fumer sans altérer la qualité du vin ? Cette
question en engendre une autre : Est-il permis de les fumer
directement avec le fumier en nature ?

La double réponse est simple et sûre. Il faut fumer les
vignes directement avec le fumier en nature pour assurer

aux vins leur quantité et leur qualité normales, la seule
précaution à prendre (et encore n'est-elle pas de rigueur
dans les vignes bien alignées et bien aérées) est de porter
le fumier et de l'enfouir après la vendange et avant la végétation suivante.

L'expérience prouve surabondamment que pour tous les
fruits à jus ou à pulpe sucrée le développement normal et
complet de la végétation est une cause essentielle de perfection, et que la langueur du végétal, conséquence de la pauvreté et de la maigreur du terrain, engendre constamment
des fruits acerbes, sans arome et sans qualité; la première
condition pour obtenir de bons jus de raisin est donc d'assurer à la vigne sa végétation normale et complète, et le
moyen le plus sûr et le plus économique est l'emploi direct
du fumier dans une proportion sagement calculée. Thomery, qui produit pour nos tables les plus recherchées les
grappes les plus riches en sucre, les plus délicates en parfum, fume abondamment et directement tous les trois ans
ses espaliers, contre-espaliers et souches. Jamais ses vignerons, si soigneux et si jaloux de la juste réputation de leurs
produits, n'ont pu saisir la moindre infériorité apportée par
le fumier la première année pas plus que les deux années
suivantes quant au sucre et au goût; ils soupçonnent seulement dans la première année de fumure une tendance de la
pellicule du grain à se pourrir plus facilement. Mais, en revanche, ils constatent unanimement l'infériorité des produits des cultures sans engrais, plus encore pour la qualité
que pour le volume.

Ce préjugé et cette erreur à l'égard de l'emploi des engrais ont pris naissance et se sont enracinés sur une foule
d'observations vagues. Ainsi, dans tous les vignobles fins
ou grossiers, on remarquait que les vignes des grands propriétaires ou des simples bourgeois qui ne les cultivaient

pas par eux-mêmes donnaient du meilleur vin que celles des vignerons. Les premiers faisaient à peine fumer ou ne fumaient pas leurs vignes, tandis que les derniers les amendaient et les fumaient fortement : donc la fumure détériorait les produits; cette conséquence était tirée sans trop remarquer que les grands propriétaires laissaient leurs vignes sur souche ; qu'ils provignaient le moins possible et laissaient ainsi l'air et le soleil circuler librement partout; qu'ils occupaient les lieux les mieux situés et les mieux exposés, et surtout qu'ils ne changeaient point leurs fins cépages pour des cépages grossiers : c'était là tout le secret de la supériorité de leurs vins sur ceux des vignerons, et, s'ils avaient fumé leurs vignes, leurs produits auraient encore été meilleurs.

J'ai entendu pendant neuf ans les vignerons et même les bourgeois d'Argenteuil répéter à l'envi que la *gadoue* (les boues de Paris) avait seule fait descendre leur vin de la table de Louis XIV au cabaret des barrières; ils oublient que depuis Louis XIV ils n'ont pas conservé un seul fin cépage; ils ont tout arraché pour planter le gamai : je me trompe, ils ont laissé çà et là quelques ceps de Meslier François, et ces cépages, dont j'ai heureusement trouvé un groupe complet conservé dans un ancien enclos de Roquelaure, m'a donné, même avec la *gadoue*, un vin digne de son ancienne renommée. Les coteaux d'Argenteuil, admirablement situés et d'un sol vignoble de première qualité, s'ils étaient replantés en fins cépages, tels que les pineaux, les morillons, les mesliers, les fromentés, etc., donneraient comme autrefois des premiers vins de France, même avec les engrais.

Toutefois, je dois dire et je l'ai constaté, que les émanations directes des fumiers frais et odorants s'attachent aux grains du raisin et les rendent détestables. J'ai eu une treille de chasselas dont un bras passait devant une fenêtre d'étable toujours ouverte. Aux alentours de cette fenêtre, et surtout vis-à-vis, le raisin n'était pas mangeable; partout ailleurs il était délicieux.

Mais ceci est une action directe du fumier frais. Jamais le fumier, par l'absorption des racines et le travail de la végétation, n'apporte au fruit autre chose que ses éléments de perfection.

L'entretien des vignes en bon état de végétation et de fructification, par le fumier de ferme, est sanctionné non-seulement par la longue et solide expérience de Thomery, mais encore par les faits observés dans le plus fin vignoble de la Champagne, à Sillery. Pendant les sept ans que j'y ai observé et cultivé la vigne, j'ai pu constater que les deux plus forts propriétaires qui fumaient le plus et le mieux leurs vignes ont constamment vendu leurs vins aux négociants en vins mousseux (les plus fins dégustateurs du monde), de 10 à 20 pour 100 plus cher que tous les autres propriétaires, qui fumaient beaucoup moins.

Mode de fumure. — Pour épargner la main-d'œuvre, surtout dans les grands vignobles, il convient de fumer tous les trois ans, et de mettre alors en une seule fois la quantité de fumier nécessaire aux trois années, soit trois demi-kilogrammes par cep dans les excellents terrains, trois kilog. dans les sols médiocres, et six kilog. dans les sols mauvais, ce qui nécessite 15,000 kilog., 30,000, et 60,000 kilog. de fumier par hectare pour trois années. D'où l'on voit qu'il faut, pour entretenir la fécondité et la vigueur de la vigne, moins de fumier que pour la culture des céréales, dans les meilleurs comme dans les plus mauvais terrains; cette proportion augmente encore en faveur de la vigne si les terrages viennent diminuer la nécessité du fumier.

Le fumier doit être mis en place depuis novembre jusqu'en mars; il doit être enterré profondément et recouvert de quinze centimètres de terre au moins.

.C'est surtout dans l'opération des fumages que l'utilité des cultures en ligne se fait remarquer, tant pour la régularité de la répartition que pour celle de l'enfouissement. De longs et profonds sillons sont facilement ouverts entre les lignes; le fumier y est régulièrement déposé, et le recouvrement en est rapidement opéré.

Les engrais déposés à la surface ou près de la surface de la terre sont une double cause d'inconvénients et de maladies pour la vigne : 1° les mauvaises herbes s'y développent en quantité et avec rapidité; elles entretiennent ainsi une fraîcheur et une humidité contraires à la végétation des pampres, qu'elles privent en outre d'air et de soleil; elles font couler les fleurs et s'opposent à la croissance et à la maturité du grain formé, sans compter qu'elles dévorent à leur profit une bonne partie de l'engrais; 2° le chevelu de la vigne est attiré vers la surface engraissée, il s'y développe avec énergie, et, au premier sarclage, il y est mutilé ou tout au moins exposé à la sécheresse et aux ardeurs du soleil, qui le flétrissent et le tuent. C'est ainsi que des vignes entières prennent tout à coup une couleur jaune et une végétation rachitique.

Au moment où cet exposé sommaire venait de paraître dans le *Journal d'Agriculture pratique*, un article critique intitulé : *Doit-on fumer les vignes avec le fumier de ferme?* a été mis sous mes yeux; cet article, inséré dans la *Feuille du Cultivateur de Bruxelles*, n° d'octobre 1858, et signé de M. Joigneaux, est d'autant plus intéressant pour tous et d'autant plus grave pour moi, qu'il exprime nettement l'opinion commune et traditionnelle dans laquelle j'ai été élevé, comme tout le monde, à savoir, que *les fumiers de*

ferme portés en nature dans les vignes altèrent profondé-
ment la qualité des vins. M. Joigneaux ne se contente pas
de donner à cette *opinion* son autorité personnelle, il y
joint l'autorité des édits : celle de Roger Schabol, de la
Quintinye, de Bosc, de Noël Chomel, du comte Odart et des
docteurs Baumes et Morelot, tous gens compétents et de
qualité, que je reconnais pour mes maîtres et non pour mes
adversaires. Cette *opinion* est donc digne de tout respect,
et je n'ai ni le pouvoir ni l'envie de la combattre par une
opinion personnelle opposée. Aussi, en répétant ici *que*
jamais le fumier convenablement employé n'apporte au
fruit de la vigne autre chose que ses éléments de production
et de perfection, je n'émets pas une *opinion,* j'affirme un
fait d'expérience et d'observation que je livre au contrôle
de l'observation et de l'expérience.

J'ai constaté pendant plusieurs années, en 1845, 1846
et 1847, sur le chasselas, le gamai et le pineau, que des
ceps à souche basse, entretenus en bon état de végétation
par un kilogramme de fumier de ferme par an, ont constamment donné, non-seulement des fruits plus beaux et
plus savoureux, mais plus riches en sucre d'un degré au
gleucomètre que les raisins de ceps semblables, placés
dans les mêmes conditions, mais laissés sans fumure. Cette
expérience est simple et facile à faire; aussi j'invite les viticulteurs à la répéter, et j'espère qu'avant peu d'années leur
témoignage aura dissipé toute espèce de doute sur le bon
effet des fumures directes appliquées à la vigne.

Je pourrais borner ma réponse à l'expression de ce fait;
mais la question est si grave, qu'on ne saurait la considérer
par trop de côtés : en 1846, dans l'intérêt d'une maison
de commerce de Champagne, j'examinai la valeur relative
du jus des raisins provenant de différents propriétaires
ayant passé marché à livrer. L'un de ces propriétaires,

viticulteur très-soigneux et très-intelligent, habitant près Épernay où il possédait une grande étendue de vignes qu'il fumait beaucoup, était soupçonné, par suite de l'opinion commune, d'augmenter ainsi ses produits aux dépens de la qualité; ses vignes étaient d'une propreté parfaite, bien aérées relativement aux autres vignes; les grappes étaient plus développées et leurs grains plus gros; ces deux dernières conditions confirmaient les soupçons : à la livraison, ses jus offraient une densité de 1.125, densité la plus élevée du terroir et de l'année. Un autre propriétaire très-scrupuleux et très-timoré à l'endroit du fumier n'apportait à ses vignes que de la terre de la montagne pour tout amendement, mais cette terre était grasse, et il en apportait en abondance, de telle sorte que la végétation de son clos était luxuriante et la densité de ses jus ne s'élevait qu'à 1.116, densité inférieure à la moyenne du pays.

En provoquant un excès de végétation dans des vignes trop serrées et privées d'air et d'insolation, on peut donc abaisser la qualité des vins, aussi bien par des terrages que par des composts ou des fumiers; mais, s'il ne s'agit que d'entretenir une végétation suffisante et normale de la vigne, on élève la qualité des vins par les fumiers aussi bien que par les composts et les terrages.

Ce point de vue a été parfaitement saisi et parfaitement exprimé par M. Ladrey, professeur à la Faculté des sciences de Dijon, dans son excellent ouvrage de chimie appliquée à la viticulture et à l'œnologie, et le comte Odart, praticien qui se vante de s'appuyer fort peu sur la science, admet pourtant la nécessité du fumage des vignes et souvent du fumage direct. Ainsi la science et la pratique s'accordent à reconnaître l'utilité des fumures et à déclarer qu'elles ne sont nuisibles que dans leur emploi excessif ou inintelligent.

En ce sens, et me fondant toujours sur l'observation et l'expérience directe, je suis complétement d'accord avec M. Ladrey et M. Odart. La végétation exubérante des vignes provoquée par les terrages, les composts, les fumiers, les provignages, les recouchages, abaisse la qualité des vins en surchargeant les ceps de bois et de raisins gonflés d'albumine et d'eau. Mais, en recommandant de soutenir la vigne dans sa végétation normale et complète par les fumiers de ferme (que je déclare plus inoffensifs pour les raisins que pour les melons et les fraises qu'on récolte sur des paillis de fumier avec tout leur sucre et tout leur parfum), je n'entends pas conseiller de transformer le vignoble en un cloaque ou en un charnier : *Est modus in rebus* (il y a règle en toutes choses).

§ 4. — VÉRITABLE CAUSE DE L'ABAISSEMENT DE LA VALEUR DES VINS DE CERTAINS CRUS.

S'il est vrai maintenant que l'emploi judicieux des fumiers est incapable d'altérer la saveur et le goût des raisins, s'il est vrai qu'il ne saurait faire descendre d'un degré la valeur de leur jus mesurée au gleucomètre, à quoi donc peut tenir la transformation et l'abaissement de la qualité des vins de certains crus? Ils tiennent, comme je l'ai observé et comme je l'ai dit, aux ceps trop rapprochés, aux provignages trop considérables, relativement aux vieilles souches respectées, aux recouchages, et par-dessus tout au changement de cépages.

Ici le doute n'est pas possible : alors que le gamai marque 4° au gleucomètre, le pineau marque 10°; alors que dans une excellente année le gamai s'élève à 9°, le pineau marque 14°, tandis que le chasselas reste à 5° et à 6°; voilà des faits pondérables, ce ne sont pas des opinions.

Fumez ou ne fumez pas un prunier de couaches, jamais vous ne retirerez de la couache du jus de reine-Claude. Jamais, par les fumiers, vous ne changerez la prune de mirabelle en poitron ou prune à cochon. Le cépage, c'est le prunier, c'est la base d'un vignoble, c'est sa gloire ou son abjection : le terroir élève ou abaisse incontestablement la qualité du vin, le terroir lui donne un goût et un cachet spécial, mais il ne transforme pas tels ou tels cépages et n'intervertit jamais l'ordre de leur valeur respective. Aucun terroir ne fera que le chasselas donne un meilleur vin que le pineau : le chasselas, le gamai, le pineau, pourront donner des vins meilleurs ou plus mauvais, selon les terroirs, selon les années, selon les cultures, selon l'exposition; mais ils garderont leur valeur relative, c'est-à-dire que le vin de pineau et d'autres fins plants sera le bon vin, celui de gamai et consorts le médiocre, celui de chasselas et analogues le mauvais.

Je termine en me défendant du soupçon d'intérêt personnel et de partialité que M. Joigneaux dirige très-plaisamment contre moi à propos de la réhabilitation des vignobles d'Argenteuil, que j'ai déclarée possible, même avec les engrais. Les coteaux de Suresnes et d'Argenteuil sont des mieux exposés de France, leur sol et leur sous-sol sont éminemment propres à la vigne : si les fumiers de Paris étaient la cause essentielle de l'abaissement de leurs vins, en moins de deux années les intelligents vignerons de ces localités leur auraient restitué leur finesse primitive en suspendant les fumures, car l'action de la *gadoue* est très-peu durable : mais ils savent que leur tentative en ce sens n'aurait aucun résultat. Ils voient des vignes privées de tout engrais pendant plusieurs années, soit par économie, soit par négligence, et le vin de gamai qu'on en tire est loin d'être le meilleur vin d'Argenteuil. Pendant neuf ans j'ai constaté

ces faits sur place ; pendant neuf ans j'ai récolté des chasselas, des gamais et du vieux cépage de Roquelaure (le Meslier-François) à Argenteuil, dans un vieil et vaste enclos que
j'avais loué. Cet enclos, l'un des restes du château du célèbre duc, avait conservé ses vieilles treilles, ses vieilles
souches de chasselas et ses vieilles vignes, sauf un hectare,
qu'un marchand de soierie de Paris, le propriétaire, avait
laissé planter en pur gamai par son vigneron. Ce propriétaire, peu soigneux, n'avait jamais fait entrer un kilogramme d'engrais dans ses vignes : en 1842 et en 1846 je
récoltai donc de magnifiques gamais dont je fis du vin pur
que je vendis, après avoir constaté que je ne pourrais jamais m'habituer à le boire. Le vin de Meslier-François, fait
à part, était excellent et d'une rare finesse. Depuis 1849,
j'ai quitté Argenteuil pour aller créer de toutes pièces un
vignoble de 54 hectares à Sillery, dans la belle Champagne
aux vins mousseux les plus délicats : après sept ans, j'ai
quitté Sillery, le vignoble étant en pleine production; j'ajouterai enfin, pour M. Joigneaux, que mon berceau est aussi
un vignoble d'un coin de la Bourgogne, où j'ai passé mes
plus heureuses années au milieu des vignes : de tous ces
pays il ne m'est resté que d'excellents souvenirs et des
études spéciales sur la viticulture; j'y ai joint l'étude de
tous les grands vignobles de France, que je suis allé visiter
avec le plus grand soin.

Je n'ai aucun vin à vendre. J'achète de bons vins, quand
j'en trouve, ce qui est rare aujourd'hui; je préfère les vins
rouges de Bourgogne à tous les autres, quand ils ne contiennent ni jus de gamais, ni glucoses, ni sucre de betteraves ; les vins blancs de Sauterne, de Chablis et ceux de la
Champagne, quand ils sont sincères, sont aussi l'objet de
mes prédilections. Enfin, j'accepte comme bouquet et
comme grande valeur hygiénique les bons crus du Médoc.

C'est avec la plus complète impartialité et le désintéres-
sement le plus absolu que j'entreprends une croisade au
profit de la viticulture française; je suis profondément convaincu que l'usage des vins de France et surtout des vins
de premiers et seconds crus, a contribué, de génération en
génération, à fonder notre caractère national, riche en
esprit et en générosité. Je suis convaincu que les souverains
de France qui ont fait de la vigne un objet sérieux de leur
sollicitude ont, après Noé et les intelligents chefs des ab-
bayes, plus contribué à la civilisation fraternelle et au progrès intellectuel par leurs édits et leurs encouragements en
faveur des bons vins que par tous autres hauts faits et
grandes ordonnances.

CHAPITRE V

§ 1. — INFLUENCE DES CÉPAGES SUR LES PRODUITS.

Importance d'un bon choix de cépages. — La vigne a ses espèces et ses variétés, comme la plupart des plantes utiles ou agréables que l'homme s'est appliqué à multiplier et à perfectionner par la culture. Ces espèces et variétés ont des qualités et des caractères essentiels et distinctifs qu'elles conservent dans tous les terrains, sous tous les climats et à toutes les expositions. L'exposition, le terrain et surtout le climat les enrichissent ou les appauvrissent, soit dans leur végétation, soit dans leurs produits ; mais ces conditions extérieures ne les transforment pas les unes dans les autres, et surtout n'intervertissent pas leur ordre de superposition. Le chou quintal ne deviendra nulle part le chou de Milan, et nulle part il ne lui sera supérieur. Nulle part on ne verra la betterave à vache devenir betterave à sucre, le melon brodé se transformer en cantaloup et la poire de livre en beurré.

Il en est exactement de même pour les variétés de raisin ; jamais le muscat ne deviendra carbenet, jamais le carbenet

4

ne deviendra pineau, jamais le pineau ne deviendra gamai, jamais le gamai ne deviendra chasselas; c'est là une vérité absolue que la passion du terroir est parvenue à obscurcir au point de troubler les idées des plus savants œnologues et des meilleurs ampélographes; trompés par la différence des végétations plus ou moins vigoureuses, par les noms différents imposés aux mêmes espèces dans les différentes provinces, confirmés dans leurs erreurs par les nuances dans le bouquet et la saveur des vins, le cépage, sans être tout à fait méconnu par eux, n'a figuré dans leur estime que comme fait observable et spécial aux grands, aux moyens et aux mauvais crus. L'idée du *cru* a absorbé l'idée du *cépage*, tandis qu'en réalité le cépage domine le *cru*. Plantez Château-Laffitte en gamai ou en gouais, et vous aurez un vin détestable; substituez ces mêmes cépages aux vieilles souches de Clos-vougeot, et vous aurez du vin à cinquante francs la pièce. Portez le carbenet sauvignon du haut Médoc, le franc-pineau de la Bourgogne, à Madère, au Cap, en Espagne, en Algérie, ou bien à Auxerre, partout ils vous donneront d'excellents vins qui rappelleront parfaitement les meilleurs bordeaux et les plus fins bourgognes; ils vaudront plus ou moins, sans doute, parce que le terroir, l'exposition, le climat, l'année, la culture et le mode de confection du vin ont une part réelle et incontestable dans la légèreté, la richesse, le goût et le bouquet du liquide; mais le Cap, la Navarre, Madère et Auxerre vous rappelleront les bons vins de Bourgogne et les bons vins de Bordeaux; c'est là une expérience faite et faite en grand. Les souverains peuvent faire boire à leur table de bons bourgognes et de bons bordeaux de Madère et du Cap, provenant des cépages de nos deux grands vignobles, et le duc de la Victoire (Espartero) peut vous servir du médoc de ses vignes de la Navarre : vous le déclarerez du riche et vrai bordeaux, sauf un arrière-goût âcre qui se retrouve dans la plupart des vins d'Espagne, à cause de leur mauvaise préparation et des moyens vicieux employés à les conserver.

L'Auxerrois n'a jamais passé pour un grand cru. Eh bien, le vin des fins cépages y vaut le vin de bons crus : aussi, en 1858, le vin de gamai y était vendu de 50 à 60 fr. la pièce d'environ deux hectolitres et demi, et le vin de pineau 300 à 400 fr. la même pièce. Vainement on allé-guera que ces pineaux sont récoltés sur des coteaux privi-légiés. Ces mêmes coteaux, plantés en gamai, perdront bien-tôt toute leur réputation, et leur vin se vendra seulement 10 ou 15 francs de plus que celui des autres lieux du cru. Le cépage est donc la base principale et essentielle des vignobles. Il faut dire : Vin de pineau de Bourgogne, vin de carbenet de Bordeaux, vin de fins plants de Champagne, et non pas vin de Champagne, vin de Bordeaux, vin de Bourgogne : car, sous ces trois dénominations et dans les mêmes crus, se produisent les vins les plus exquis à côté des vins les plus détestables, vins qui ont droit au même nom et à la même marque; mais l'erreur n'est plus possible, s'ils sont déclarés sous le nom de fins cépages ou de gros cépages.

Les grands crus ont mérité et conservé leur belle réputa-tion, parce qu'ils ont été dotés par des hommes intelligents de cépages d'espèces supérieures, et que ces cépages y sont restés l'objet d'un véritable culte. La religion du cep a précédé celle du cru; la superstition du cru a tué le cep; le principe a disparu dans l'exploitation de sa renommée.

En conseillant la culture des plus fins cépages, partout où la vigne peut prospérer en France, je n'entends pas troubler l'équilibre de la culture et de la production actuelles : il ne s'agit point de détruire, il s'agit d'améliorer ce qui existe et d'installer sur les meilleures bases possibles ce qui est à planter; j'entends moins encore me faire le don

Quichotte des gourmets, en conjurant le viticulteur de sacrifier ses valeurs réelles de la *quantité* aux valeurs chimériques de la *qualité*; c'est, au contraire, au nom de la richesse privée et publique que je m'adresse au vigneron, au propriétaire de vignes et à la société entière.

Accroissement de la qualité et de la quantité des produits par la substitution des cépages fins aux cépages grossiers. — Si le vigneron est mieux rémunéré de sa main-d'œuvre, si le propriétaire tire de plus gros intérêts de sa vigne, si la France trouve un objet d'échange plus avantageux dans la *quantité* du vin sans la *qualité*, que dans la *quantité* avec la *qualité*, je n'insisterai pas davantage pour changer le cours des idées en viticulture, car mon seul but est de prouver qu'on peut aujourd'hui obtenir à la fois la *quantité* et la *qualité*. Cette preuve est déjà faite pour moi; j'en ai soumis les données à mes lecteurs; c'est sur elle seule que je fonde le conseil que je donne avec assurance de substituer partout, au fur et à mesure des besoins, les fins cépages aux cépages grossiers, et de planter toutes les vignes nouvelles selon la méthode que je propose, méthode qui est celle de tout le monde, car elle est recueillie dans toutes les pratiques et sanctionnée dans tous ses détails par l'expérience de ce qui a été constaté de temps immémorial dans les meilleurs et les plus anciens vignobles.

Depuis une vingtaine d'années à peine, les arboriculteurs ont su faire produire à tous les arbres fruitiers autant de beaux et bons fruits qu'ils le jugent convenable; ils ont étendu leur belle science à la production du raisin, et aucun d'eux ne serait embarrassé pour donner à un cep quelconque tout le fruit que comporteraient le développement et la vigueur de ce cep. Les arboriculteurs savent donc parfaitement qu'il est possible de concilier, dans une sage mesure, la quantité et la qualité du raisin; si le vigneron n'est pas à leur hauteur à cet égard, c'est que l'enseignement, les concours et les encouragements publics lui ont manqué ; c'est que les leçons collectives et les exemples donnés de haut ne lui sont point venus en aide ; chaque vignoble est un petit État à part, qui a sa langue, ses pratiques, ses cépages particuliers ; il marche suivant sa routine, sans rien prendre et sans rien offrir à ses voisins. Dans cette allure isolée et décentralisée, tout ce que peut faire un fonctionnaire spécial et distingué, comme M. Rendu, inspecteur général de l'agriculture, c'est de dresser un magnifique inventaire des faits spéciaux à chaque localité. Cet inventaire passe à l'état d'archives, sans qu'aucune impulsion vienne en faire sortir les conséquences naturelles pour les reporter en enseignements pratiques dans chaque vignoble.

Valeur comparative des différents cépages. — On n'est pas, même aujourd'hui, fixé ; que dis-je ? on ne possède guère encore que les données obscures de la routine sur la valeur comparative des différents cépages pour la vinification ; quelques mesures gleucométriques, quelques analyses chimiques sur une dizaine d'espèces de cépages, voilà toute la richesse de la science œnologique.

En 1849, M. le duc Decaze, pénétré de l'importance de la viticulture en France et désireux de l'asseoir sur des bases positives, afin d'assurer ses progrès par la connaissance directe des cépages et de leurs qualités respectives, avait fondé l'école ampélographique du Luxembourg, sous la direction de M. Hardy. Mais cette école ne pouvait conduire à des résultats pratiques qui n'ont leur sanction que par la confection des vins. Son échelle était trop restreinte, ses moyens se bornaient à des observations de feuilles, de bois et de fruits ; elle ne constituait qu'un chapitre botanique, plein de confusion et d'obscurité, qui n'atteignit point le but important que se proposait l'illustre ministre.

4.

Depuis l'institution ampélographique de M. le duc Decaze jusqu'à la publication de l'*Ampélographie française*, par M. Rendu, aucune tentative officielle n'a été faite pour éclairer la viticulture et lui donner un mouvement progressif; si des cours ont été faits, si des ouvrages ont été publiés, si des produits de la vigne ont été présentés aux comices, aux concours, aux expositions, aux congrès des vignerons, c'est par l'initiative individuelle et l'intérêt privé par conséquent avec peu d'influence et peu d'effet sur l'immense question de la viticulture.

Moyens de se procurer des cépages. — La connaissance et le choix judicieux du cépage, voilà la base du progrès viticole, le principe des bons vins, la source de la richesse des crus, la puissance colonisatrice de nos déserts : aussi, en attendant que par des expériences en grand, par les mesures gleucométriques, alcoométriques, et par la vinification, la valeur comparative des cépages ait été scientifiquement établie, je n'hésite pas à dire :

Aux vignerons : Plantez les vignes nouvelles des plus fins cépages que vous connaissiez autour de vous; vous seuls les distinguez parfaitement chacun dans vos localités. Mieux que les propriétaires et les savants, vous en savez les qualités et les défauts. Prenez les meilleurs cépages, soignez-en la culture, adoptez la taille qui les rend fertiles, donnez-leur l'engrais qui leur est nécessaire, et le revenu que vous tirerez de votre vigne doublera, et votre vigne nourrira deux familles de vignerons au lieu d'une, le salaire augmentera, le pays s'enrichira, et vous contribuerez à la fortune de la France :

Aux propriétaires : Achetez les sarments des vignes renommées du voisinage, faites recueillir les sarments des fins cépages de vos vignes, faites-en des pépinières qui serviront aux remplacements dans les vignes *faites*, ou à planter de jeunes vignes. Ne provignez pas, remplacez et entretenez par des fins plants de deux années de pépinière ; terrez et fumez autant que le terrain l'exige, maintenez la souche et adoptez la branche à fruits. N'épargnez pas la main-d'œuvre, et vos vins doubleront de valeur en égalant en quantité les vins produits par les gros cépages.

A l'administration : Faites-vous donner, au fur et à mesure de la taille, les sarments des plus fins cépages et des meilleurs crus de France. Il est facile, avec peu de dépense, de constituer ainsi des millions de ceps de vigne en deux ans. Ces ceps, vendus à bas prix (5 fr. le mille), couvriront largement la dépense faite pour les recueillir. Créez en Algérie, dans les Landes, en Sologne, en Champagne, autant de pépinières et de vignobles modèles qu'il y aura de déserts à peupler, et après dix années, le capital employé rendra 10 pour 100, les colonies seront fixées et les vins de France seront achetés dans le monde entier. En ajoutant à ces moyens immédiats l'importation et l'étude des cépages étrangers poussée jusqu'à la vinification, la science de la viticulture et de l'œnologie sera définitivement et solidement établie.

§ 2. — CHOIX DES MEILLEURS CÉPAGES DANS LES DIVERSES PARTIES DE LA FRANCE.

Je signale et je recommande les cépages suivants :

Dans les régions du sud et du sud-est de la France :

POUR RAISINS DE CAISSE :

Mayorquin ou bourmen.	Panses.

POUR LES VINS DE LIQUEUR :

Furmint,	Malvoisie,
Grenache,	Muscat blanc,
Maccabeo,	Muscat noir.

POUR LES BONS VINS :

Carignane,	Roussane,
Clarette,	Rousselet,
Marsanne,	Roussette,
Petite-chiraz,	Ugni,
Picpoule,	Vionnier,

Dans les régions du sud-ouest :

POUR LES MEILLEURS VINS :

Carbenet,	Muscadelle,
Carbenet gris,	Sauvignon,
Carmenère,	Semillon,
Cruchinet,	Verdot.

POUR LES MEILLEURES EAUX-DE-VIE :

Folle-blanche.

Dans l'est, le centre et l'ouest :

POUR LES BONS VINS :

Épinette et blancs-fumés,	Pineaux gris ou beurots,
Fromentés roses, blancs et gris,	Pineaux de la Loire ou de Vouvray,
Gentils roses, blancs et gris,	Pineaux noirs ou noiriens,
Mesliers,	Plants dorés, verts et gris,
Pineaux blancs ou charde-nays,	Rieslings,
	Savagners.

Quelques-uns des noms que je viens de citer sont des noms de pays, profondément inconnus hors du département où on les applique à un cep déterminé, et représentant un cépage désigné dans le département voisin sous un tout autre nom. C'est là une des conséquences les plus fâcheuses du défaut d'encouragement et d'enseignement pour la viticulture. Il n'existe pas, en France, quarante cépages qui méritent d'être cultivés en grand pour les bons vins qu'ils produisent, et ces quarante cépages sont confondus sous quatre cents noms qu'on trouvera dans les diverses ampélographies : les qualités diverses et relatives de ces cépages en richesse de moût, de tanin, d'acides, de sels, de matière colorante, d'huile essentielle et de bouquet, n'ont jamais été constatées, et à plus forte raison leurs qualités et leurs défauts respectifs dans la vinification.

Nous sommes encore en pleine alchimie relativement aux vignes et à leurs produits; mais cette alchimie est tellement riche en faits locaux et en observations de crus, qu'elle est toute prête à se formuler une bonne nomenclature et à fonder ses progrès sur une chimie positive.

En attendant, je répète que les vignerons et les propriétaires savent fort bien distinguer les fins cépages des cépages grossiers de leur voisinage ; qu'ils prennent donc pour planter ou pour compléter leurs vignes les plus fins cépages, qu'ils les cultivent comme je cultive moi-même et comme je conseille de cultiver, ils obtiendront ainsi bientôt des récoltes aussi abondantes, plus riches en alcool et d'une bien plus grande valeur vénale et hygiénique qu'avec leurs vignes à plants grossiers.

Examen sommaire de la valeur relative des fins cépages et des cépages grossiers. — Quelques faits suffiront à faire comprendre ce que je viens de dire. Un hectolitre de jus de chasselas contient de 2 à 3 pour 100 d'alcool, un hectolitre de jus de gamai en contient de 5 à 7, un hectolitre de jus de pineaux en contient de 10 à 14 pour 100. Un hectolitre de vin de pineaux vaut donc, pour l'alcool seulement, 2 hectolitres de gamai et 4 hectolitres de chasselas.

Mais le vin de chasselas n'est guère bu que dans la maison du vigneron ou chez ses voisins du village; le vin de gamai pénètre dans les cabarets de la ville la plus voisine; tandis qu'on envoie le vin de pineau dans toute la France et dans le monde entier.

L'abondance du vin de chasselas, pendant trois années, est donc la ruine : car une futaille d'une contenance de 5 hectolitres coûte souvent autant que 9 hectolitres de ce vin.

L'abondance des gamais, pendant la même période, c'est la gêne du vigneron à cause du prix élevé des tonneaux et de l'avilissement du prix du vin, dont la consommation est limitée.

L'abondance des pineaux, pendant une période quelconque, est toujours une bonne fortune, car la consommation de ce vin est universelle, et son prix demeure constamment et relativement très-élevé.

L'absence pendant trois années de récoltes des vins grossiers entraîne la misère du vigneron et du propriétaire, parce que les consommateurs de ce genre de vin le remplacent facilement par la bière, le cidre, ou par des boissons artificielles, et refusent de le payer au delà d'un certain taux; d'ailleurs la conservation de ces vins est difficile et coûteuse à cause de leur bas prix relativement au coût élevé des futailles et de leur manutention : tandis que l'absence de récolte des vins fins et généreux porte à des prix indéfinis la valeur de la quantité de ces vins restés en cave, 1° parce que leur consommation n'est jamais suppléée par les boissons artificielles; 2° parce qu'on peut les conserver pendant plusieurs années; et 5° parce que l'élévation croissante de leur prix compense et au delà la valeur de leur fût et de leur manutention. Il est donc incontestable que celui qui plante la vigne aujourd'hui méconnaîtra ses intérêts les plus évidents en la plantant en cépages grossiers.

Variations du revenu d'un vignoble selon la nature du cépage qu'on y cultive. — A quantité égale de jus, par le seul fait de la valeur intrinsèque en alcool, valeur relative toujours la même, le revenu du planteur est représenté par 3 avec les analogues du chasselas (pour vin); avec les analogues du gamai, le revenu est représenté par 6; avec les analogues des pineaux, son revenu est représenté par 12.

Mais par la valeur du goût et du bouquet, par les effets hygiéniques et stimulants des forces physiques et intellectuelles, la différence des vins fins aux vins grossiers est bien plus sensible; aussi aujourd'hui vend-on les vins fins plus de 200 fr. l'hectolitre, alors qu'on vend les vins de gamai 25 fr. et les vins inférieurs 12 fr. l'hectolitre : c'est-à-dire que le prix des vins de gamai est huit fois et le prix des vins inférieurs seize fois moins élevé que le prix des vins fins.

Il n'est pas douteux toutefois que, dans l'avenir, les vignes à fins cépages étant de plus en plus cultivées, leur culture étant de plus en plus perfectionnée et donnant autant de fruits que les vignes à gros cépages, le prix de leurs produits devra baisser de façon à ne valoir peut-être que 150, 100, et même 50 fr. l'hectolitre; mais c'est encore là un résultat magnifique pour le vigneron, le propriétaire et le consommateur. Quand, par l'effet des récoltes abondantes de plusieurs années, on vend les bons vins 50 fr. l'hectolitre, on vend les vins de gamai 20 fr., les vins inférieurs, 10 fr., et c'est là la ruine des vignobles grossiers; tandis que le prix de 50 fr. l'hectolitre est et sera toujours une richesse pour le propriétaire et pour le vigneron : c'est aussi une grande richesse pour le consommateur s'il ne paye que 50 c. le litre d'un excellent vin. Les faits ne laissent aucun doute à cet égard.

Rapport de la valeur à la quantité des produits des gros et des fins cépages. — La production moyenne des vignes à fins cépages des arrondissements de Reims et d'Épernay est d'environ 15 pièces (30 hectolitres) par hectare; la production moyenne des vignes à gros cépages de ces arrondissements et des arrondissements limitrophes s'élève à 30 pièces (60 hectolitres) : si l'hectolitre de ces vins grossiers vaut 25 fr., l'hectolitre de vins fins vaut toujours plus de 50 fr. Les produits bruts de chaque hectare sont donc de 1,500 fr. Comme les dépenses de toute nature ne s'élèvent pas au-dessus de 750 fr., le produit net de chaque hectare est donc de 750 fr., et représente 10 pour 100 d'un capital de 7,500 fr., c'est le coût maximum d'un hectare planté et attendu sept ans, en terrain, en frais et en intérêts; mais si, par suite de l'abondance d'une récolte de 60 hectolitres à l'hectare, les vignes à vins fins ne vendent plus leurs produits que 25 fr. l'hectolitre, elles gardent le même bénéfice, et les vins grossiers, tombés par suite de leur abondance à 10 ou 12 fr. l'hectolitre, ne couvrent plus les frais. Dans un sens inverse, c'est-à-dire dans les années d'absence complète de récolte, la misère et la ruine des vignes à gros cépages sont parfois terribles, parce que la consommation de leurs vins est annuelle et locale, et que le retour de bonnes récoltes n'apporte pas un prix compensateur. Il suffit, d'ailleurs, de jeter un coup d'œil sur la richesse prodigieuse des grands crus, et sur la médiocrité et la pauvreté relative des vignobles à gros cépages, pour que la cause des fins cépages soit radicalement gagnée.

Manière de planter ou de repeupler une vigne. — J'insiste vivement pour engager les propriétaires et les vignerons à mettre à part les sarments de tout ce qu'ils savent être fin plant, plant à bon vin, et à en faire des fagots ordinaires, soit pour les vendre de 20 à 30 centimes le fagot, soit pour les garder pour leur propre usage. J'invite les propriétaires qui veulent, soit repeupler leurs vignes éclaircies, soit planter des vignes, à rechercher et à acheter ces fagots dans la huitaine de la taille. Le mieux, comme je l'ai déjà dit, pour les grandes entreprises, c'est d'arrêter à l'avance et d'acquérir tous les fagots des vignes renommées pour leur bon vin dans les environs ou dans les grands vignobles où l'on peut avoir des relations sûres.

Aussitôt qu'on est en possession de ces sarments, on fait ouvrir une fosse de 40 à 50 centimètres de profondeur; on étale au fond de cette fosse les bottes déliées en couches de 10 à 15 centimètres d'épaisseur, et l'on remplit la fosse de toute la terre qu'on en a extrait, puis on foule un peu cette terre; si l'on doit recevoir de grandes quantités de fagots, on prolonge la fosse et on la recouvre de même.

Les sarments, ainsi stratifiés, c'est-à-dire disposés par couches et couverts, peuvent rester à la disposition du planteur depuis novembre jusqu'à juin, non-seulement sans perdre leur faculté de végéter lorsqu'on les plantera, mais, au contraire, en se prédisposant favorablement à la végétation. J'ai fait ainsi toutes mes pépinières, du 15 avril au 30 mai, avec des sarments enfouis depuis décembre, février et mars, et, comme expérience, j'ai fait avec les même sarments une pépinière de 3,000 plants le 1er juillet; cette pépinière a parfaitement réussi. Quant aux autres pépinières, elles comportaient de 2,000,000 à 3,000,000 de boutures; elles ont toujours produit des plants d'une rare beauté.

Le viticulteur en possession de ses sarments stratifiés a donc, jusqu'au 30 mai, tout le loisir nécessaire pour préparer son terrain, soit de vigne, soit de pépinière, et, pour cela, il n'a fait qu'une dépense si minime, qu'il peut ne s'en point préoccuper s'il a changé d'intention ou s'il n'est pas prêt. Mais, s'il ne prend pas ses précautions avant la taille, il ne pourra plus, la même année, ni planter de vigne ni faire de pépinière; il ne pourra planter qu'en achetant du plant s'il en trouve, et ce plant, acheté fort cher, sera d'une qualité douteuse.

Au contraire, en suivant mon conseil, le viticulteur aura des plants sur place, bien choisis, bien arrachés, bien frais, à très-bas prix, et il pourra vendre le surplus, avec grand bénéfice.

CHAPITRE VI

DES FAÇONS A DONNER A LA VIGNE.

§ 1. — SARCLAGES. — BINAGES.

En dehors de la taille et de la direction des pampres dont nous avons parlé, du soutènement, du palissage et des préservations dont nous parlerons, on pourrait réduire l'expression des façons, c'est-à-dire des cultures et des soins à donner à la vigne à cette formule : ne souffrir aucune végétation étrangère autour de la vigne, aucune végétation inutile sur la vigne.

La propreté absolue et permanente du sol, depuis les premiers mouvements de la séve jusqu'après la récolte, est la première condition de la santé, de la fécondation, de la fertilité et de la maturation du raisin.

Sarcler une vigne, c'est nettoyer le sol dans lequel elle végète, c'est enlever à l'aide de la main, ou d'un petit outil appelé sarcloir, les mauvaises herbes qui pourraient nuire à la végétation de la vigne.

Biner une vigne, c'est donner une façon légère à la surface du sol, c'est-à-dire, c'est remuer légèrement le sol à l'aide d'une binette pour rafraîchir le pied des plantes et faire pénétrer dans le sol l'air et la chaleur qui activent la végétation.

Les sarclages et binages, ordinairement au nombre de trois, doivent être portés à six s'il le faut, pour débarrasser le sol de toute plante étrangère; si les grandes herbes privent la vigne de respiration et de chaleur, les plus petites herbes maintiennent sur le sol une humidité nuisible et empêchent l'aérage et l'insolation de la terre. Une vigne plantée sur un gazon, fût-il tondu tous les jours, ne serait jamais fertile.

La vigne se plaît dans les sols arides à leur surface, dans les sols qui reçoivent directement l'air et le soleil, ces sols fussent-ils de cailloux ou de roc; l'humidité et la fraîcheur ne sont favorables à la vigne que dans les profondeurs du sol, où ses longues racines savent les trouver : aussi les cultures profondes ne sont-elles point nécessaires à la vigne, surtout dans les terrains légers. Depuis longtemps, l'expérience a prononcé à cet égard.

Nécessité d'une culture superficielle. -- Les vignerons d'Argenteuil se gardent bien, pendant le cours de la végétation, de remuer profondément la terre de leurs vignes, ils se contentent de racler très-superficiellement le sol, pour entretenir sa propreté. La pratique contraire, essayée souvent, a été définitivement rejetée par eux à cause de ses mauvais résultats. En effet, sauf l'enfouissement des fumiers et les opérations de provignage et de recouchage, qui nécessitent des mouvements importants de terrain, toutes les autres cultures de la vigne n'ont pour but que l'entretien de la propreté et l'azotage de quatre à cinq centimètres de terre : la culture, en dehors de ces deux buts, n'a aucune importance pour la vigne, qui s'accommode mieux d'une terre ferme et foulée que d'une terre légère et souvent remuée. Dans les vignobles en ligne, un sentier battu est une

condition constatée de vigueur et de santé pour les deux
rangs de ceps qui bordent ce sentier.

§ 2. — NÉCESSITÉ DE GARANTIR LE SOL ET LES CEPS DE L'OMBRE
DES PAMPRES INUTILES.

Les observations qui constatent la nécessité d'entretenir
la propreté du sol démontrent qu'il faut aussi garantir le
sol et les ceps de l'ombre produite par les pampres inutiles.
Ces pampres ont les mêmes inconvénients que des plantes
étrangères, ils entretiennent la fraîcheur, l'humidité, et
s'opposent à l'action bienfaisante de l'air et du soleil. La
Touraine serait deux fois plus fertile dans ses beaux vignobles, et ses produits seraient bien supérieurs, si ses
vieilles et respectables souches n'étaient pas recouvertes
d'une chevelure luxuriante qui retombe en épais buissons,
se liant les unes aux autres pour former des fourrés impé-
nétrables. Les épamprages, les rognages et les accolages
doivent être faits avec autant de soin que les sarclages, et
leur nombre doit être proportionné à la vigueur de la vigne
et à la nécessité de tenir constamment le sol des vignes libre
et découvert.

§ 3. — TEMPS A CHOISIR POUR LES FAÇONS A DONNER A LA VIGNE.

Temps à choisir pour biner et sarcler. — A ces données
générales j'ajouterai, comme faits d'observation, que les
diverses façons à donner à la vigne dans le cours de sa végétation nécessitent chez le vigneron une observation atten-
tive du temps : les binages, par exemple, ne doivent jamais
être faits quand le sol est assez mouillé pour s'attacher aux
pieds et aux instruments. Outre que, dans cette condition,
les herbes séparées du sol et les graines en germination

reprennent facilement leur végétation, le sol, travaillé et pressé, acquiert une dureté extraordinaire par sa dessiccation ultérieure, il cesse d'être perméable, et la façon suivante devient très-difficile. On ne doit jamais entrer dans les vignes et y travailler à la suite de pluies abondantes, il faut toujours attendre que le sol soit *ressuyé*, et le signe le meilleur de sa bonne disposition est la facilité du travail et surtout l'absence complète d'adhérence de la terre aux instruments de culture et aux pieds.

Il ne faut jamais piocher, bêcher ni biner la vigne par les gelées fortes ou faibles. Au printemps, par exemple, tant qu'il gèle blanc le matin, il faut s'abstenir de toute culture du sol, non-seulement pendant la gelée, mais longtemps encore après son effet direct, parce que, lorsque la gelée disparaît, elle laisse généralement le sol imprégné d'une humidité qui a les mêmes inconvénients que s'il était tombé des pluies abondantes; il faut donc attendre, pour remuer un terrain, que le soleil lui ait rendu son état normal, et mieux encore, il faut attendre que la période des gelées blanches soit passée, parce qu'il est constaté qu'une vigne récemment binée est gelée complétement, alors que la partie de la même vigne qui n'a pas été binée n'est nullement atteinte. Je dirai incidemment ici que l'on observe la même différence entre la moitié d'une vigne bien entretenue de fumier et la moitié de la même vigne non fumée ; la première ne gèle pas, tandis que la seconde est entièrement détruite.

L'expérience prouve également qu'il ne convient pas d'ouvrir la terre à la suite des giboulées de neige ou de grésil, et généralement par les brumes glaciales. Un bon temps ou un temps inopportun ont une action favorable ou défavorable sur les façons qu'on donne à la vigne; elle en ressent longtemps les bons ou les mauvais effets : le choix du temps le plus convenable pour les cultures a donc une très-grande importance et met en relief le tact et la sagacité du vigneron. À l'égard de ses façons, le vigneron doit être un peu comme le bon jardinier, qui a ses jours de semis, de repiquages, de sarclages, de binages, de taille, etc. Le choix du temps propre à chaque opération est une des conditions essentielles à la vigne comme au jardin.

Temps à choisir pour pincer, rogner et accoler. — Il faut éviter de *pincer*, de *rogner*, d'*épamprer* et d'*accoler* la vigne après les grandes pluies, à cause du mauvais état du sol; mais, pour pratiquer ces opérations, il faut choisir, autant que possible, un temps doux et couvert, plutôt humide que sec. La sécheresse excessive et les grandes ardeurs du soleil exercent une action fâcheuse sur les pampres, sur les fleurs et sur les fruits dont les abris viennent d'être brusquement supprimés, et qui, le plus souvent, se présentent dans une position contraire à leur état normal. Un temps couvert, doux et légèrement humide, favorise le replacement naturel des feuilles, la cicatrisation des plaies, et donne au cep le temps de se remettre en état de recevoir convenablement l'action bienfaisante d'un soleil qui le flétrirait s'il le surprenait dans le désordre de sa toilette.

CHAPITRE VII

PALISSAGE ET PRÉSERVATION DE LA VIGNE.

§ 1. — PALISSAGE. — ÉCHALASSAGE. — FIL DE FER.

Palissage. — Le palissage a pour but de fixer soit à un échalas, soit à une latte, soit à une ligne de fil de fer, les sarments et les pampres des ceps; il a pour effet de les maintenir dans la position qu'on veut leur donner. En France, la plupart des vignes sont soutenues sur échalas, c'est-à-dire sur des bâtons dont la longueur varie de $0^m.50$ à $1^m.30$.

Le palissage est une condition physiologique de l'existence de la vigne cultivée : la nature a pourvu la vigne de vrilles, au moyen desquelles elle s'avance et s'appuie elle-même dans l'état sauvage : elle s'en sert pour chercher l'air et le soleil, et pour soutenir le poids de ses rameaux et de ses fruits; ces attaches sont un élément important de sa santé et de sa vigueur : il faut donc donner artificiellement à la vigne les appuis naturels dont elle est privée par la taille. Les bons jardiniers savent parfaitement que les fruits d'une vigne bien soutenue et bien palissée sont plus beaux et meilleurs que ceux d'un cep abandonné à lui-même, et les bons vignerons fixent la vigne avec le plus grand soin. Ils attachent ses sarments et ses broches à l'époque de la taille sèche et les pampres verts qui en sortent à mesure qu'ils se développent.

Palissage sur un seul échalas et palissage en ligne. — De tous les moyens de soutènement de la vigne, celui que fournit le palissage d'un cep sur un seul échalas est le mode le plus vicieux, parce que le lien ou les liens, qui serrent tous les pampres autour de l'échalas, privent d'air et de soleil la plupart des feuilles et souvent les fruits : le palissage en ligne est le meilleur, il est parfaitement compris et pratiqué dans un grand nombre d'excellents vignobles, parmi lesquels on distingue particulièrement le haut Médoc.

Emploi des échalas sans palissage. — L'échalas sans palissage est, dans quelques localités, employé avec une grande intelligence : à Chablis, par exemple, on plante jusqu'à cinq échalas pour un seul cep. Chaque échalas fixe un membre du cep à distance des autres membres du même cep, de façon à former un large éventail : aussi faut-il que l'année soit bien défavorable pour que le raisin n'atteigne pas, en ce pays, une maturité parfaite.

Palissage sur un cours de lattes ou de fil de fer tendu. — Dans la méthode que je propose, on plante dix mille ceps par hectare; il faut employer vingt mille échalas; dix mille petits échalas de $0^m.50$ à $0^m.60$ de long sont battus en terre de 15 à 25 centimètres de profondeur, suivant la dureté et la solidité du sol, et sont fixés en ligne avec les ceps à 1 mètre de distance en tout sens les uns des autres.

Le petit échalas (carasson du Médoc) est employé dans un double but : il sert, 1° à attacher la branche à fruits à 10 ou 12 centimètres du sol; 2° à porter au sommet de la branche à fruits, à 30 ou 35 centimètres du sol, soit un cours de petites lattes en bois (haut Médoc), soit un cours de fil de fer tendu et tourné autour d'une pointe qui surmonte

chaque petit pieu. Ce fil de fer sert à palisser et à attacher
les pampres pincés.

Les dix mille grands échalas, de 1^m.20 à 1^m.30 de long,
sont mobiles et doivent être fichés vis-à-vis chaque souche
pour qu'on puisse y faire grimper et y attacher les pampres
de la branche à bois ou courson (grav. 4, 5, 6).

La gravure 4 représente les petits échalas plantés avec
leur fil de fer tendu en tête; la vigne taillée avec sa branche
à fruits et sa branche à bois ou courson.

La gravure 5 représente le palissage d'une vigne en pleine
végétation; cette vigne a été épamprée, pincée et palissée
au mois d'août et de septembre; ses grands échalas sou-
tiennent le futur bois de chaque souche. AA sont les branches à fruits palissées le long du fil de fer et des petits pieux.
BB sont les branches à bois accolées aux grands échalas.

La gravure 6 représente un cep isolé au même point de
développement que les ceps représentés gravure 5, c'est-
à-dire avec ses sarments fixés au fil de fer par un lien en jonc
ou en paille.

Ce genre d'échalassage et de palissage est plus économique que celui qu'on emploie en Bourgogne et en Champagne : il ne nécessite que trois cents bottes d'échalas par
hectare au lieu de six cents bottes, et 10,500 mètres de fil
de fer, n° 14, pesant, avec les pointes qui sont nécessaires
pour fixer le fil de fer, 600 kilos à 60 centimes le kilo, ce
qui élève le prix de cette fourniture à 360 fr. Or, en comptant la botte d'échalas de chêne à 1 fr. 50 seulement, la
différence de dépense entre les deux méthodes est encore
de 180 fr. au profit du palissage que je propose, palissage
bien plus efficace et bien supérieur dans ses résultats en
culture ordinaire, et, en outre, le seul palissage qui rende
possible l'emploi régulier des moyens de préservation de la
vigne en *culture extraordinaire*.

J'appelle culture *ordinaire* de la vigne ou de toute autre

Grav. 4. — Taille et palissage de la vigne sur petits échalas et fil de fer, avant toute végétation.

plante la culture que pratique le vigneron qui suit la coutume locale sans préoccupation spéciale, sans frais d'intelli-

gence et par conséquent sans progrès. On taille, on laboure,

Grav. 5. — Palissage de la vigne en pleine végétation sur petits et grands échalas et sur fil de fer.

on attache, on rogne, on récolte comme tout le monde, suivant la routine et en s'abandonnant au hasard.

La culture *extraordinaire* est celle que l'homme intelligent s'efforce d'élever par la science et par la pratique à la

Grav. 6. — Vue d'un cep palissé, épampré et pincé au mois d'août, avec son grand échalas, son petit échalas et son fil de fer.

hauteur de la production industrielle, c'est-à-dire à son plus haut degré d'utilité et de richesse : la pêche de Montreuil, le chasselas de Thomery, sont l'objet de cultures extraordinaires qui décuplent les rendements annuels et les valeurs foncières du pays qui les pratique.

§ 2. — NÉCESSITÉ DE PRÉSERVER LA VIGNE DES FORTES GELÉES, DES GRANDES PLUIES, ETC.

Les moyens de préservation des gelées et des pluies froides jouent un des premiers rôles dans le succès d'une culture de vigne; mais ces moyens, dont l'efficacité incontestable est sanctionnée par une longue pratique et récompensée par d'énormes profits, ne peuvent être appliqués à la grande viticulture que par ces courageuses intelligences qui pénètrent l'avenir et devancent le temps par le travail, la science et l'inspiration : pour préserver seulement un hectare de vignes, il faut développer dix kilomètres, c'est à-dire deux lieues et demie d'abris protecteurs. Le seul énoncé de cette vérité la présente sous l'aspect d'une chimère, mais cette chimère est comme celle des chemins de fer et des télégraphes électriques, en moins de trente ans elle sera classée parmi les réalités pratiques.

Des fléaux de la vigne. — La vigne, comme chacun le sait, est en butte à de nombreux fléaux, parmi lesquels on a rangé de tout temps, surtout dans la région moyenne et septentrionale de la France : 1° les gelées de printemps, qui détruisent les bourgeons fructifères ; 2° les pluies persévérantes et froides de juin, qui empêchent la fécondation des fleurs et font couler les grappes; 3° les gelées d'automne, qui font tomber les feuilles et empêchent les progrès ultérieurs du raisin ; 4° enfin, les pluies de cette même époque, qui pourrissent les fruits.

Je ne parle ni de la grêle, ni de la maladie, ni des insectes, qui prélèvent encore de trop fortes parts sur les vendanges, mais dont les effets présentent un caractère moins permanent, moins général et moins lié à la marche habituelle de nos saisons.

On a beaucoup parlé des quatre fléaux que j'appellerai climatériques, et dans ces derniers temps on a cherché et expérimenté un grand nombre de moyens de préserver la vigne des gelées de printemps surtout. Mais les moyens qui ne garantiront pas les vignes des quatre principaux fléaux qui les ruinent ne résoudront jamais le problème de la certitude et de la régularité de la récolte.

Vignes auxquelles on peut appliquer avec avantage les moyens perfectionnés de préservation. — Pour préserver les vignes des gelées blanches de printemps et d'automne, pour éviter la coulure des fleurs et la pourriture des fruits en juin et septembre dans les régions moyennes et septentrionales des vignobles, il faut faire une dépense moyenne de 500 fr. par an et par hectare, en outre des frais ordinaires de culture et d'entretien. Le résultat sera une récolte assurée tous les ans, double en quantité et supérieure en qualité à la récolte moyenne du pays.

Si la récolte est, par exemple, en moyenne de 30 hectolitres à l'hectare (et ce taux est celui de la plupart des bons vignobles), le produit moyen des vignes préservées sera double, soit de 60 hectolitres. Il faut donc, pour entreprendre la préservation en culture méthodique et continue, que ces 30 hectolitres vaillent plus de 500 fr. J'irai même plus loin : je ne conseille pas cette pratique là où la valeur moyenne de l'hectolitre n'atteint pas au moins 30 francs.

La préservation suppose donc d'abord des vignes à fins cépages; mais elle exige encore d'autres conditions, elle implique la culture en lignes à souches basses, palissées.

§ 3. — PAILLASSONNAGE.

La viticulture, conduite comme je viens de le dire, et complétée par la préservation régulière et permanente, passe au rang des industries à produits certains et à rendement calculable, comme la culture des pêchers à Montreuil, et la culture des chasselas à Thomery.

C'est ce mode de préservation, régulier, permanent, sanctionné par une longue expérience, ce sont les murailles et les chaperons fixes et mobiles de Montreuil et de Thomery qu'il s'agit d'appliquer économiquement et pratiquement à la vigne cultivée en plein champ.

Dimensions des paillassons. — Un tel problème ne peut être avantageusement résolu que par des paillassons longs comme les lignes de vignes, réduits, pour l'économie et pour la facilité de leur manœuvre, à la largeur strictement nécessaire ($0^m.40$), qu'on roule ou déroule comme la toile, pour être étendus le 1er avril et rentrés ou mis en meule sur place le 1er novembre et même plus tard, si la perfection de la maturité du raisin l'exige.

Position à donner aux paillassons. — Du 15 mars au 15 novembre, les lignes de paillassons subissent quatre manœuvres pour garder quatre positions fixes.

Première position. — Du 1er avril au 25 ou 30 mai, les paillassons sont fixés presque horizontalement au-dessus des ceps préalablement taillés et palissés.

La gravure 7 indique la première position du paillasson appuyé d'une part sur le grand échalas et d'autre part sur le billon au moyen d'une petite fiche piquée dans le billon par sa pointe et dont la tête est fixée à l'échalas par un petit clou; sous le paillasson on voit la souche et ses sarments taillés; on y voit aussi le petit échalas.

Le paillasson dont on voit la coupe est à deux chaînes en fil de fer galvanisé ou en ficelle rendue imputrescible. Une seule attache sur chaque fiche, au niveau de sa chaîne supérieure, suffit à le maintenir dans toutes les manœuvres et contre tous les vents.

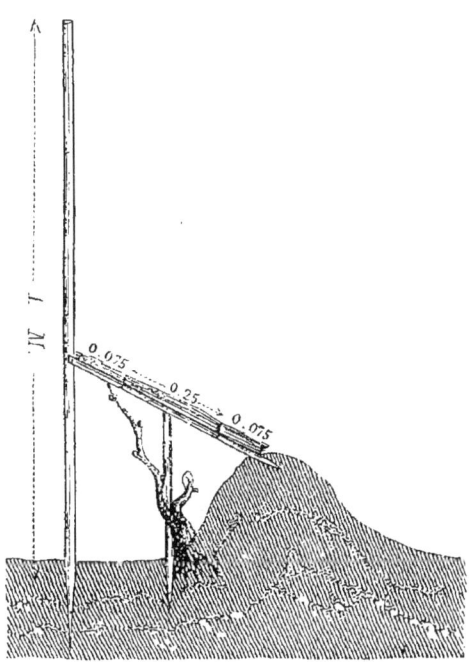

Grav. 7. — Cep taillé et abrité du 1ᵉʳ avril au 50 mai. La gravure le représente avant toute végétation.

La gravure 8 indique les mêmes dispositions que la gravure 7, seulement les sarments de la taille sont dans un état de végétation déjà avancé.

Dans les deux gravures, le grand échalas est à l'est, au sud ou au sud-est du billon. La souche est contre le billon et même dans la pente du billon. L'inclinaison du paillasson avec l'horizon est de 30 à 40 degrés.

Si la végétation est trop vigoureuse, on peut donner au

cep plus de lumière en rapprochant le grand échalas de la souche et en piquant la fiche du paillasson plus bas sur la pente du billon. Pour être préservés des gelées, il suffit que les bourgeons soient sous l'aplomb du paillasson, de façon à ne pas voir le ciel verticalement.

Grav. 8. — Cep abrité des gelées du printemps au commencement de sa végétation.

La gravure 9 représente en perspective une série de ceps, avant toute végétation, recouverts de leurs paillassons ; la gravure 7 en donne seulement l'élévation et la coupe.

En un jour, un atelier de dix hommes déroule et fixe sur les fiches dix mille mètres de paillassons, c'est-à-dire garnit un hectare. J'ai fait placer ainsi par dix hommes, non exercés, soixante-dix mille mètres en six jours.

La gravure 10 représente en perspective des ceps en vé·
gétation commençante protégés selon les dispositions de la
gravure 9.

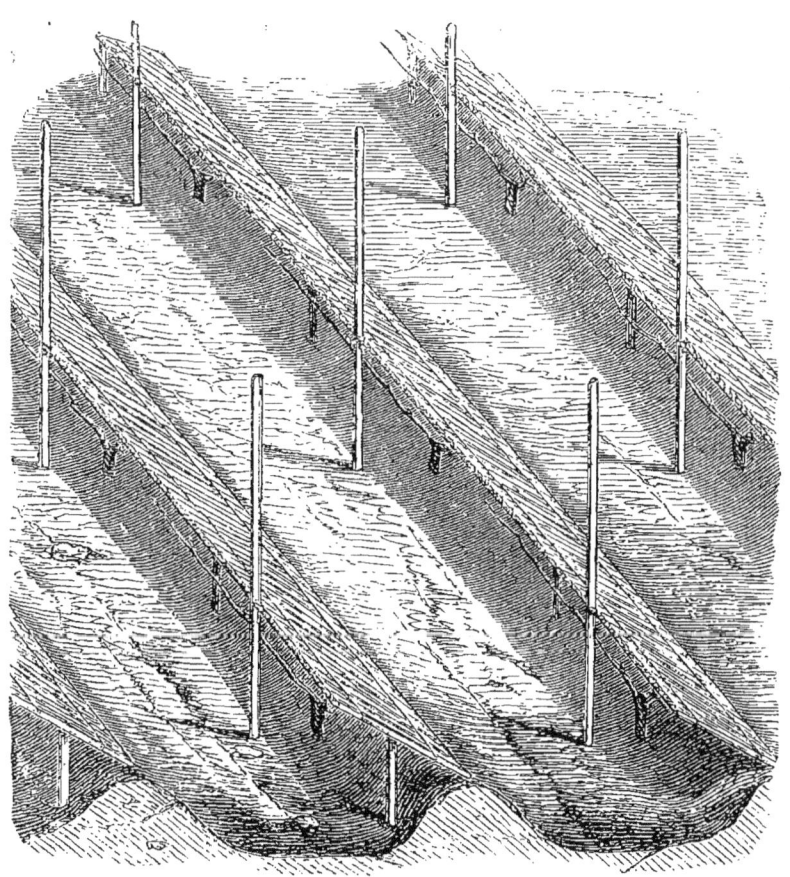

Grav. 9. — Vue perspective de lignes de ceps abrités par les paillassons,
avant toute végétation.

Deuxième position. — Du 30 mai au 5 ou 10 juillet, les
paillassons sont relevés sous un angle de 60 degrés avec
l'horizon, angle ouvert à l'est et au sud, fermé à l'ouest et
au nord.

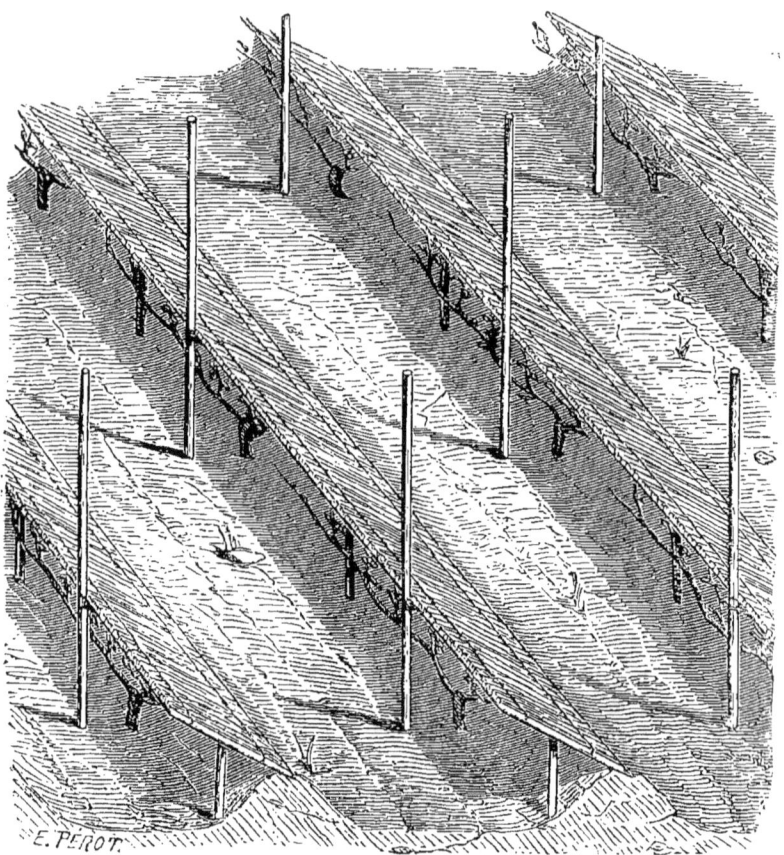

E. PÉROT.

Grav. 10. — Vue perspective de lignes de vignes en végétation commun an abritées par les paillassons (du 1er avril au 30 mai).

La gravure 11 représente en élévation et en coupe le paillasson relevé à 60 degrés sur le cep; le billon est diminué des deux tiers et les pampres gagnent la partie supérieure du grand échalas par leur extrémité, tandis que leur base, où se trouvent seulement les fleurs, reste abritée des pluies froides du nord-ouest.

Suivant la saison ou le climat, l'inclinaison du paillasson peut être augmentée ou diminuée. Si la température est sèche et chaude, le paillasson doit être moins incliné et plus éloigné : on obtient ce résultat en rapprochant le grand échalas de la souche.

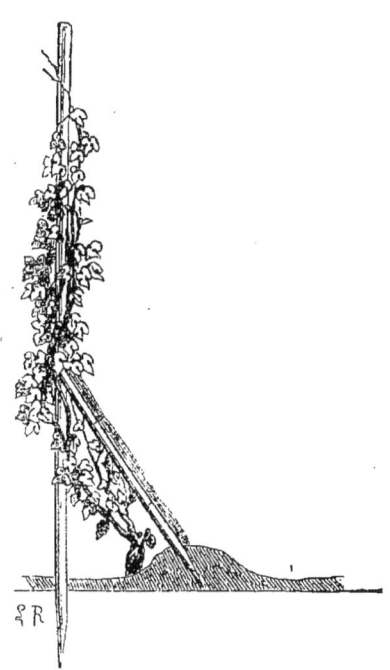

Grav. 11. — Cep abrité contre la coulure (du 30 mai au 1ᵉʳ juillet). Exposition est, sud, ou sud-est.

La gravure 12 représente en perspective la même situation relative des paillassons et des ceps que dans la gravure 11. Les pampres de la branche à bois ne sont pas pincés, ceux de la branche à fruit sont seuls pincés.

Troisième position. — Du 10 juillet au 10 ou 30 septembre, suivant le temps, les paillassons sont fixés verticalement au nord et à l'ouest des ceps.

La gravure 13 représente en élévation et en coupe le cep en pleine végétation soutenu par le grand échalas, reporté au nord ou à l'ouest de la souche et y maintenant le paillasson vertical; le billon a disparu complétement.

Grav. 12. — Vue perspective de ceps abrités contre la coulure.

Le paillasson, fixé verticalement à 0ᵐ.05 en arrière de la souche, fortifie la grappe et lui fait prendre les dimensions des grappes de treille; il avance la maturité du raisin de plus de huit jours, et perfectionne cette maturité d'une façon remarquable. C'est ce que j'ai constaté, et ce que M. Constant Charmeux a confirmé par sa pratique; il en a exposé les résultats dans une note lue à la Société centrale d'horticulture.

La gravure 14 représente en perspective des ceps en espalier devant des paillassons.

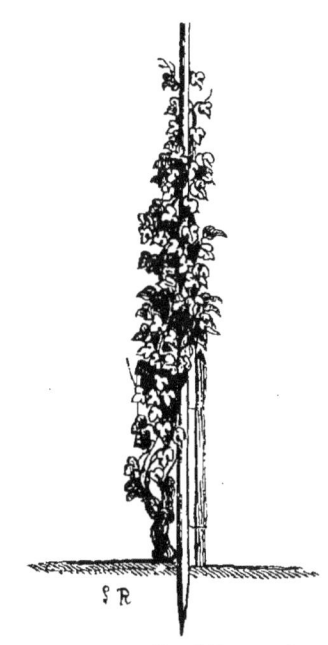

Grav. 15. — Vue d'un cep en espalier à l'est, sud, ou sud-est du paillasson
vertical (du 30 juillet au 30 septembre).

Rien n'est plus agréable à voir que les lignes de pampres et de raisins mûrs devant les paillassons. Les feuilles y sont d'un vert foncé, et les raisins noirs s'y détachent avec vigueur.

Quatrième position. — Enfin, à l'arrière-saison, pour préserver les feuilles des gelées blanches d'automne, et les fruits de la pourriture par les pluies, on fait reprendre aux paillassons la position du 1er avril au 30 mai.

La gravure 15 représente en coupe et en élévation un cep dont la partie fructifère est recouverte par le paillasson, replacé presque horizontalement; le paillasson, fixé par sa fiche de support au grand échalas, repose par son milieu

sur le petit échalas et le fil de fer qu'il porte : le grand
échalas est reporté en avant du cep.

Grav. 14. — Vue perspective de ceps en espalier devant des paillassons.

Cette couverture des lignes de raisins, à l'arrière-saison,
est pratiquée depuis longtemps avec un plein succès par
les viticulteurs de Thomery. M. Constant Charmeux m'a
fait connaître tous les avantages de cette pratique, qui permet de laisser les raisins au cep jusqu'à la plus parfaite
maturité et jusqu'aux fortes gelées de novembre, malgré les
pluies et les gelées.

La gravure 16 représente en perspective les dispositions
de la gravure 15.

Prix des manœuvres des paillassons. — Ces quatre positions nécessitent quatre manœuvres qui, y compris l'apport et l'enlèvement des paillassons, coûtent 100 fr., le prix de la journée de travail étant de 2 fr. par homme : un

Grav. 15. — Vue d'un cep préservé à l'arrière-saison contre les pluies et les gelées d'automne.

atelier de 10 hommes déroule et fixe en un jour les paillassons d'un hectare (10,000 mètres) : les manœuvres intermédiaires sont exécutées en un temps moitié moindre. Les frais de transport, remisages et réparations, presque nuls pendant le cours de la végétation, complètent le surplus de la dépense.

Durée et prix des paillassons. — La durée des paillassons, en fil de fer inoxydable ou en ficelle imputrescible, et en paille de seigle, est d'au moins quatre ans; leur prix de revient, lorsque la fabrication en sera libre, n'excédera pas

6

15 centimes le mètre courant; la fourniture d'entretien annuel par hectare n'atteindra donc pas 400 fr. Aujourd'hui, le prix de 20 centimes porte à 600 fr. l'entretien annuel de la préservation par hectare, et, si la récolte est doublée, améliorée et assurée chaque année, si les 30 hec-

Grav. 16. — Vue en perspective de ceps abrités contre les pluies et les gelées d'automne.

tolitres récoltés en sus de la récolte obtenue par la culture ordinaire, valent 30 fr. l'hectolitre, si, à plus forte raison, ils valent dans les fins vignobles 50 francs, 100 francs même, les paillassons auront produit 900 fr., 1,500 fr. et 5,500 fr. par hectare : ce qui vaut bien la peine de les employer, ou, tout au moins, de les essayer, ne fût-ce que sur un are. Je ne crains pas d'affirmer que l'expérience confirmera pleinement les résultats que j'annonce, puisque je les ai obtenus dans les conditions et dans les années les plus défavorables, et sur l'échelle assez grande de 5 hectares paillassonnés par 62,500 mètres de paillassons, parmi 29 autres hectares plantés suivant la même méthode, dans le même temps, dans le même lieu et avec les mêmes soins; les uns sans préservation, les autres préservés avec des pailles, avec des foins, avec des branches de sapin, avec des roseaux, avec des tuiles courbes dites faîtières, avec des planches, etc. Je n'ai pas employé les toiles, mais plusieurs propriétaires les employaient dans mon voisinage.

Inconvénients et insuffisance des moyens de préservation autres que les paillassons. — Tous les autres moyens de préservation sont plus coûteux que les paillassons, et ne peuvent que garantir les vignes des gelées de printemps en privant d'ailleurs les jeunes pousses d'air et de soleil, et préparant ainsi la coulure de presque toutes les grappes préservées de la gelée au prix de leur étiolement partiel ou complet.

La préservation des gelées de printemps hors des conditions d'aérage et d'insolation indispensables au développement normal et physiologique du bourgeon n'est pas une préservation, c'est la destruction presque complète de la récolte. Je puis donner de cette assertion une preuve expérimentale bien concluante. En 1857, les vignes non protégées ont peu ou point souffert de la gelée de printemps à Sillery et aux environs : dans le vignoble de 34 hectares que j'y ai planté, les grappes à la floraison se montraient aussi nombreuses dans les 29 hectares non paillassonnés que dans les 5 hectares paillassonnés ; mais la coulure fut nulle dans ces 5 hectares, et leur produit fut de 30 à 40 pièces à la vendange (en moyenne 35 pièces de 2 hecto-

litres), tandis que les 29 hectares non paillassonnés don-
nèrent de 10 à 20 pièces (en moyenne 15 pièces à l'hectare), la coulure ayant fait disparaître 50 à 60 pour 100
des grappes, bien que 6 hectares aient été abrités par des
branches de sapin, et 6 autres hectares abrités par des
foins de marais et des pailles superposés aux ceps. Les
vignes des environs, protégées par des toiles, ont subi également les effets de la coulure, et n'ont pas dépassé la production de 10 à 20 pièces, c'est-à-dire de 30 hectolitres par
hectare.

Avantages des paillassons permanents. — Les commissions des Comices de Reims et de Châlons, et la plupart
des viticulteurs les plus expérimentés des environs, ont
constaté, dans leurs fréquentes visites, que l'usage permanent des lignes de paillassons de 40 centimètres s'associait
parfaitement à la culture de la vigne; que, sous leur abri
horizontal, les bourgeons ne gelaient pas et se dévelop-
paient avec vigueur; que, devant leur surface moins inclinée, les grappes s'épanouissaient en volume et en branches,
se fécondaient à merveille et nouaient complétement; que
les lignes de ceps palissés le long des paillassons verticaux
étaient d'un vert foncé et leurs fruits d'un volume et d'une
uniformité bien supérieurs à ceux des lignes voisines sans
paillassons; enfin que, devant ces mêmes paillassons, la maturité était plus complète et surtout plus hâtive. Ces faits
sont de notoriété publique dans l'arrondissement de Reims :
ils ont d'ailleurs, pour la plupart, été constatés par des
commissions et consignés dans des rapports et des procès-
verbaux, dont les plus remarquables et les plus complets
ont été publiés en novembre 1856 et en mars 1858 dans le
Cultivateur de la Champagne par M. Dugué, ingénieur en
chef, et M. Bancelin, ingénieur ordinaire des ponts et
chaussées.

L'aspect des vignes ainsi protégées par les paillassons est vraiment admirable par la propreté, l'élégance et la richesse de la végétation, surtout au moment où le raisin mûrit, alors que ses guirlandes colorées se détachent à travers une verdure foncée sur la couleur jaune du paillasson.

Ces résultats, je le répète, n'ont rien qui doive nous étonner. Les abris superposés contre les gelées et les pluies froides, les brise-vents et parois en paille, bois ou roseau au nord et à l'ouest des contre-espaliers pour réfléchir la chaleur, sont en usage de temps immémorial, et leurs effets sont connus de tous les jardiniers et de tous les arboriculteurs. J'ai donc simplement cherché à faire profiter la grande viticulture des moyens connus, en étudiant leur économie et leur pratique. Il suffit d'ouvrir les excellents ouvrages de M. Dubreuil, de visiter les treilles et les contre-espaliers de M. Constant Charmeux à Thomery, de voir à Montreuil-aux-Pêches les effets des chaperons sur les magnifiques cultures de MM. Lepère et Malot, pour se convaincre que je n'ai fait que profiter de leur expérience et de leurs leçons. La dernière leçon que j'ai reçue mérite d'être racontée.

En août 1858, M. Constant Charmeux demandait à la fabrique de paillassons plusieurs milliers de mètres : je ne pouvais pas deviner l'usage qu'il voulait en faire à cette époque de l'année. J'allai le visiter à Thomery, et, là, j'appris qu'il se proposait de les étendre, vers le 15 septembre, horizontalement au-dessus des lignes de ses treilles en contre-espaliers, pour les préserver des gelées blanches et des pluies froides. C'était déjà pour lui une expérience faite, qu'un abri superposé à l'automne conserve parfaitement les chasselas, perfectionne leur maturité, empêche leur pourriture et permet de laisser les fruits aux ceps très-avant dans

6.

la saison : M. Charmeux préfère les paillassons longs et étroits à tous les autres abris qu'il a essayés jusque-là, parce qu'ils remplissent mieux l'objet qu'il a en vue, et parce qu'ils sont plus pratiques et plus économiques.

C'est donc sous son inspiration et par son expérience que je conseille la quatrième manœuvre des paillassons de la vigne. Je ne l'ai point encore pratiquée, mais je suis certain qu'elle rendra d'immenses services pour préserver la vendange et perfectionner sa maturité (grav. 15 et 16, p. 97 et 98).

En effet, quel est le propriétaire de vignes et le vigneron qui ne se sont pas trouvés, à l'époque de la vendange, dans une étrange perplexité? Le raisin n'est pas tout à fait mûr; les gelées blanches menacent de faire tomber les feuilles et même d'atteindre le raisin vert, ou bien les pluies commencent et vont faire pourrir le raisin. Vendangera-t-on? Si l'on vendange, le vin est détestable; si l'on ne vendange pas, le raisin est gelé ou pourri. La quatrième manœuvre du paillasson fait disparaître toute hésitation. Les lignes de vignes sont abritées et le raisin peut attendre sa maturité, et presque toujours atteindre une période ultérieure de beau temps, qui, six fois sur dix années, fait regretter au propriétaire d'avoir vendangé trop tôt.

En dehors et en outre des préservations climatériques normales, le paillasson est encore un puissant palliatif contre les désastres de la grêle, surtout si la direction *nord-sud* des lignes de la vigne permet de fixer le paillasson à l'ouest. Dans ce cas l'exposition des ceps est plein *est*, et j'ai constaté que c'est la meilleure de toutes les expositions.

Ce n'est pas le soleil levant qui détruit les bourgeons refroidis. — L'idée généralement accréditée que les premiers rayons du soleil levant sont la principale cause de la destruction des bourgeons gelés ou refroidis est erronée. L'expérience directe et répétée me l'a démontré.

Toutes les lignes des 34 hectares du vignoble que j'ai planté, en 1850, à Sillery (Marne), courent *nord-sud* : en conséquence, la plupart de mes paillassons (59,000 mètres sur 62,500) s'ouvraient à l'*est* et recevaient la première action du soleil levant. Dans la nuit du 4 au 5 mai 1856 et dans celle du 6 au 7, une double gelée de 3 et 4 degrés a frappé tous les vignobles de la Champagne et surtout celui de Sillery. Justement alarmé du froid et du ciel clair de la soirée du 4, j'avais fait préparer 300 mètres de paillassons et donné l'ordre qu'en cas de givre pendant la nuit on plaçât ces 300 mètres du côté du levant des lignes de vignes non protégées; le givre ayant été très-épais, la manœuvre fut exécutée de cinq à sept heures du matin, et terminée avant le lever du soleil. Le soleil se leva resplendissant, et, vers dix heures du matin, le désastre était complet et visible sur toutes les vignes non protégées. Tous les bourgeons placés sous l'aplomb des paillassons quoique recevant directement les rayons du soleil, étaient pleins de santé, tandis que les bourgeons qui avaient été mis à l'abri de ses rayons par les 300 mètres de paillassons étaient aussi complétement détruits que leurs voisins, qui, comme eux, étaient restés sans protection pendant la nuit : l'expérience a été renouvelée la nuit suivante sur une hauteur du vignoble où la gelée avait laissé la moitié des bourgeons non gelés, quoiqu'ils fussent sans protection. Ces bourgeons épargnés furent frappés dans la nuit du 5 au 6, et les 300 mètres de paillassons, posés devant 300 mètres de ces lignes avant le lever du soleil, ne sauvèrent pas un bourgeon. J'invite les viticulteurs, dans l'intérêt de la science, à répéter ces expériences au printemps prochain.

Le vent froid ne gèle pas les bourgeons. — Pour s'opposer à l'action de la gelée blanche sur les bourgeons ou jeunes pousses des vignes, il ne s'agit point de mettre le cep à l'abri des vents du nord ou de toute autre direction, car les vents, même très-froids, diminuent le danger au lieu de l'augmenter. Il s'agit d'interposer un corps opaque entre le ciel clair et la plante à préserver. Ce corps s'oppose à la perte du calorique de la plante par rayonnement dans l'espace bleu du ciel, qui ne lui renvoie aucun rayon calorifique : tandis qu'un corps opaque quelconque, superposé, empêche les rayons calorifiques de la plante de se perdre dans l'espace, et renvoie à la plante une somme de rayons à peu près égale à celle que la plante émet.

A mesure que le bourgeon se refroidit, il condense à sa surface la vapeur d'eau de l'atmosphère et s'entoure ainsi de givre : tant qu'un bourgeon n'est pas couvert de givre avant le lever du soleil on peut être assuré qu'il n'est pas frappé de gelée : c'est en s'opposant à la condensation du givre que le vent diminue les chances de destruction.

Concours du billon et du grand échalas à l'effet du paillasson. — Pour assurer la préservation des jeunes pousses de la vigne contre les gelées d'avril et de mai, il suffit que le paillasson[1] soit étendu horizontalement, ou, ce qui est mieux encore, qu'il soit un peu ouvert du côté du levant ou du sud, à 0ᵐ.15 ou 0ᵐ.20 au-dessus des bourgeons à préserver. Mais, si les vignes sont à souches basses, comme je recommande de les établir, la préservation est plus parfaite et la disposition meilleure, si on les cultive en billon.

Le billon parallèle aux lignes doit être élevé de 0ᵐ.20 à 0ᵐ.30 et être rapproché de la ligne de ceps, qu'il doit concourir à abriter, au point que la base de ces ceps soit com-

---

[1] Les paillassons doivent être posés du 25 mars au 15 avril et autant que possible avant la sortie des bourgeons.

prise dans la pente *est* ou *sud* du billon (grav. 7 et 8). Le grand échalas étant préalablement planté à $0^m.20$ en avant de la souche, une petite barre en bois lui est attachée d'un côté, de l'autre côté elle est piquée ou simplement posée sur le sommet du billon (grav. 7 et 8). Cette disposition, répétée de mètre en mètre, vis-à-vis de chaque souche, forme une série de petits chevrons sur lesquels on n'a plus qu'à dérouler le paillasson d'un bout de la ligne à l'autre; on l'attache ensuite solidement à chaque petit chevron au moyen d'un lien en fil de fer recuit, n° 4, à $0^m.05$ ou $0^m.06$ du grand échalas. Cette seule attache suffit à toutes les manœuvres qu'on doit ensuite pratiquer.

A partir du 25 mai au 5 juin, le vigneron, en donnant un binage, abat les 2/3 du billon, repique le grand échalas plus près de la souche et obtient la disposition contre la coulure (grav. 11). Enfin, à partir du mois de juillet, le vigneron fait disparaître dans un autre binage le billon tout entier, repique le grand échalas derrière la souche et obtient la disposition en espalier (grav. 13 et 14). Dans la quatrième manœuvre (grav. 15), le grand échalas est simplement rapporté et repiqué en avant de la souche en infléchissant le cep, qui se prête d'ailleurs parfaitement à cette manœuvre.

La plupart des vignes précieuses actuellement existantes, et non préparées pour la préservation, si elles sont en lignes, peuvent recevoir sans difficulté la protection du paillasson; il suffit de fixer le paillasson à $0^m.15$ ou $0^m.20$ au-dessus des ceps au moyen de petites barres. en T ou de petites *fermes* en forme de 4. Si les vignes à préserver ne sont pas en lignes, rien n'est plus facile, dans la plupart des cultures, que de les ramener à la ligne par un recouchage. Non-seulement les ceps se prêtent à cette manœuvre, mais encore ils en tirent une plus grande vigueur et une plus grande fécondité (toutefois un peu au détriment de la qualité, la première année). Les vignes, ainsi alignées par leur recouchage, ont leurs sarments tout près de terre; on peut alors planter obliquement les échalas ordinaires en arrière et au-dessus des vignes, et attacher le paillasson au bas de ces échalas de façon qu'il recouvre parfaitement les bourgeons; on redresse les échalas et le paillasson après l'époque des gelées. Un propriétaire de Sillery, M. Lelorrain, a pratiqué avec succès cette méthode.

Les vignobles du haut Médoc sont admirablement disposés pour la préservation des ceps par leurs belles lignes régulières et basses. Les vignes de la grande Champagne peuvent facilement être mises en ligne par des recouchages annuels. Dans les crus importants de la Bourgogne, on obtiendrait le même résultat par un provignage superficiel et général : dans ces deux derniers cas, les échalas ordinaires peuvent servir à la préservation suivant la méthode de M. Lelorrain.

Mode de préservation en usage en Crimée. — Il me reste à parler d'un mode de préservation des gelées d'hiver : ce moyen est en usage dans les vignobles de Crimée et des environs d'Odessa, et peut trouver d'utiles applications en France.

Dans la Russie méridionale, on enterre la vigne tous les hivers comme on enterre les figuiers à Argenteuil. Par ce procédé, le bois de la vigne échappe au froid le plus destructeur. Une fosse est pratiquée à la fin d'octobre au pied de chaque cep, ou bien un fossé est creusé le long de chaque ligne; les ceps y sont recouchés et recouverts nonseulement de la terre extraite du fossé, mais encore des terres voisines, de façon à présenter une série d'ados et de sillons. Cette disposition assainit le gîte du cep en le préservant d'un excès d'humidité.

Cette stratification produit sur la vigne le même effet que sur les figuiers, c'est-à-dire que, loin de nuire à la force de la végétation, elle la prépare et la rend plus vigoureuse et plus prompte en entretenant les rameaux dans une saturation permanente d'humidité : la précocité et la beauté des figues d'Argenteuil, ainsi que la fécondité constante des figuiers, ne sont dues qu'à la stratification hivernale.

J'ai expérimenté la stratification de la vigne sur soixante ceps enfouis à la fin de l'automne et relevés le 15 avril; ils se sont constamment couverts de fruits à tous leurs bourgeons, même près de la souche. En 1856, dans l'intention de retarder la pousse de ces soixante ceps et de les préserver des gelées du printemps, je ne les ai relevés que le 30 mai. Mais les bourgeons avaient poussé sous terre; ils étaient blancs; ils portaient tous leurs deux grappes qui n'ont pas résisté à la coulure. Dans le bas vignoble du Jura on enterre aussi les sarments pendant l'hiver.

Quelles que soient d'ailleurs les dispositions de la vigne de chaque pays, les populations viticoles sont tellement ingénieuses et actives, qu'elles trouveront promptement les meilleurs procédés de préservation pour leur mode de culture, aussitôt que les avantages de la préservation leur seront prouvés.

CHAPITRE VIII

CONDITIONS GÉNÉRALES DE LA CRÉATION DES VIGNOBLES.

Assiette des vignes. — La vigne peut être établie lucrativement pour produire le vin partout où l'eau n'est pas stagnante dans le sol, partout où les brouillards ne séjournent pas, soit dans des bassins sans écoulement, à la façon de l'eau, soit au sommet des montagnes, à la façon des nuages.

Toute superficie qui est nettoyée facilement d'eau et de vapeurs, soit par les pentes naturelles, soit par les vents, qu'elle soit en plaine ou en montagne, est propre à l'assiette d'un vignoble si la température du lieu peut y amener le raisin à parfaite maturité.

Depuis les amas de roches nues, comme celles de Fontainebleau, jusqu'aux pauvres sables des dunes, sur les sols les plus arides de la Champagne, de la Sologne, des Landes, etc., partout la vigne à fins cépages peut être établie et produire la richesse par le travail et l'intelligence appuyés sur une avance de 5,000 à 6,000 fr. par hectare en sept ans.

Terrains en friche. — Le sol qui n'a jamais porté de vigne, si maigre et si infécond qu'il paraisse, récèle toujours des principes vivifiants pour la vigne : il en contient beaucoup plus s'il est couvert de pelouses, de fougères, de bruyères, de genêts, de genévriers, de genêts épineux ou d'arbres résineux de toute nature.

Inclinaison du sol. — Dans les pays de collines ou de montagnes, les lieux d'élection de la vigne commencent à quelques mètres au-dessus du fond des vallées et finissent bien avant certains sommets trop élevés. Dans les pays de plaines, les dépressions du sol, le voisinage des marais, des arbres en massifs, doivent être évités, et les mamelons aérés et dégagés par les vents seront choisis de préférence.

Les inclinaisons du sol de 10 à 50 degrés valent mieux pour la vigne que les pentes plus ou moins fortes.

Exposition. — Les expositions *est, sud-est, sud,* valent mieux que les expositions *nord-est* et *nord;* mais les plus mauvaises sont, sans contredit, *nord-ouest, ouest* et *sud-ouest.* Toutefois, sauf des contre-indications toutes locales, la vigne peut être établie à peu de chose près dans toutes les expositions, et y donner de bons produits.

Terrains inaccessibles à la charrue. — Relativement au mode de plantation et de culture, les terrains doivent être divisés en deux classes : les terrains inaccessibles à la charrue, et ceux que la charrue peut cultiver.

Les premiers comportent encore deux divisions : les terrains susceptibles d'une culture régulière à la main, tels sont les terrains en montagnes trop rapides pour qu'il soit possible de les cultiver à la charrue, mais formés d'un sol homogène; et les terrains à roches disséminées, ou en rochers à gradins et à terrasses, ne présentant ou ne pouvant recevoir la terre végétale qu'en certains points naturellement ou artificiellement établis.

Culture de la vigne sur des gradins et au milieu des rochers. — Les principes relatifs au choix des cépages, à la

7

nourriture et à l'engrais, sont applicables à la vigne cultivée dans des sols à gradins et à terrasses au milieu des rochers; mais la conduite et la taille de ces vignes sont plutôt celles des treilles que celles de la vigne en plein champ. Le nombre des ceps ne peut être le même, les alignements, les palissages, le développement de la tige, dépendent de circonstances spéciales. Un seul cep peut couvrir un rocher de 20 mètres superficiels, comme il peut couvrir un arbre : je dirai seulement ici qu'il faut donner au cep un encaissement de terre végétale proportionné à l'étendue qu'on veut obtenir de sa tige, et une quantité d'engrais également proportionnée à la quantité de raisins qu'on veut en obtenir chaque année : par exemple, un kilogramme de fumier par kilogramme de raisin, et un sol végétal cubant 2 mètres pour 20 mètres de surface de tige au soleil. Dans ces conditions, un seul cep pourra, sans s'épuiser, produire 20 kilog. de raisin par an.

Culture au flanc régulier des montagnes. — Quant aux terrains homogènes en montagnes, tous nos préceptes leur sont applicables; seulement les opérations de défonçage, de terrage, de fumure et de grosses cultures, y sont un peu plus onéreuses que les mêmes opérations pratiquées sur des terrains accessibles à la charrue; mais ce surcroît de charge est largement compensé par les avantages hygiéniques et par la qualité supérieure des produits de la vigne cultivée sur des coteaux.

Viabilité des vignobles à créer. — Lorsque l'emplacement du vignoble est choisi ou déterminé, la première condition à remplir est d'en rendre l'accès facile aux voitures, non pas en un point seulement, mais, autant que possible, à des distances qui n'excèdent pas 50 mètres (deux petits relais de brouettes ou de civières) entre les routes parallèles auxquelles tous les rangs de ceps doivent aboutir perpendiculairement. Ces routes ne doivent pas avoir moins de 5 mètres de largeur pour faciliter le croisement des voitures, le dépôt des amendements et des engrais, des sarments à la taille, des pampres au rognage, des récoltes aux vendanges, des échalas, des paillassons, etc., etc.

Les routes perpendiculaires aux lignes de vigne doivent être distantes de 50 mètres; elles peuvent être reliées entre elles par d'autres routes parallèles aux lignes de vigne n'ayant que 5 mètres de largeur et distantes de 200 mètres les unes des autres, de façon à donner à chaque rectangle de vigne une contenance régulière d'un hectare.

Ces routes secondaires n'ont besoin d'avoir que la largeur nécessaire à une voie de voiture, parce qu'autant les routes perpendiculaires sont indispensables au service direct de la vigne, autant celles-ci y sont inutiles : les lignes de vigne faisant obstacle à toute communication facile et à tout transport dans l'intérieur des carrés, elles n'ont pour objet que de faciliter le passage des voitures, des instruments et des bêtes d'exploitation d'une grande route à l'autre.

Cette disposition des chemins des vignes n'est ni fantaisiste ni arbitraire : elle assure tout simplement le succès d'un vignoble en rendant très-faciles et très-économiques ses cultures, son entretien, son exploitation et surtout l'application des remèdes à tous ses maux. Il me suffira, pour donner une idée de l'importance, de la bonne distribution et de la multiplication des routes de service, de poser quelques chiffres connus de tout le monde.

Valeur des voies de communication des vignobles. — Un mètre cube de terre, d'amendement ou d'engrais, déchargé d'une voiture ou versé d'un tombereau, dans l'allée de service du haut, et un autre mètre cube versé dans l'allée du bas, n'ont nécessité chacun, en moyenne, qu'un demi-relais de transport à la brouette; ils coûtent donc

chacun $0^f.05$ de charge, $0^f.05$ de transport, $0^f.05$ de décharge, soit $0^f.15$ le mètre cube pour amender et engraisser 1 hectare situé entre deux routes à 50 mètres l'une
de l'autre. Ce même mètre cube coûte $0^f.20$ si les deux
routes sont à 100 mètres, et $0^f.30$ s'il n'y a qu'une route à
une extrémité : l'économie de la disposition proposée (et
expérimentée d'ailleurs par moi en grand) est donc au
moins de $0^f.15$ par mètre cube; or les diverses opérations
d'importation et d'exportation des amendements, terrages,
engrais, échalas, sarments, pampres, raisins, de l'entrée et
de la sortie des hommes, femmes et enfants pour les cultures, dépassent de beaucoup les mouvements dépensés pour
400 mètres cubes. Le produit économique de la double
route à 50 mètres de distance est donc d'au moins 60 fr.
par an et par hectare, sans compter les facilités de dépôts,
de manœuvres qu'elle donne et qui seraient impossibles sans
elle : il faut avoir éprouvé les embarras que donnent les
services et les soins des vignes pour se rendre bien compte
de l'avantage et même de la nécessité de fréquentes et larges
voies de communication. Eh bien, en outre de ces besoins
satisfaits, chaque route rend 60 fr. d'économie ou de revenu
par an et par hectare de vigne desservi; sa superficie (de
5 mètres de large, couvrant 200 mètres de long) est de
10 ares, desservant ainsi, à sa droite et à sa gauche, un
demi-hectare, en tout 1 hectare. A 60 fr. de revenu par
10 ares, 1 hectare de routes, ainsi appliquées au service du
vignoble, produirait donc 600 fr., ou 10 pour 100 d'un
capital de 6,000 fr. Les routes des vignobles sont donc de
l'argent bien placé.

Assainissement des vignobles. — Après la viabilité du
vignoble (j'aurais dû dire même avant sa viabilité), le premier soin doit être d'assurer son assainissement; c'est-à-dire
d'établir l'écoulement des eaux de la surface et de l'intérieur

du sol à la plus grande profondeur possible, et de prévenir l'accumulation et la stagnation des brouillards ou vapeurs d'eau à sa superficie.

Les brouillards se rassemblent, se nivellent et séjournent dans les bas-fonds, dans les dépressions du sol sans issue, exactement comme les eaux des mares ou des étangs : un bas-fond, une cuvette aux flancs d'une rampe, même rapide, même élevée, un encaissement de haies ou d'arbres serrés sont autant de réservoirs à vapeurs, où la vigne gèle, où la vigne coule. Mais, chose singulière et peu connue, c'est que, si un large chenal est pratiqué à ciel ouvert à ces encaisse-ments dans leur partie la plus déclive, la vapeur s'en écoule à peu près à la façon de l'eau; toutefois, à la différence des eaux, les brouillards séjournent plus longtemps à l'abri des haies, à l'abri des arbres, à l'abri des contre-forts de toute nature qui brisent complétement les vents.

Il faut donc détruire les bois, les arbres, les haies élevées à l'intérieur des vignobles ou qui les dominent de trop près, en même temps que l'on ouvre des canaux évacuateurs des vapeurs à toutes les dépressions du sol sans issue déclive.

Les routes doivent servir à l'assainissement des vignes. — Les routes de service des vignobles doivent toujours être faites *en déblais;* elles doivent attirer à elles l'humidité et les vapeurs; il faut sacrifier ici une viabilité plus ou moins saine à la salubrité des carrés de vignes qui doivent toujours être en relief sur les routes qui les bordent. Plus les routes seront larges, profondes, rapprochées, plus elles réuniront les conditions de canaux récepteurs et évacuateurs, plus le vignoble sera garanti contre les gelées et la coulure. Ces conditions sont très-faciles à réaliser par l'intersection faite en lieux convenables des routes de service et des routes de jonction.

Ce vaste drainage à ciel ouvert sera, dans la plupart des cas, suffisant pour l'écoulement des vapeurs et pour celui des eaux : mais dans les terres fortes et imperméables, le drainage horizontal viendra joindre ses bons effets à l'action des routes, et dans les cas de sous-sol de glaise, d'alios, ou de tout autre obstacle à l'absorption souterraine des eaux, ainsi qu'en l'absence de pente suffisante, le drainage vertical et les puits absorbants devront être employés.

L'assainissement et la viabilité d'un vignoble doivent être exécutés et assurés avant d'y planter la vigne. — Tout doit être prévu, tout doit être arrêté dans la création d'un vignoble avant de préparer le sol et de planter la vigne. Tout ce qui pourrait la déranger ultérieurement doit être exécuté à ce moment, et l'on ne doit ajourner que les travaux qui pourront être exécutés sans troubler sa végétation. Car, je l'ai déjà dit et je ne me lasserai pas de le répéter, la vigne est un riche arbrisseau, coûteux à planter et à cultiver, et dont il faut attendre longtemps les produits; il apporte triomphalement la fortune en sept ans s'il ne trébuche pas en route; mais, s'il est obligé de recommencer son voyage (et il est obligé de le recommencer à chaque déplacement), il appauvrit ou ruine toujours le planteur.

CHAPITRE IX

---

§ 1. — PLANT.

Des trois espèces de plants. — Dans les soixante-quinze départements de la France où l'on cultive la vigne et où l'on peut étendre sa culture avec avantage, la diversité des sols et des sous-sols, des pentes et des sites, de la température et des intempéries, est telle, qu'il est impossible d'indiquer jusque dans les derniers détails la meilleure pratique possible dans chaque localité pour la plantation des pépinières et des vignes ou pour leur conduite ultérieure absolue; mais il est des faits, des préceptes et des lois qu'il est indispensable de connaître et dont il faut tenir compte en tout pays; je commencerai par les résumer succinctement.

On multiplie la vigne à l'aide de boutures, de chevelées ou de plant enraciné provenant de bouture.

La *bouture* est un sarment de l'année coupé sur un cep et mis en terre sans racine.

La *chevelée* est un sarment couché sous terre et ayant pris racine sans être séparé du cep.

Le *plant enraciné* est une bouture ayant pris racine en pépinière.

Ces trois sortes de plant reproduisent exactement les caractères, qualités et défauts du cep dont ils sont tirés. Les semis de vigne peuvent seuls donner des variétés, mais on ne peut apprécier ces variétés qu'après de longues années; ce dernier mode de création et d'extension des vignobles n'est donc ni pratiqué ni à pratiquer.

Boutures. — La plantation directe de la vigne en boutures, lorsqu'elle est pratiquable, est préférable à la plantation en plant enraciné et surtout à la plantation en chevelée : 1° parce que la bonne reprise de la bouture sur place avance au moins d'un an l'époque des produits; 2° parce qu'elle constitue immédiatement un arbrisseau parfait, ayant son mésophyte, ses racines et sa tige sans que la transplantation ait à lui faire subir une mutilation : l'expérience prouve que le cep ainsi obtenu sur place a plus de vigueur et de durée; 3° parce que la bouture économise le temps et les façons, par conséquent la dépense de la production de la chevelée et du plant enraciné. Malheureusement, dans les terrains trop légers et trop maigres, la bouture ne réussit point ou réussit mal, et, dans ces deux cas, elle entraîne des retards, elle nécessite des replantations et il en résulte des irrégularités de lignes et des inégalités d'âges qui sont extrêmement préjudiciables par les dépenses et les difficultés qu'elles entraînent ultérieurement.

La vigne la mieux plantée fait attendre cinq à six ans ses premiers produits, une ou deux années de retard sont une lourde charge ajoutée à cette avance de temps et de façons; il faut donc à tout prix réussir une plantation du premier coup.

Chevelées. — La plantation en chevelée est beaucoup plus sûre que la plantation en boutures; pour peu que les chevelées aient été levées avec soin et qu'on les replace promptement dans un bon lit bien gras et bien ameubli, elles réussissent toujours et poussent vigoureusement. Mais la chevelée suppose le voisinage d'un grand vignoble fourni d'un grand nombre de ceps qu'on veut propager; on ne tire pas les chevelées du cep sans inconvénients pour la vigne mère; elles deviennent fort coûteuses; enfin, elles présentent des colliers de racines le long d'une tige souterraine, disposition peu physiologique et peu durable dans la vigne en plein champ. Une vigne bien tenue ne comporte pas la production de chevelées, et les chevelées ne produisent pas une vigne robuste.

Plants enracinés. — Le plant enraciné, provenant de boutures mises en pépinière, ne présente aucun des inconvénients de la chevelée : on le produit très-économiquement, il offre la constitution normale de l'arbrisseau isolé, on le lève avec facilité au moment de la transplantation, et sa reprise est aussi assurée que celle de la chevelée.

La bouture et le plant enraciné sont, en effet, les seuls bons éléments de l'extension et de la création des vignobles; mais, pour faire le plant enraciné, il faut employer d'abord la bouture.

Qu'est-ce que la bouture? — Tout sarment de l'année, coupé fraîchement d'un cep ou d'une treille de novembre en avril, portant deux yeux, l'un en terre et l'autre hors de terre, constitue à la rigueur une bouture; deux yeux en terre valent mieux qu'un œil, trois yeux sont meilleurs que deux yeux; un plus grand nombre d'yeux est inutile et même nuisible, parce que les racines prises au quatrième, cinquième et sixième œil, sont trop séparées de la tige et ont besoin d'un enfouissement à une trop grande profondeur ou d'un trop fort couchage si le sol végétal n'est pas assez profond. Quant à la crossette, qui n'est autre chose

7.

qu'un sarment au pied duquel on a conservé un tronçon de vieux bois, elle est inférieure en tout point au simple sarment; elle constitue une mauvaise origine radiculaire, une circulation difficile et embarrassée dans le vieux bois, et, en outre, il faut beaucoup plus de temps pour la trouver et la disposer, et, par conséquent, son prix d'achat est beaucoup plus élevé.

Manière d'obtenir, d'expédier et de conserver un grand nombre de boutures. — Pour faire les pépinières ou planter directement les vignes, il suffit donc d'avoir des fagots de sarment provenant de la taille ordinaire de bons vignobles, ou plutôt des bons cépages qu'on désire propager ou cultiver.

Ces fagots doivent être fraîchement recueillis après la taille, c'est-à-dire dans la huitaine qui suit cette opération; si le temps est pluvieux ou couvert, le sarment est encore bon après quinze jours; il est bon pendant plusieurs mois s'il est conservé en lieu humide et frais comme dans les caves, ou dans un sol humide; ou bien lorsqu'on veut l'expédier au loin, si on l'a mis dans des tonneaux ou des caisses imperméables avec de la mousse ou des éponges imprégnées d'eau; la paille n'est pas bonne, parce qu'elle s'échauffe et fermente sous l'influence de l'humidité au point d'altérer les sarments.

Vérification de l'état de conservation des boutures. — Soit sur place, soit à leur réception après un court ou un long voyage, les bottes de sarments doivent être examinées : si leurs sarments, coupés net et en biseau, ne présentent plus ni humidité ni verdure à la tranche, ils ne valent plus rien ou sont bien près de ne plus rien valoir. Pour s'en assurer, on les baigne douze heures dans une eau douce et on recommence l'épreuve de la coupe; si l'on s'aperçoit que la surface coupée est verte ou présente un ton de verdure, tout espoir n'est pas perdu; mais on ne devra risquer ces sar-

ments qu'en pépinière, leur réussite est trop douteuse pour
qu'on les utilise pour la plantation directe d'une vigne.

Stratification des sarments. — La vérification de l'état
des sarments une fois faite, si le résultat est satisfaisant, il
faut immédiatement, comme je l'ai dit, stratifier ces sarments, c'est-à-dire les enfouir à $0^m.50$ de profondeur, sous
une bonne terre meuble ni trop sèche ni trop humide, par
lits réguliers de $0^m.08$ à $0^m.12$ d'épaisseur, puis fouler la
terre lorsqu'ils en sont recouverts. Les sarments ainsi stratifiés peuvent rester jusqu'à dix-huit mois sans perdre leur
faculté de végéter; il semble même que quelques semaines
ou les premiers six mois de stratification les prédisposent à
une végétation vigoureuse.

  ' La stratification est ainsi doublement précieuse en préparant le sarment, et en donnant au pépiniériste ou au vigneron
le temps de s'approvisionner et la faculté de choisir l'époque
la plus favorable au succès de la plantation.

Époque de la reprise des boutures. — Le moment de
l'année le plus favorable à la reprise des boutures est le printemps, avril et mai. C'est le moment de faire les pépinières
et de planter directement les vignes en boutures. Les plants
enracinés réussissent mieux, au contraire, s'ils sont mis en
terre à la fin de l'automne.

La bouture confiée à la terre bien avant le temps de chaleur et de séve continus peut y dessécher ou y pourrir,
souffrir également des alternatives de chaud et de froid, de
sécheresse et d'humidité, sans aucun effet utile pour une
végétation impossible ou accidentellement interrompue; un
végétal complet, ayant racines et tige, peut mettre à profit
toutes ces circonstances; un rameau qui crée ses organes
n'a qu'une existence toute fœtale, qui disparaît au moindre
écart des conditions de son incubation; pour bien réussir,
la bouture a besoin d'un temps chaud continu. Le mois de

mai, dans les régions du Nord surtout, vaut donc mieux encore que le mois d'avril pour la plantation des sarments. C'est pour moi un fait acquis par de nombreuses expériences.

§ 2. — PÉPINIÈRES.

Sol propre aux pépinières. — Le terrain le plus propre aux pépinières est celui qui convient aux légumes et aux prairies naturelles; c'est-à-dire, un terrain frais et généreux. Toutefois on peut constituer d'excellentes pépinières dans les plus mauvais terrains, dans les sols les plus arides, en y apportant 2 kilog. de fumier de ferme et 4 kilog. de bonne terre végétale par mètre courant de lignes à planter. Néanmoins les bas-fonds non inondés, le bord des ruisseaux, les lieux humides où l'on évite avec soin de placer la vigne à fruits, doivent toujours être préférés pour les pépinières.

Préparation du sol de la pépinière. — Autant que possible, l'emplacement destiné à recevoir la pépinière doit être labouré, bêché ou pioché profondément ($0^m.30$ à $0^m.40$) en novembre ou au plus tard en février, et être biné au printemps, afin que toutes les herbes soient détruites. On peut, à la rigueur, se dispenser de toute opération préalable et attaquer le terrain au moment de faire la pépinière : elle sera plus difficile à bien établir, mais le succès sera le même, à peu de chose près : toutefois le terrain devra toujours être préalablement bien retourné, bien nettoyé et bien nivelé.

Plantation de la pépinière en action. — Le fumier étant apporté en tas à une extrémité du champ, ainsi que la terre végétale, les sarments stratifiés sont extraits du sol, reliés en bottes et apportés à un atelier de femmes, munies chacune d'un sécateur et d'une baguette modèle de $0^m.36$ de longueur. Chaque femme délie sa botte et rogne chaque sarment à $0^m.36$, en abattant contre le bois les restants de vrilles ou les queues de raisin : les sarments trop tordus, écrasés ou cassés, ceux qui ne sont pas verts à la coupe, doivent être rejetés.

Devant chaque femme, ou entre deux femmes, est placé un petit banc à quatre pieds, les pieds en l'air ; les boutures, à mesure qu'elles sont taillées, sont déposées entre les quatre pieds, comme on mètre le bois de chauffage, et les pieds ont une hauteur et un écartement qui contiennent 1,000 boutures.

Les boutures doivent y être placées parallèlement et toutes dans le même sens, c'est-à-dire les pieds avec les pieds et les têtes avec les têtes.

Aussitôt qu'une mesure est remplie, le surveillant de l'atelier en fournit une autre, vérifie le conditionnement des mille boutures en jetant un coup d'œil sur les extrémités, qui doivent être vertes, et en examinant s'il n'y a pas de vides faits à dessein dans le faisceau et s'en assurant par plusieurs secousses imprimées au banc. La bonne livraison reconnue, il passe un lien autour du faisceau, le serre, l'arrête et le livre à un enfant qui le porte aux planteurs ou bien va le poser les pieds dans une eau douce de $0^m.05$ de profondeur. Le piqueur rend le banc vide à la coupeuse et lui marque sa livraison sur son carnet, au prix de $0^f.75$.

Pendant ce temps, un homme ouvre à la bêche et au cordeau une jauge indéfinie de $0^m.25$ de profondeur sur un fer de bêche seulement de largeur, présentant, à partir du cordeau, un talus d'environ 40 degrés d'inclinaison ; un enfant, muni des boutures, les couche sur ce talus de façon qu'elles dépassent le cordeau de $0^m.06$ à $0^m.10$ hors de terre et à la distance de $0^m.025$ les unes des autres; un autre enfant, muni d'une truelle, recouvre les sarments de $0^m.02$ à $0^m.05$ de terre végétale depuis le cordeau jusqu'au fond de la jauge, et derrière l'enfant un homme, portant un panier qu'il est allé remplir de fumier, distribue le fumier dans le fond de la jauge dans la proportion d'environ quatre litres (2 kilos) par mètre courant; la jauge est ensuite remplie de la terre qui en a été extraite, et cette terre est alors piétinée et foulée avec force, de façon à sceller fortement les sarments dans le sol. Le tassement du sol est la condition principale du succès, parce que les boutures ont besoin d'un contact immédiat et très-serré avec le sol pour en tirer par capillarité l'humidité nécessaire à leur végétation. On achève de remplir la jauge en ouvrant une jauge semblable et parallèle à $0^m.25$ de la ligne de plants qu'on vient de former, et toujours au cordeau, pour y recommencer exactement l'opération que je viens de décrire.

Planches et sentiers de la pépinière. — On forme ainsi cinq rangs de plants à $0^m.25$ de distance l'un de l'autre; puis on laisse un intervalle de $0^m.50$ comme sentier, pour les sarclage, taillage, épamprage, rognage et nettoyage; de ce sentier la main peut atteindre facilement au milieu de la planche de cinq rangs, sans qu'on soit obligé d'y pénétrer. Si l'on dispose d'un terrain suffisant, on peut donner aux sentiers un mètre de large pour faciliter les transports à civière ou le roulage à la brouette. Il est très-utile aussi de laisser de 20 en 20 mètres des allées transversales perpendiculaires aux sentiers pour y déposer les fumiers ou amendements, ou bien les résidus des cultures.

Taille et couverture des plants. — La pépinière achevée, on en rogne toutes les boutures sur l'œil le plus près de terre; et, si l'on dispose d'un sable léger ou d'une terre légère, on-en recouvre tous les bourgeons à 0^m.02 d'épais-seur; cette pratique assure la réussite de toutes les boutures en préservant le bourgeon et l'extrémité du sarment, soit des effets de la sécheresse, soit de l'effet des nuits froides, soit enfin des coups de soleil.

Produits de la pépinière. — Dans le cas où cette pré-servation ne pourrait avoir lieu, parce qu'on n'aurait à sa disposition que des terres fortes ou qui se durciraient faci-lement sous l'influence de la pluie ou de l'aération, la moitié des boutures ainsi plantées produira toujours des plants de premier choix, un quart de ces boutures produira des plants de deuxième choix, et le reste sera perdu ; ce résultat est d'ailleurs très-suffisant.

Nécessité de rapprocher les boutures. — Il importe de rapprocher les plants à 0^m.025 au lieu de les placer à 0^m.10, comme cela se pratique habituellement, parce qu'il faut quatre fois moins d'engrais, quatre fois moins de ter-rain et quatre fois moins de frais de culture pour obtenir une même qualité et une même quantité de plant. J'ai expérimenté les deux méthodes, dans les mêmes lieux et avec les mêmes conditions, et j'affirme que la supériorité du système de pépinières à plants serrés n'est pas douteuse.

Le meilleur plant est celui de deux ans de pépinières. — Le plant doit être levé et replanté après sa deuxième feuille; quelque vigueur qu'ait prise la bouture la première année, ses racines sont trop tendres et trop spongieuses pour supporter sans de cruelles blessures l'arrachage et la replantation ; à la deuxième année, au contraire, les ra-cines sont ligneuses et robustes. Toutefois il importe beau-coup au propriétaire planteur d'en surveiller encore avec soin l'arrachage, car l'ignorance et la brutalité des arra-cheurs peuvent compromettre l'existence et la reprise du meilleur plant.

Précautions à prendre pour bien lever le plant des pépinières. — Il faut enjoindre formellement aux arracheurs de ne jamais tirer le plant. Le plant doit être soulevé par un coup de bêche profond, qui, par ses mouvements d'oscillation et de bascule, en amène la terre et le chevelu à la surface du sol; la terre s'effrite alors et tombe pour ainsi dire d'elle-même, sans distendre les racines et sans en arracher les spongioles ; c'est à ce moment seulement qu'il est permis de saisir le sarment et d'achever de dégager doucement ses racines.

A la troisième année, les racines sont trop fortes et sont allées trop loin pour qu'elles ne subissent pas une fâcheuse mutilation par l'arrachage; le plant d'élite est donc celui de deux ans, ou plutôt de deux feuilles, car, à sa plantation possible en novembre, il ne compte que quinze mois d'existence en pépinière.

Soins à donner à la pépinière. — Les soins à donner à la pépinière pendant ces deux années sont très-simples. Ils se bornent, la première année, à des sarclages assez fréquents pour que la terre ne présente aucune herbe qui arrête ou absorbe les rayons du soleil. Si les pampres sont trop longs et trop serrés au mois d'août, on les rogne à $0^m.30$ et on abat sur chaque pied les pampres les plus faibles pour n'en laisser qu'un ou deux des plus forts.

Au mois d'avril suivant, à la taille sèche, on ne laisse qu'un seul sarment rogné à un seul œil; on donne ensuite un binage léger et tout à fait superficiel ; du 15 au 30 juin on ébourgeonne avec soin tous les pampres sortis de terre, du collet ou du sous-œil, pour ne laisser que le sarment principal, qui doit lui-même être pincé à $0^m.30$ de terre. On arrache toujours avec soin toutes les herbes de la pépinière, et l'on procède à un second ébourgeonnage en août, de façon que les rayons du soleil puissent bien mûrir le bois.

On obtient ainsi, pour le mois de novembre, un excellent plant.

Composition et dépense d'un atelier de plantation de pépinière. — Un atelier doit être composé :

1° De six hommes :

> Deux pour l'extraction et le bottelage des sarments stratifiés;
> Deux pour ouvrir et remplir les jauges, un pour porter et mettre en place le fumier;
> Un surveillant actif.

2° De six enfants :

> Deux pour aider à l'extraction des sarments et au taillage;
> Deux pour poser les sarments en jauge;
> Deux pour couvrir les sarments de terre à l'aide d'une truelle.

3° De vingt femmes employées à la taille des boutures.

Cet atelier peut planter par jour, selon toutes les règles et dans la perfection, 40,000 boutures, occupant 353 mètres superficiels (3 ares 53 centiares), y compris les sentiers et les allées.

FRAIS DE PLANTATION D'UNE PÉPINIÈRE DE 3 ARES 33 CENTIARES.

L'atelier coûte par jour, au maximum.	48 fr.
4 mètres cubes ou 2,000 kilog. de fumier, à 7 fr. le mètre, ont coûté..	28
L'achat du plant : 50 bottes à 20 centimes. . . .	10
Transport et mise en jauge.	10
Première culture de 3 ares 53 centiares.	12
Sarclage et soins, la 1re année.	12
Taillage, épamprage et sarclage, la 2e année.. . .	15
Arrachage du plant et transport à la vigne. . . .	13
Total du prix de revient de la pépinière.. . .	148 fr.

Cette pépinière produira 30,000 bons plants qui, transportés à la vigne, vaudront 5 francs le mille et garniront 5 hectares.

Un hectare de pépinière serait ainsi planté en trente-trois jours, coûterait à peu près 5,000 fr. et fournirait de quoi planter 100 hectares en plants de deux ans. J'ai établi ainsi des pépinières de deux à trois millions de boutures qui ont dépassé quatre fois mes besoins pour 34 hectares. Les conditions dans lesquelles j'établissais ces pépinières étaient tellement défavorables, que je devais compter sur la non réussite des trois quarts des boutures ; c'est le contraire qui s'est produit ; les trois quarts des boutures ont réussi.

§ 3. — PLANTATION DE LA VIGNE.

Défonçage du sol. — Le sol destiné à recevoir la vigne doit toujours être préalablement défoncé et remué jusqu'à $0^m.50$ au moins de profondeur.

Si la couche de terre végétale qui le recouvre est peu épaisse ($0^m.15$ à $0^m.20$), on ne doit point la retourner au point de lui faire occuper le fond tandis que le sous-sol viendrait former la surface. Elle peut néanmoins être mélangée avec un tiers ou la moitié du sol sous-jacent. On obtient ce résultat à l'aide d'une forte charrue Dombasle qui retourne la terre à $0^m.25$ ou $0^m.30$ de profondeur ; en la faisant suivre par une bonne charrue fouilleuse, chargée d'un poids proportionné à la dureté du sous-sol, on remue le sous-sol et on l'ameublit suffisamment à $0^m.20$ et $0^m.25$ au-dessous de la première culture. Un second défonçage opéré de même dans un sens perpendiculaire au premier défonçage donne à l'opération une perfection complète.

Défonçage d'un sol nu. — Si le sol à retourner et à

fouiller est nu ou bien s'il n'est couvert que de quelques herbes rares et minces comme dans les savards de la Champagne, l'opération du défonçage peut être exécutée immédiatement et sans préparation.

Les deux attelages comportent l'emploi de six chevaux vigoureux ou de six bœufs et le travail de quatre hommes solides, prenant les mancherons et guidant les chevaux alternativement pour se reposer les bras d'une tension et d'un ébranlement très-fatigants, surtout dans la manœuvre de la charrue fouilleuse quand elle attaque un sous-sol pierreux. Le double équipage coûte de 50 à 55 fr. par jour et donne pour travail un demi-hectare en premier défonçage et un hectare en défonçage en travers. La dépense totale est donc de 90 à 100 fr. par hectare. Le défonçage à la main n'est pas meilleur et coûte au moins 200 fr.

Défonçage d'un sol couvert de végétation. — Si le sol à défoncer est couvert de bruyères, de fougères, de genêts ou d'arbrisseaux quelconques, il faut raser ces végétaux et les hacher à la serpe, de façon à pouvoir les répartir au fond des raies. S'il est couvert d'un gazon ou peloux très-épais, il faut, préalablement au défonçage, décortiquer le sol au moyen de la charrue à dégazonner les friches et les marais; un soc plat, en fer de lance, de $0^m.40$ à la base sur $0^m.50$ de longueur, précédé de trois coutres, un coutre placé dans l'axe du soc et les deux autres à $0^m.20$ du premier coutre, un à droite, l'autre à gauche, soulève avec une facilité merveilleuse et en coupant toutes les racines, deux lanières de gazon de $0^m.20$ de largeur sur $0^m.08$ à $0^m.10$ d'épaisseur. Ce soc forme le patin d'une forte araire à mancherons, ayant une roue directrice en avant.

Les lanières sont laissées sur place pour être détournées seulement au passage des charrues de défonçage et jetées au fond des raies à mesure que ces raies sont creusées.

La dépense de cette double opération de décorticage et d'enfouissement des arbrisseaux et des gazons peut varier de 80 à 150 fr. par hectare. Le défonçage et l'enfouissement simultané, opérés à la main, ne coûteraient que 250 fr. Il y a donc égalité de frais dans les deux modes d'opération ; les charrues, dans ce cas, en effet, n'ont que l'avantage de faire gagner du temps et de suppléer à la main-d'œuvre humaine.

Pour l'opération de l'enfouissement, la charrue fouilleuse ne doit pas être employée ; c'est l'araire Dombasle qui doit revenir dans le même sillon, son versoir opposé à sa première marche, et former ainsi un véritable fossé dans lequel on enfouit les gazons et arbrisseaux, et que l'on comble avec la terre qu'on soulève en creusant le sillon voisin ; deux charrues à versoir opposé peuvent compléter l'opération en se suivant ; seulement, au sillon de retour, l'araire qui marchait derrière doit marcher devant, changeant ainsi d'ordre à chaque nouveau sillon.

Le surcroît de dépense causé par le décorticage et l'enfouissement ne doit point être regretté, car il est largement compensé par 500 à 600 mètres cubes d'un amendement précieux enterré de façon à assurer une longue prospérité à la vigne. Cet avantage est tel, que, si l'on opère dans un terrain nu et qu'on puisse y apporter sans trop de frais des fougères, des bruyères, des branches de sapin, des broussailles quelconques à enfouir au défonçage, on ne devra pas négliger ce soin. Dans les terres fortes ou trop imperméables, une ligne de pierres ou de cailloux, des fagots reliés en boudins, déposés au fond d'une raie à chaque mètre courant, sont, à défaut de drainage, une excellente pratique.

Le défonçage du sol doit avoir lieu pour les plantations à boutures de même que pour les plantations en ceps enra-

cinés. Il doit être pratiqué le plus longtemps possible avant
la plantation prévue ; dans tous les cas il doit être suivi de
binages pour détruire toutes les herbes qui auraient pu surgir, et de hersages, et de roulages, soit au rouleau Croskill,
soit au rouleau ordinaire au moment même de la plantation.

§ 4. — TRACÉ DES CARRÉS ET DES LIGNES.

Au moment de planter, le sol doit être uni et ferme pour
qu'on puisse y tracer exactement les carrés et y dresser les
lignes de plantation dans un parallélisme parfait. Un mètre
de plus ou de moins dans un des côtés du rectangle, un des
angles trop fermé ou trop ouvert, suffisent pour jeter la
perturbation dans l'installation de tout le vignoble et sus-
citer de très-grands embarras ; je le sais et je le dis, parce
que j'ai été mis dans ces embarras par la négligence et
l'inaptitude d'un conducteur vigneron.

Outillage des tracés. — Un certain nombre de T formés par l'assemblage solide de deux règles en sapin de
5 mètres de longueur chacune sont d'une utilité extrême
pour tracer les carrés et les lignes de vigne. La tête du T
est alignée parallèlement à la route, la tige perpendiculaire
indique la direction des lignes, et réciproquement la direction des lignes assure la perpendicularité des chaînes de
tête. Deux chaînes d'arpenteur, formées de gros fils de fer
articulés de mètre en mètre marquent la distance exacte
des lignes de ceps, tandis que plusieurs chaînes pareilles,
fixées vis-à-vis chaque articulation des chaînes de têtes, tendues perpendiculairement à ces chaînes, marquent également par leur articulation de mètre en mètre la place de
chaque cep.

C'est à l'aide de cet outillage des T et des chaînes que le

conducteur du travail peut installer rapidement et sûrement les ouvriers à leur besogne et éviter toute fausse manœuvre.

Orientation des lignes de ceps. — Avant d'établir les routes de service, les routes de jonction, les côtés des rectangles et le parallélisme des lignes de ceps, une question très-grave aura dû être irrévocablement résolue. Quelle sera l'orientation des lignes de ceps?

Théoriquement, la meilleure orientation est la direction *nord-sud*, parce que les lignes de ceps reçoivent l'insolation *est* et *ouest*, et qu'aux heures voisines de midi le soleil frappe la terre nue qui les sépare de façon à l'échauffer le plus possible. Dans la direction *est* et *ouest* des lignes, une partie de la terre est toujours dans l'ombre projetée des ceps, et les fruits placés au nord du palissage sont eux-mêmes privés de soleil.

Mais les conditions de routes préexistantes, de pentes de montagnes ou de rampes, peuvent contraindre à varier les directions. Ces directions peuvent donc passer du *nord* à l'*est*, au *sud* et à l'*ouest*. Mais elles ne doivent jamais affecter les directions passant de l'*est* au *sud* pour incliner de l'*ouest* au *nord*, du moins en France, où l'expérience a prouvé de temps immémorial que les expositions à l'*ouest* et au *nord*, la première plus encore que la seconde, étaient les plus mauvaises expositions de la vigne.

L'orientation des lignes de vignes bien déterminée, les routes tracées et délimitant les rectangles, une chaîne de tête est fixée à chaque côté correspondant aux deux routes de service au moyen de fiches en gros fil de fer, à poignées supérieures. Ces deux chaînes doivent être parallèles et partir d'une distance égale de l'axe d'une route de jonction. Autant de chaînes de lignes qu'il en faut pour l'importance de l'atelier de travailleurs qu'on emploie sont tendues d'une

chaîne de tête à l'autre chaîne de tête, vis-à-vis chacune de
leurs articulations, c'est-à-dire de mètre en mètre. Le parallélisme des chaînes de lignes et leur perpendicularité sur
les lignes de tête doivent être déterminés et vérifiés au
moyen des T.

§ 5. — PLANTATION PROPREMENT DITE.

Personnel de la plantation. — Ces dispositions prises
par un conducteur chef d'atelier, aidé d'un porte-chaîne, la
plantation à boutures ou en plant enraciné peut être faite
soit à la tâche, soit à la journée, parce que la plantation va
être réduite à une opération toute mécanique, où l'intelligence du vigneron n'est pas nécessaire. J'ai même constaté
que cette intelligence est parfois nuisible à tel point, que
j'ai été obligé de renoncer à l'emploi des vignerons pour la
création des pépinières, la création des vignes et leur conduite jusqu'à 4 ou 5 ans.

Des terrassiers français, belges et allemands m'ont planté
et mené à bien 54 hectares de vignes que j'ai dû retirer à
60 vignerons des plus habiles de France, après avoir constaté qu'ils refusaient de me comprendre et s'obstinaient à
travailler selon leur coutume. Ils avaient raison de faire leur
métier tel qu'ils le connaissaient, et ils le connaissaient
très-bien, et moi j'avais tort de prendre des hommes intelligents et expérimentés, alors que je me réservais tout le
raisonnement et qu'il me fallait seulement des bras.

Tous les ouvriers travaillant à la terre, hommes, femmes,
enfants, sont propres à planter la vigne et à la conduire
mécaniquement sous une bonne direction (leur travail se
réduisant toujours à une action précise et uniforme); une
famille de vignerons ne doit entrer à l'atelier qu'après avoir
promis une exécution absolument passive, un silence com-

plet sur la nature du travail et une réserve absolue de critique et de pronostics.

Nécessité de planter la vigne au niveau du sol. — Avant de décrire le mode de plantation, je dois agiter cette question : la vigne doit-elle être plantée en relief ou en contre-bas du sol? sur des mottes ou billons ou dans des trous ou fossés?

Dans les terres saines, c'est-à-dire qui laissent descendre les eaux jusqu'à 1 mètre sous le sol et n'en retiennent par capillarité que l'humidité nécessaire à la végétation, la vigne doit être plantée, comme la plupart des végétaux, au niveau du sol.

La vigne doit être parfois cultivée sur billons. — Dans les terres très-humides par elles-mêmes ou par la proximité d'un sous-sol imperméable, la vigne réussit mieux sur billons ou ados qu'au niveau du sol. En aucune circonstance elle ne doit être plantée en fosse ou en fossé pour y être maintenue longtemps. Les provins sembleraient établir un précepte contraire fondé sur une longue pratique, mais le provin n'est, à proprement parler, qu'un recouchage, un mode de repeuplement, de terrage et d'engraissage de la vieille vigne. Les vignerons, dans un grand nombre de vignobles, plantent aussi la vigne au fond de trous en quinconces ou de fossés en lignes, et cela avec la sanction de l'expérience et une apparence de grand succès; mais c'est encore là une condition propre à la pépinière et aux premiers âges du cep; c'est aussi un mode de défonçage. Mais, quand le cep est adulte et la vigne en plein rapport, le sol a repris partout son niveau.

Études sur les racines de la vigne. — Cette plantation première au fond du sol le plus végétal est-elle nécessaire, est-elle utile? Elle n'est ni nécessaire ni utile, elle est nuisible et contraire à la constitution du cep, de même qu'elle serait contraire à tout autre végétal dont on enterrerait la tige à mesure qu'elle monterait, et cela au point de séparer son mésophyte, et par conséquent l'origine naturelle de ses plus fortes racines, des effets de l'aérage et de l'insolation : heureusement que, pour ceux qui plantent ainsi profondément, la vigne a des ressources de vitalité infinies et qu'elle pousse de nouveaux colliers de racines à chaque nœud que l'on enterre ; car les racines inférieures ne pourraient remonter dans le bon sol, elles manqueraient de chaleur et pourriraient sans séve dans l'humidité.

Les meilleures racines de la vigne, celles qui fonctionnent énergiquement, sont celles qui partent de la tige à $0^m.15$ ou $0^m.20$ sous terre, et qui là sont stimulées par la température extérieure à leur sommet, tandis que leurs extrémités divergentes et plongeantes vont chercher partout la nourriture et l'humidité, dont elles s'emparent par une véritable force thermo-électrique résultant du contraste de température aux deux extrémités de la racine.

La plantation profonde n'est qu'une erreur perpétuée par la routine : si le vigneron, à mesure qu'il remplit sa fosse, détruisait chaque année les colliers qui se forment au-dessus des racines primitives et profondes, il verrait bientôt périr sa vigne, et constaterait ainsi la faiblesse et l'impuissance des racines venues sur le sous-sol ; mais il n'en fait rien et il a raison ; sa vigne prospère, cela lui suffit ; seulement il croit qu'elle prospère par les racines inférieures, tandis que c'est par les racines nouvelles et supérieures. Mais son travail dispendieux a toujours retardé et souvent compromis le succès ; combien de fois, dans les pays où les provins sont trop profonds, le propriétaire n'a-t-il pas déploré la lenteur ou la mort de ses ceps recouchés en provins, alors qu'il en attendait une abondante et prompte récolte !

8

Plantation de la vigne comparée à la plantation des aspergps. — On voyait encore, il y a vingt ans, un semblable effet d'une pratique erronée dans la culture des asperges : une fosse d'asperges à établir dans un potager était une grave question d'art, de travail et de dépense; on la creusait à un mètre de profondeur; on préparait tout autour des tas de sable choisi, de fin terreau et de terre franche, ou même de terre de bruyère; on asseyait les griffes profondément après avoir recherché celles qui provenaient des fosses à ancienne réputation; on distribuait savamment les couches de terre franche, de terreau, de sable, jusqu'à ce que la fosse fût presque comblée; et, quand les asperges finissaient par surgir de ces catacombes, c'était un grand succès; mais pour un succès de maigres et fantastiques asperges, on comptait de nombreuses et complètes défaites. Aujourd'hui l'asperge se développe avec la plus grande vigueur et bien mieux à la surface du sol qu'à une grande profondeur. Si on plante encore une griffe de deux ans de semis dans des fossés peu profonds, c'est exclusivement pour que l'asperge présente la longueur de blanc qu'on lui désire, car on ne comble les fossés qu'après trois ans, et cela seulement au moment de la pousse du turion, et dès la fin de la saison on s'empresse de vider le fossé jusque sur le collet de la griffe, pour lui rendre le plus tôt possible les influences atmosphériques.

Si l'on cultivait l'asperge près de la surface du sol en la couvrant au printemps de la terre fine et légère nécessaire pour que sa tige blanchisse, l'asperge croîtrait encore mieux que dans les fossés : demandez à M. Lérault, le célèbre producteur d'asperges, ce qu'il en pense; je crois pouvoir affirmer qu'il est de mon avis; et M. Gauthier, habile horticulteur de Paris, vient de faire connaître à la Société impériale et centrale d'horticulture les plus belles

méthodes de culture d'asperges semées et repiquées comme
tous les autres légumes sur le sol plat. J'ai visité ses produits, qui sont surprenants de précocité et de beauté.

Eh bien, ce que je dis des asperges, je le dis de la vigne :
elle doit être plantée de telle façon que son collet soit au
niveau du sol, d'où ses racines fibreuses s'élanceront à
toutes les profondeurs voulues ou possibles, selon la nature
spéciale du sol ou du sous-sol. La vigne forme ainsi l'arbrisseau parfait dont les racines et la tige s'équilibrent dans
une exacte proportion, qui peut être contenue dans un espace restreint et toujours le même.

La treille de jardin a d'autres besoins et d'autres exi-
gences : tantôt il s'agit d'obtenir un jet vigoureux qui
monte d'une seule pousse à la hauteur qu'on désire, tantôt
il s'agit d'obtenir des grappes volumineuses et des grains
gonflés d'un liquide riche en eau et léger en sucre : on
conçoit que l'addition par le recouchage de six, huit, dix
colliers de racines nouvelles concourt merveilleusement à
ces résultats; mais la vigne n'est pas la treille, le raisin de
table n'est pas le raisin à vin, et d'ailleurs, si le recouchage
ou l'ensouchement a de graves inconvénients pour la vigne,
il n'a pas les inconvénients de la plantation profonde ; car
le recouchage rampe à la portée des influences végétatives
de l'atmosphère.

Ces réflexions faites, je reviens à la grande plantation des
vignobles.

**Proportion des engrais et amendements selon la na-
ture des sols.** — Le sol ayant été défoncé, nivelé et roulé,
les routes étant tracées, tous les moyens d'assainissement
étant préalablement assurés, les amendements et engrais
sont déposés le long des routes, dans la proportion suivante
relative à la maigreur ou à la bonté du terrain :

Pour les sols les plus maigres et les moins fertiles, 50 mètres cubes de fumier de ferme ;

Pour les terrains calcaires, 100 mètres de sables fertiles ;

Pour les terrains siliceux, 100 mètres de terres calcaires.

A défaut de ces deux derniers amendements, on emploie 100 mètres cubes de compost formés de 75 mètres des meilleures terres végétales du pays et de 25 mètres de fumier d'étable, superposés en couches de $0^m.15$ de terre et de $0^m.05$ de fumier, pendant six mois ou un an ; soit 5 litres de fumier et 10 litres d'amendement par cep planté.

Dans les sols gras et fertiles, 10 mètres cubes de fumier par hectare, soit 1 litre par cep, et 20 mètres cubes d'amendements, soit 2 litres par cep, sont parfaitement suffisants.

Entre ces deux extrêmes de 5 litres de fumier et 10 litres d'amendements, en tout 15 litres par cep dans les sols maigres et 1 litre de fumier et 2 litres d'amendements, en tout 3 litres par cep dans les sols gras, il sera facile de déterminer approximativement quelle proportion d'amendements et d'engrais convient à toute espèce de sols intermédiaires.

Plantation de la vigne en boutures avec amendements et engrais. — Si le sol est excellent et éminemment propre à la vigne, on peut le planter directement en bouture au *plantoir*, *broche*, *barre*, *pic* ou *pal*, c'est-à-dire au moyen d'un pieu de fer ou de bois dur enfoncé verticalement de $0^m.30$ à $0^m.40$ en terre par un ou plusieurs coups de mailloche (gros maillet ou marteau) vis-à-vis chaque articulation des chaînes. Plus le terrain est sec et plus sa vigueur végétative est douteuse, plus le trou doit être élargi pour recevoir autour de la bouture ou des boutures une quantité d'amendement proportionnée (de 1 litre au moins à 4 litres au plus); le fumier ordinaire ne convient pas à ce mode de plantation; moitié d'un bon terreau, moitié de bonne terre végétale du pays bien mélangés et aiguisés de 10 pour 100 de cendres de bois, de tourbe, de houille, ou de 5 pour 100 de poudrette ou de 1 pour 100 de poudre de guano : tel est le compost qui stimulera le plus énergiquement la reprise et la première végétation des boutures. On peut encore, à défaut de ces stimulants, verser un litre de purin sur chaque trou rempli et non encore tassé.

Si le terrain n'a besoin que d'un litre de compost par trou de bouture, chaque hectare comportant 10,000 trous, 10 mètres cubes de compost doivent être préalablement déposés, 5 mètres à une route de tête et 5 mètres à l'autre route. 20 mètres cubes, 30 mètres, etc., seront de même distribués de chaque côté par hectare, si le terrain exige deux ou trois litres de compost par trou. Dans tous les cas, il en faudra toujours un litre, car on ne doit jamais risquer le succès d'une plantation de vigne : un insuccès même partiel coûte plus cher que les dépenses qui assurent le succès.

Atelier de plantation en action. — Un atelier de plantation de vigne est composé de :

Un porte-mailloche qui enfonce le pal ;

Un porte-pal chargé d'assurer les proportions du trou ;

Un enfant porte-bouture qui place et maintient deux boutures dans chaque trou ;

Un planteur qui porte le compost dans un panier qu'il dépose à terre et où il prend, au moyen d'une écope-mesure, la quantité de compost dont il a besoin ; ce planteur est chargé de maintenir les boutures aux deux extrémités du diamètre du trou, de les garnir de terre et de compost, de les assurer en foulant fortement la terre dont on a rempli le trou et son pourtour.

8

Un atelier ainsi composé plante 1,000 ceps par jour, s'il est aidé par :

Un approvisionneur de compost, qui suffit à deux planteurs et leur apporte les paniers pleins et remporte les paniers vides ;

Une femme qui taille les boutures et approvisionne deux ateliers ;

Un arracheur de sarments stratifiés, qui peut approvisionner dix ateliers ;

Un conducteur et un porte-chaîne, qui suffisent aussi pour dix ateliers.

Cet atelier coûte par jour 10 fr., et, pour planter un hectare par jour, il faut dix ateliers pareils coûtant ensemble, tout compris, 100 fr. Il faut joindre à cette dépense 20 fr. de sarments stratifiés et 40 fr. au moins de compost à 4 fr. le mètre cube.

Taille et couverture des boutures. — Lorsque la plantation est faite, toutes les boutures doivent être ravalées au sécateur sur l'œil le plus près de terre, et, si l'on dispose de sable ou de terre légère, on doit recouvrir cet œil et le sarment qui les surmonte d'une épaisseur d'environ $0^m.02$ de sable, comme je l'ai recommandé pour les pépinières. Cette double opération n'entraîne pas une dépense de 10 fr. par hectare, et elle a une grande efficacité pour la reprise des boutures.

Plantation en boutures dans les terrains très-maigres et très-froids. — Si le terrain à planter est très-maigre, très-poreux et très-froid (ce qu'on appelle vulgairement un terrain *sans séve et sans amour*), s'il paraît surtout absolument stérile à sa surface, on ne doit y risquer la plantation en boutures qu'en préparant, pour chaque cep futur, un encaissement qui puisse faire vivre ce cep au moins deux ans ; cet encaissement ne peut être moindre de 30 centimètres cubes, ce qui exige 320 mètres cubes de bonne terre végétale à 1 fr. le mètre rendu au pied de la vigne,

et 50 mètres cubes de fumier à 7 fr. le mètre également
rendu au pied de la vigne.

Les trous doivent être faits à la pioche ou à la bêche,
vis-à-vis chaque articulation des chaînes et du même côté
des lignes; un homme ne peut faire que 200 trous par
jour. C'est encore une dépense de 100 fr. par hectare, qui,
jointe à celle du transport et du placement de 370 mètres
coûtant 74 fr., porte à 900 fr. par hectare le prix de la
plantation à bouture faite dans ces conditions, et ce prix
s'élève à près de 1,000 fr. si la plantation est faite en plant
enraciné.

S'il s'agit de fins cépages, cette dépense ne doit pas faire
reculer; la vigne la payera largement ainsi que les dépenses
ultérieures, comme on le verra plus loin. Toutefois je ne
parle ici que de terres supposées absolument stériles et où
un sol factice doit pourvoir à la plus grande partie de la
végétation pendant plusieurs années.

**Plantation de la vigne en plant enraciné avec amen-
dements et engrais.** — Dans les terrains maigres de la
Champagne, de la Sologne et des Landes, la vigne peut être
plantée en plants enracinés avec des engrais et des amendements. Il faut 5 litres d'engrais et 10 litres d'amendements, au maximum, parce que le sol, même le plus
maigre, y est propre à la vigne; la bouture peut même y
être risquée en beaucoup de lieux, mais la méthode la plus
sûre est la plantation au plant enraciné.

Atelier de plantation en action. — Toutes choses étant
en état, le conducteur des travaux dresse les carrés et
pique les chaînes de tête et les chaînes de lignes avec un
aide ou deux aides, pris parmi les ouvriers les plus actifs
et les plus intelligents; il peut ainsi assurer la plantation
d'un hectare de vigne par jour et en même temps diriger et

surveiller le travail des cinq ateliers qui sont nécessaires pour effectuer cette plantation :

Chacun de ces cinq ateliers est ainsi composé :

1° Un premier ouvrier faisant les trous en moyenne de $0^m.40$ de longueur sur $0^m.20$ de largeur et sur une profondeur de $0^m.30$ à une extrémité, et dont le fond s'élève graduellement jusqu'à ce qu'il se confonde à l'autre extrémité avec le niveau du sol extérieur, c'est au delà de ce dernier point que la terre extraite du trou est rejetée en talus. Ces trous doivent être faits à la pioche, à la houe, ou bien à la bêche parallèlement à la chaîne; la profondeur de $0^m.50$, qui doit recevoir le plant, doit correspondre à chaque articulation de la chaîne;

2° Un enfant qui apporte le plant et place un plant dans chaque trou;

3° Un enfant muni d'une écope-mesure qui présente le fumier au planteur;

4° Une femme munie aussi d'une écope-mesure double de celle de l'enfant, qui présente l'amendement au planteur;

5° Un planteur qui saisit le plant de la main gauche, fait jeter l'amendement au bord du trou, en amène de la main droite un tiers au fond du trou, place dessus verticalement le plant, ramène la terre voisine la plus meuble sur les racines avec le reste de l'amendement, fait répandre le fumier et passe ensuite à un autre trou;

6' Un ouvrier qui recouvre le fumier de terre, place la tige à $0^m.10$ de la chaîne, presse avec force et avec soin le tout, et arrange proprement le pourtour;

7° Enfin un service de civières pour apporter le fumier et les amendements; ce service est composé de 6 hommes si le besoin de chaque atelier est le maximum d'engrais et d'amendement, et de 2 hommes seulement si l'on n'a besoin que du minimum : un atelier ainsi composé plante dans la perfection 2,000 plants par jour.

Ravalement, nettoyage et soins à donner à la plantation. — Aussitôt que le carré de vigne est terminé, on ravale chaque plant sur un œil, on nettoie et on ratisse l'ensemble de façon à présenter un aspect de propreté complète.

La vigne doit être élevée et tenue coquettement dès son origine et toujours : sa toilette, à toutes les époques, doit être l'objet de tous les soins, elle doit faire l'orgueil du propriétaire et des vignerons : son produit brut annuel sera de 200,000 fr. par 100 hectares ; les frais d'entretien de ces 100 hectares seront de 100,000 fr. ; le produit net sera donc de 100,000 fr. par an. La vigne ainsi cultivée en grand est une propriété de grand seigneur; elle crée des châteaux, elle paye de nombreux domestiques, elle élève à son service des mères réjouies, des filles vermeilles, des garçons vigoureux, des hommes énergiques; c'est une grande et riche dame qui ne peut vivre ni dans le désordre, ni dans l'ordure, ni dans l'abandon. Il lui faut une cour et une maison montée, sous peine de dégradation et de mort ; elle a droit d'ailleurs à tous ces avantages, puisqu'elle en peut payer tous les frais.

§ 6. — TRAVAIL DE LA VIGNE A LA TACHE ET A LA JOURNÉE.

Moyen de faire exécuter à la tâche les façons des vignes. — Il faut faire exécuter toutes les façons à la tâche. Pour les adjuger en connaissance de cause, le conducteur des travaux fait lui-même des trous, y place les plants, aiguise et plante des piquets avec un bon ouvrier; plante des pointes, et tend des fils de fer, etc., pendant une heure. Après chaque opération commencée, montre en main, et finie de même, il compte la quantité de chaque travail fait en une heure, et, comme une journée de travail se compose de dix heures, il multiplie par dix le chiffre qu'il a obtenu, et le résultat de la multiplication indique la quantité de travail qu'un bon ouvrier peut faire en dix heures et sert de base pour fixer le prix équitable d'une journée de travail.

Souvent le maître doit se rendre compte en travaillant lui-même en secret pour n'être pas injuste envers l'ouvrier et pour ne pas être trompé. J'ai bien des fois forcé mes contre-maîtres à donner aux ouvriers des prix équitables, en leur prouvant qu'en une heure on pouvait faire tant de travail ou qu'on ne pouvait en faire que tant. Ce procédé du maître, d'exécuter lui-même ou de faire exécuter par un ouvrier actif et consciencieux tout travail nouveau pendant un temps déterminé, pose une excellente base à tous les travaux et permet de les concéder presque tous à la tâche. Je recommande ce procédé à tout le monde et pour la plupart des industries agricoles.

Combinaison de la tâche et de la journée. — Il est souvent très-difficile pour un propriétaire de se décider entre le salaire fixe par jour (où l'on obtient en général la bonne façon, mais peu de travail) et le salaire à la tâche (qui produit beaucoup de travail, mais en général une mauvaise façon); la solution du problème consiste dans la connaissance pratique de ce qu'un ouvrier ordinaire peut faire en dix heures de chaque travail spécial bien exécuté. On conclut ensuite des marchés à la journée, dont chaque heure sera payée en prenant pour base un dixième du travail bien fait et conforme à un échantillon désigné. Mais ce serait là simplement le travail à la tâche, avec réception ou rejet pour bonne ou mauvaise façon, s'il n'était stipulé une prime et une retenue sur le salaire de la journée pour chaque heure de présence ou d'absence de l'atelier. Par exemple, si dans une journée de dix heures un ouvrier ordinaire peut répandre 10 mètres cubes d'amendements et que le prix de la journée ait été fixé à 2 fr., soit 20 centimes par mètre cube répandu, on donnera à l'ouvrier présent autant de fois 20 centimes qu'il aura répandu de mètres cubes, et en outre une prime de 5 centimes par heure de présence, ce qui élève à 2 fr. 50 le prix d'une journée de dix heures bien employées. Si un ouvrier plus habile a répandu 10 mètres cubes d'amendements en six heures, il touchera 2 fr. pour les 10 mètres à 20 centimes le mètre, plus 30 centimes pour les six heures de présence, total 2 fr. 30, moins une retenue de 5 centimes pour chacune des quatre heures d'absence, soit 20 centimes, il touchera donc 2 fr. 10.

On dit que *le temps est de l'argent* : en culture, c'est plus que de l'argent, c'est la vie. L'ouvrier à la tâche qui se croit le droit de différer son travail cause un préjudice parfois irréparable : la question de durée d'un travail doit donc toujours être calculée, convenue et écrite.

§ 7. — PRIX DE REVIENT DES DIVERS MODES DE PLANTATION.

Prix de revient de la plantation d'un hectare de vigne en plant enraciné. — Pour planter un hectare par jour, il faut cinq ateliers composés comme je viens de le dire. Chaque atelier coûte par jour 17 fr. 50. Savoir :

2 enfants à 1 franc..	2 fr.	» c.
1 femme à 1 fr. 50.	1	50
7 hommes à 2 fr..	14	»
Total.	17 fr.	50 c.

Cinq ateliers coûtent donc 87 fr. 50 ;
Plus, pour le conducteur et les deux piqueurs, 10 fr.

La main-d'œuvre de la plantation d'un hectare en plant enraciné coûte donc 97 fr. 50. Soit, en chiffre rond, 100 fr.

Les façons coûtent donc au maximum.	100 fr.
Défonçage, hersage, roulage.	250
10,000 plants enracinés, à 5 fr. le mille, rendus à la vigne.	50
10 à 50 mètres cubes de fumier (soit 50 mètres cubes à 7 fr. le mètre rendu à la vigne). . . .	350
100 mètres de bonnes terres amendées, à 2 fr. 50 le mètre.	250
Total.	1,000 fr.

Il résulte de ce calcul qu'avec un peu d'engrais et un bon défonçage, on peut fixer le prix d'une bonne plantation à 500 fr.; avec beaucoup d'amendements, beaucoup d'engrais, les défonçages les plus complets, et tous les soins possibles, la plantation d'un hectare de vigne ne peut dépasser 1,000 fr.

Prix de revient de la plantation d'un hectare de vignes en boutures. — La plantation en boutures peut être pratiquée de la même façon, en plaçant deux boutures dans chaque trou au lieu d'un seul plant enraciné. La dépense reste la même, sauf la différence du prix de 20,000 boutures qui coûtent 20 fr., au lieu de 10,000 plants qui coûtent 50 fr.

En comparant la main-d'œuvre de la plantation des boutures au pal et au trou, la dépense est à peu près la même que celle de la plantation en plant enraciné.

Prix de revient de la plantation d'un hectare de vigne sans défonçage et sans engrais. — Si le sol est tel qu'il soit inutile de recourir au défonçage et aux engrais, la plantation d'un hectare de vigne ne coûtera pas 200 fr.

Comparaison du prix de revient d'un hectare de vigne et d'un hectare de froment. — Si l'on se rend compte de la quantité d'engrais employés pour les céréales dans les mauvais terrains, on verra qu'il faut pour 800 fr. de fumier par hectare, en Champagne, en Sologne, dans les Landes, pour obtenir un froment et des produits inférieurs pendant les trois ou quatre années qui suivent la fumure : on verra que dans ces pays, où la vigne se plaît et pousse à merveille, le froment a coûté 50 fr. de semence, 50 fr. de cultures diverses, et 50 fr. de moisson, rentrage et battage, en tout 950 fr., c'est-à-dire autant que la plantation la plus soignée d'un hectare de vigne.

Il n'y a donc pas lieu de s'effrayer d'une avance de 200 fr., de 500 fr. et même de 1,000 fr. pour la première année de plantation d'un hectare de vigne.

CHAPITRE X

§ 1. — PREMIÈRE ANNÉE.

Après la plantation de la vigne et son ravalement, trois
ou quatre binages dans tout le reste de la saison constituent
toutes les façons nécessaires à la jeune vigne; les pinçages
et les épamprages y seraient déplacés : plus l'infoliation est
développée, plus les racines s'étendent, plus le cep se constitue solidement. Chaque binage coûte de 10 à 20 fr. par
hectare, selon les pays et la nature des terrains : c'est une
dépense moyenne de 60 fr.

Le remplacement des plants non réussis sera pratiqué
dans le cours de la deuxième année.

§ 2. — DEUXIÈME ANNÉE.

La deuxième année est la moins dispendieuse de toutes
les années pour les soins à donner à la vigne et pour son
entretien. La vigne ne doit point encore recevoir d'échalas,
et le peu de force et de développement de ses racines ne lui
permettrait pas de profiter des engrais qu'on enfouirait à
côté des ceps.

Remplacement des plants enracinés qui n'ont pas réussi. — On remplace du 1ᵉʳ novembre au 15 décembre les plants enracinés qui n'ont pas réussi. Si la plantation a été faite en bon plant bien frais et bien levé de la pépinière, il y a très-peu de *manques*, c'est-à-dire de plants morts : il y en a 1 à 2 pour 100 tout au plus; c'est donc par hectare 100 à 200 plants à remplacer.

En levant le plant mort, on aura soin d'examiner si l'amendement, le compost ou le fumier n'ont pas été oubliés, ou s'ils ont été placés de manière à n'avoir pu profiter au cep ou même de manière à lui nuire; ce qui aurait lieu si le fumier de ferme était immédiatement mis en contact avec le chevelu. Ce contact sur la plus grande étendue des racines suffirait pour les faire périr; il faut toujours que le fumier frais en soit séparé par deux ou trois centimètres de terreau ou de terre franche. Il est bien entendu que lorsqu'on opère le remplacement, le plus grand soin doit être apporté à réparer les omissions ou le désordre, causes de la mort.

Le remplacement des plants enracinés ne m'a jamais coûté plus de 20 fr. par hectare.

Remplacement des plants de boutures qui n'ont pas réussi. — Lorsque, faute de plant enraciné, la plantation a été faite en boutures, le nombre des *manques* de première année est souvent très-considérable : en revanche les deux boutures placées dans chaque trou ont souvent réussi. On peut donc lever avec beaucoup de précaution une des deux boutures réussies et s'empresser de l'installer dans chaque trou dont les deux sarments seraient morts; mais préalablement il faut ameublir la terre à la houe, refaire à la place de l'ancien trou une petite fosse dans laquelle on mettra le jeune plant avec terreau et amendement saupoudré habilement dans le chevelu jusqu'à ce qu'il en soit tout

pénétré et tout recouvert. En mettant le terreau et la terre,
on a soin de soulever et d'abaisser alternativement le plant
de façon à tasser la bonne terre autour des radicules, puis
on ajoutera un litre de fumier de ferme par-dessus, enfin
on recouvrira le tout de la terre voisine et l'on pressera fortement avec le pied tout autour du jeune plant.

Pépinières de remplacement. — Lorsqu'on a planté une
vigne en boutures, on a dû faire en même temps une pépinière en prévision de *manques* considérables ou même d'un
insuccès général. Cette pépinière servira après la seconde
feuille. Si on a fait la plantation en plant enraciné, il faut
de même une pépinière de remplacement, mais très-petite.

Dans le cas d'un *manque* considérable de la vigne à boutures, il vaut mieux ne pas remplacer dès la première année
les plants morts et attendre à la fin de la seconde année que
le plant de la pépinière ait pris assez de force pour que sa
bonne reprise soit certaine. Cette année d'attente diminuera
en outre le nombre des boutures à remplacer, car beaucoup
de boutures, qui n'auront pas poussé la première année,
sortiront vigoureusement de terre à la seconde année. Ce
fait que j'ai constaté bien des fois prouve surabondamment
combien le sarment stratifié conserve longtemps sa force de
végétation.

Dans tous les cas, lorsqu'on plante et lorsque l'on cultive
les vignes dans l'intention de ne jamais provigner, il faut,
comme on le pratique dans le Médoc, entretenir une pépinière qui offre toujours et tous les ans de quoi remplacer
2 pour 100 des plants du vignoble en plant de 2 ou 3 ans.

Terrage. — Après le remplacement, la jeune vigne n'a
plus besoin d'aucun soin pour l'hiver. Toutefois, si le sol
en est pauvre et qu'on ait à sa proximité d'excellentes terres
végétales, c'est l'année et le temps qui conviennent le mieux
pour faire un vigoureux terrage : 100 mètres, 200 et jus-

qu'à 1,000 mètres de bonnes terres apportées par hectare et déposées en billons au nord ouest le long des lignes de ceps sont toujours une excellente opération, surtout si la terre piochée, chargée, transportée et mise en place ne coûte que de 0f.50 à 0f.75 le mètre cube, ce qui est le prix réel dans un grand nombre de circonstances : si on ne peut disposer que de quantités beaucoup plus minimes, 50 mètres cubes de bonne terre par hectare, c'est-à-dire 5 litres par cep, ne sont pas même à dédaigner, leur influence sur la vigne se fera avantageusement sentir.

Je dis que la seconde année est la plus commode et l'hiver la meilleure saison pour les forts terrages, parce que la jeune vigne n'offre cette année-là aucun obstacle à la circulation des ouvriers et des transports qu'ils ont à effectuer parce que son sarment est très-court et que le passage d'une ligne à l'autre n'est point encore fermé par le palissage.

Taille. — De mars en mai, et mieux en mai, on procède à la taille, qu'on peut réduire à un précepte si simple, que

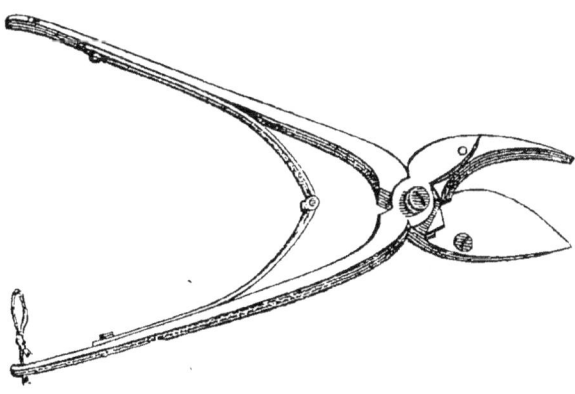

Grav. 17. — Sécateur.

tout le monde peut la pratiquer; couper au ras de la petite souche à l'aide d'un sécateur (grav. 17) tous les sarments, sauf un seul, le plus vigoureux et le plus près de terre et rogner ce dernier sarment en lui laissant seulement un œil franc.

Le sécateur doit être préféré à la serpette pour la taille des vignes, malgré l'opinion contraire émise par des vignerons émérites et par des professeurs d'arboriculture d'une autorité incontestable. Les vignerons et les professeurs ont raison pour eux, parce que, grâce à leur adresse et à une longue habitude, ils taillent mieux et plus vite avec la serpette qu'avec le sécateur, et qu'ils ne blessent jamais l'arbre ou la vigne, comme cela arrive presque toujours lorsqu'on emploie le sécateur; mais aussitôt qu'on fait tailler la vigne par de nombreux ouvriers et par les premiers venus, le sécateur permet une promptitude et une sûreté de taille que deux ans d'emploi de la serpette de donnent pas à un ouvrier ordinaire. Quant aux froissements et aux écrasements causés par le sécateur, la vigne est tellement robuste, qu'elle en souffre peu ou point.

Si un ou plusieurs bourgeons sont sortis de terre, et que l'un d'eux ait absorbé la séve au point de se présenter comme le *maître du cep*, c'est-à-dire d'être infiniment plus développé que les sarments réservés, c'est celui-là qu'il faut conserver, surtout si les sarments extérieurs sont rachitiques. Dans ce cas, on doit dégager la terre autour de la petite souche jusqu'à l'origine du sarment dominant et couper le vieux bois au ras de ce sarment, puis on taille ce sarment à un œil franc hors de terre.

L'opération de la taille pour la deuxième feuille ne vaut pas plus de 10 fr. par hectare et avec le sarmentage 15 fr.; elle doit être faite à une époque avancée de la saison, parce que la taille hâte la végétation, et que la taille doit être suivie d'un binage complet; or le binage rend plus dangereuses les gelées blanches, qui détruisent le bourgeon et

font perdre ainsi beaucoup plus que l'avance qu'on voulait
obtenir en taillant de bonne heure.

Premier binage. — Le binage qui doit suivre de près la
taille sèche ne doit pas être profond ; il faut le pratiquer
autant que possible par un temps très-sec, favorable à l'objet principal du binage, qui est avant tout la destruction
complète de toutes les herbes qui se sont développées entre
les ceps.

Soufrage et sulfatage. — Aussitôt que le premier binage
est terminé, si l'on habite un pays où la maladie de la
vigne soit à craindre, il faut semer le long des lignes de
vigne 20 kilogrammes de fleur de soufre par hectare et
mettre au pied de chaque cep 2 grammes de sulfate de
fer.

Pinçage. — Dans le même cas et surtout si la maladie
sévit sur les vignes environnantes, il faut pratiquer le pinçage général sur tous les pampres dans la deuxième quinzaine de mai ou la première quinzaine de juin et renouveler
ce pinçage aussitôt que les contre-bourgeons auront six
feuilles. Cette opération n'a pas d'inconvénients, car la
deuxième année n'est pas encore celle où il est nécessaire
de laisser à deux ou trois pampres toute leur longueur. Le
pinçage est inutile si la maladie n'est pas à craindre.

Nouveaux binages. — Le second binage, superficiel
comme le premier, est pratiqué en juin; il faut un troisième
binage en août et souvent un quatrième en septembre. En
un mot les binages doivent être assez fréquents pour que le
sol soit à peu près nu pendant tout le cours de la végétation. Les binages peuvent être pratiqués avec de simples
ratissoires d'allées de jardin, soit à la main, soit à l'aide
d'un cheval, d'un bœuf ou d'un âne ; dans ce dernier cas,
le prix de revient de chaque binage n'excède pas 10 fr.

Récapitulation des dépenses de la 2ᵉ année. — Ces dépenses par hectare sont de 500 fr., savoir :

Quatre binages, selon qu'ils sont plus ou moins dif-
ficiles, coûtent de 40 à 80 fr.; soit. . . . . . . 80 fr.
Pinçage et épamprage.. 15
Soufrage et sulfatage. 25
Taille et sarmentage. . . . . . . ; 15
Remplacement des plants. 20
Terrage. 345
                                            ――――
          Total. . . . . 500 fr.

§ 3. — TROISIÈME ANNÉE.

La troisième année est beaucoup plus onéreuse que la seconde, parce qu'il faut acheter 200 bottes d'échalas de 1ᵐ,10 de longueur à 1ᶠ,50 la botte de 50 échalas, soit 300 fr. pour 10,000 échalas, car à la troisième année on doit déjà faire le nécessaire pour obtenir de beaux sarments qu'on utilisera la quatrième année, où l'on formera le cep commençant à porter fruit.

Fumure. — Pendant cette troisième année il faut placer aussi dans les terrains maigres 60 mètres cubes de fumier de ferme par hectare. Ce fumier coûte 6 fr. le mètre et 1 fr. de plus pour sa mise en place, soit 7 fr. par mètre cube ou 420 fr. pour les 60 mètres.

Après avoir procédé à quelques remplacements qui peuvent encore être nécessaires à la fin de la deuxième année (ces remplacement doivent être faits en plants très-vigoureux et qu'on entoure de beaucoup d'engrais pour qu'ils puissent arriver en peu de temps au même développement que les plants qui ont réussi), il faut, du 1ᵉʳ novembre au 15 décembre, ouvrir un sillon profond de 30 à 35 centimètres entre les lignes, soit à la pioche, soit à la bêche, soit à la charrue. On y répartit régulièrement les

60 mètres cubes de fumier à raison de 6 litres par mètre courant du sillon et on recouvre ce fumier de toute la terre qu'on a extraite et qu'on tasse ensuite, soit à l'aide d'un rouleau compresseur spécial, de 0^m,60 de large et d'un poids de 100 à 150 kilogrammes, soit à l'aide des pieds. Cette opération faite, la vigne doit être abandonnée jusqu'à la fin de l'hiver, après l'époque des gelées, où il convient de procéder à la taille sèche.

Taille. — La taille est encore simple cette année; couper tous les sarments à l'aide d'un sécateur, moins un sarment le plus fort et le plus près de terre; couper, en les déterrant jusqu'à leur origine, ceux qui surgissent du sol, et rogner le sarment restant à deux yeux francs; telle est la meilleure et la seule taille à pratiquer : des femmes et des enfants peuvent la faire dans la perfection; l'ouvrier le plus étranger à la vigne pourra la tailler après cinq minutes de démonstration faite par le conducteur. Cette taille a pour but de donner au cep deux beaux sarments principaux par ses deux yeux francs pour la quatrième année.

Les sarments ne deviendront grands et beaux que s'ils sont élevés et maintenus le long d'un échalas, c'est pour cela que 10,000 grands échalas sont indispensables la troisième année.

Binage et échalassage. — La taille et le sarmentage doivent être suivis d'un binage complet, mais toujours superficiel, avec soufrage et sulfatage s'il y a lieu, puis on procède au piquetage ou fichage des échalas, au nord ou à l'ouest de chaque cep. Si les bourgeons sont renflés et sortis à ce moment, il faut user des plus grandes précautions, parce qu'à son premier développement le bourgeon tombe sous la moindre secousse et que la manœuvre des échalas, qui doivent presque toucher chaque cep, ferait tomber bon nombre de bourgeons. Les deux francs bourgeons qu'on

laisse doivent être traités avec les plus grands égards, parce
que si le cep est *éborgné* sa disposition pour l'année suivante peut être compromise. Toutefois le collet du sarment,
ou son point de jonction au vieux bois, est généralement
très-riche en sous-yeux qui poussent très-vigoureusement
et réparent le plus souvent l'accident, puisque la production
du fruit n'est pas encore le but qu'on se propose d'atteindre
cette année.

Plantation des échalas. — Les grands échalas doivent
être fichés, non comme des pieux fixés à demeure, mais
avec une solidité suffisante pour résister à tous les vents.
Rien n'est plus déplorable et plus dangereux pour la
bonne marche d'une vigne que les échalas tombant au
moindre heurt et au moindre vent. Rien n'indique plus
l'absence de soin du vigneron, de surveillance du conducteur et d'abandon du propriétaire, que l'aspect d'échalas
mal alignés ou penchés en divers sens dans les vignes. Le
transport des 200 bottes d'échalas et le fichage bien fait
coûtent de 15 à 20 fr.

Pinçage. — Le pinçage ne doit jamais être pratiqué sur
les deux ou trois principaux sarments, mais l'ébourgeonnage et le pinçage à deux ou quatre feuilles des sarments
secondaires ou des contre-bourgeons doivent être pratiqués
avec d'autant plus de soin que les principaux pampres
paraissent moins vigoureux.

Accolage. — Après le pinçage et l'épamprage vient le
liage ou accolage, qui consiste à réunir autour du grand
échalas les principaux pampres, afin de les soustraire aux
dangers des vents qui les cassent facilement au collet et d'y
appeler plus énergiquement la sève en leur faisant prendre
une direction verticale ; la ligature doit être serrée médio-
crement afin de ne pas froisser les pampres et leurs feuilles,
et de ne pas y gêner la circulation de la sève : le lien qu'on

emploie pour accoler les pampres consiste ordinairement en un ou deux brins de jonc ou quatre à cinq brins de paille qu'on rend plus souple en la trempant préalablement dans l'eau.

Nouveaux binages, pinçage et rognage. — Le second binage ne doit être pratiqué qu'après l'accolage. Un deuxième pinçage et le rognage des pampres qui dépassent l'échalas doivent être pratiqués du 15 juillet au 1er août, puis on pratique un troisième et enfin un quatrième binage à la fin de la végétation pour détruire jusqu'au dernier vestige des herbes qui pourraient s'être développées autour des ceps.

Au lieu de procéder à ce quatrième binage comme aux autres, il faut râcler plutôt que biner la surface du sol, et réunir ainsi la terre et les herbes en billon et en ligne au nord ou à l'ouest des ceps, suivant la direction des lignes. Ce billon servira pour ainsi dire de base au billon plus complet qui devra être formé au printemps suivant, tout le long des ceps, à l'opposé de leur meilleure exposition, c'est-à-dire du sud et de l'est.

Défichage. — On peut procéder au défichage des échalas avant le dernier binage dont je viens de parler.

Récapitulation des dépenses de la 3ᵉ année. — Les dépenses à faire par hectare pendant la troisième année s'élèvent à 855 fr., savoir :

Fumier mis en place, 60 mètres cubes à 7 fr. le mètre.	420 fr.
Fournitures d'échalas, 200 bottes de 50 échalas chacune, à 1 fr. 50 la botte.	500
Taille et sarmentage.	15
Quatre binages.	80
Rognage et pinçage..	10
Accolage.	10
Fichage et défichage.	20
Total.	855 fr.

§ 4. — QUATRIÈME ANNÉE.

Pendant la quatrième année on procède à deux opérations importantes : l'installation du palissage et la taille.

Palissage : petits échalas, piquets ou carrassons. — Le palissage des vignes sur souches basses et en ligne est très-économique et très-simple. Le haut Médoc en donne le plus bel exemple et la meilleure expérience. 10,000 petits pieux en chêne, châtaignier ou en bois blanc imprégné de sulfate de cuivre, sont plantés en ligne avec les ceps, juste dans le milieu de l'intervalle de chacun des ceps (dans le Médoc, le petit échalas ou carrasson est planté vis-à-vis chaque souche, tandis que dans ma méthode c'est le grand échalas); ils doivent avoir 50 à 60 centimètres de longueur, être aiguisés à un bout et présenter une tête plate à l'autre bout; on les enfonce de façon qu'ils ne sortent de terre que de 33 centimètres au-dessus du niveau général du sol. Comme ces piquets restent à la même place jusqu'à ce qu'ils pourrissent ou cassent, on les y fiche à coups d'un très-fort maillet. Un homme, après avoir bien aligné le piquet, le tient d'une main, et de l'autre main il présente à côté de ce piquet un étalon de $0^m.33$ de hauteur, qui règle le point d'enfoncement auquel on s'arrête, tandis qu'un autre ouvrier frappe avec le maillet sur la tête du piquet. Ces piquets sont parfaitement alignés, et leurs têtes doivent présenter un plan régulier.

Fils de fer et pointes d'attache. — Chaque piquet, après avoir été planté, reçoit sur le milieu de son sommet une pointe à tête de 50 millimètres, enfoncée de façon qu'il n'en apparaisse au dehors que 5 à 6 millimètres. Toutes les pointes doivent être alignées dans l'axe général des ceps et des pieux Ces pointes sont destinées à recevoir un fil de

fer galvanisé, n° 10, qui, partant d'une extrémité de la ligne
où il est fixé contre terre autour de la tête d'un pieu enfoncé jusque contre le sol, s'élève, entoure la pointe du
pieu suivant, et va s'attacher ensuite et successivement autour de la pointe de tous les autres pieux, jusqu'à l'extrémité de la ligne, où on le fixe aussi à la tête d'un pieu enfoncé jusque contre terre. Les 10,000 petits pieux aiguisés
et plantés coûtent à peu près 250 fr.

Frais du palissage sur le fil de fer. — Le fil de fer
galvanisé, n° 10, dure 15 et 20 ans, c'est-à-dire plus que
les piquets; on en emploie par hectare 180 à 200 kilogr.,
qui coûtent 180 à 200 fr. et 220 fr. tout posés. L'ensemble
de la dépense de ce mode de palissage peut s'élever à
500 fr. par hectare tout compris, piquets, fils, pointes et
main-d'œuvre. Si l'on ajoute les 300 fr. des 10,000 grands
échalas, le palissage et l'échalassage complets coûteront
800 fr.

Or dans un hectare ordinaire, planté suivant la méthode bourguignonne et champenoise, on compte de 30 à
40,000 ceps qui nécessitent l'emploi de 600 à 800 bottes
d'échalas coûtant de 900 à 1,200 fr. Il y a donc avantage
d'argent dans le mode de palissage que j'indique comme le
meilleur. Mais il y a tant d'autres profits par son emploi,
qu'il faudrait y recourir, quand bien même il coûterait plus
cher.

Le fil de fer pourrait être beaucoup moins fort et atteindre
parfaitement à moitié prix le but qu'on se propose. Mais,
lorsque le fil est trop faible, il est souvent brisé par les animaux qui s'échappent à travers les vignes, par les chasseurs
qui s'y accrochent, tombent et cassent avec fureur les inno-
cents fils de fer. J'ai connu un général qui ne pouvait chas-
ser dans une vigne palissée en fils de fer sans tomber. Le
propriétaire auquel je l'avais présenté a fait ôter les fils de

fer de ses vignes. Habile marchand de vin, mais pauvre viticulteur!

Taille. — La taille des jeunes vignes à la quatrième année est la taille normale pour toute la durée de la vigne, c'est-à-dire que tous les sarments du cep doivent tomber au ras de la souche, sauf les deux sarments principaux et les mieux disposés; l'un, qui doit former la branche à fruit, est laissé de toute sa longueur, abaissé horizontalement et attaché au petit pieu; l'autre sarment est rogné en crochet à deux yeux. Il constitue la branche à bois.

Ce dernier sarment doit être aussi bas que possible sur la souche mère, la hauteur de la branche à fruit est sans importance. (Voir grav. 2, 1 et 4, pages 159, 160 et 161.)

Je crois utile à l'intelligence de la taille, du palissage, de l'échalassage, du pinçage, de l'épamprage, de la pose et des diverses manœuvres des paillassons, de reproduire ici successivement chacune des gravures qui représentent ces diverses opérations, et d'y joindre quelques explications nouvelles. Depuis un grand nombre d'années les gravures ont été introduites dans le texte des livres, pour éviter au lecteur la fatigue et la difficulté de recourir à des planches placées à la fin du livre ou réunies dans un atlas imprimé à part : le même inconvénient et une difficulté plus grande encore résulteraient, pour l'étude, du renvoi du lecteur à des gravures disséminées dans un texte éloigné. La répétition des gravures est donc utile au même titre que leur introduction dans le texte, toutes les fois que le texte nouveau y renvoie le lecteur.

J'ajouterai que cette reproduction de gravures s'appuie sur un précédent des plus respectables. M. Maumené, professeur de chimie et de physique à la chaire municipale de Reims, a le premier, que je sache, rendu ce service aux lecteurs dans sa belle publication sur le travail des vins en général, et en particulier des vins mousseux. Je m'appuie donc à la fois sur l'exemple d'une autorité et sur le bon sens pour justifier la reproduction des gravures dans le texte.

La gravure 2 donne une idée exacte de la taille, qui doit être pratiquée tous les ans à partir de la quatrième année :

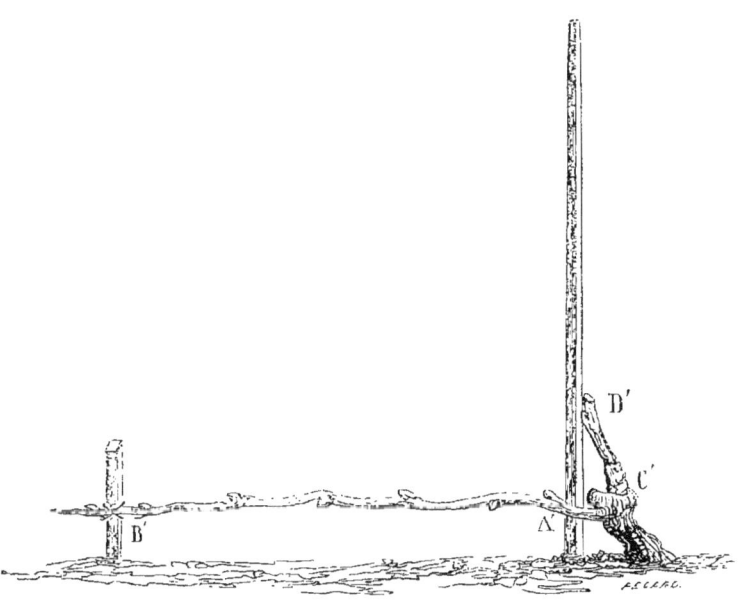

Grav. 2. — Branche adulte après la taille sèche. — A'B', branche à fruit avant les feuilles. — C'D', branche à bois.

la branche à fruit A'B' attachée en B' au carrasson ou petit pieu fixe, et la branche à bois C'D', destinée à fournir deux ou trois sarments qu'on devra attacher au grand échalas, partent d'une souche que la gravure représente à dix ou douze ans d'âge, comme on le voit mieux encore dans la gravure 1 (p. 160); mais l'âge de la souche ne change rien ni au principe ni à l'effet de la taille, qui devra toujours être ainsi maintenue. Toutefois, si la vigne, après avoir été taillée, ne devait être garantie par aucun moyen préservateur, il serait plus convenable d'opérer la taille en deux fois, comme je vais essayer de le faire comprendre par la gravure 1.

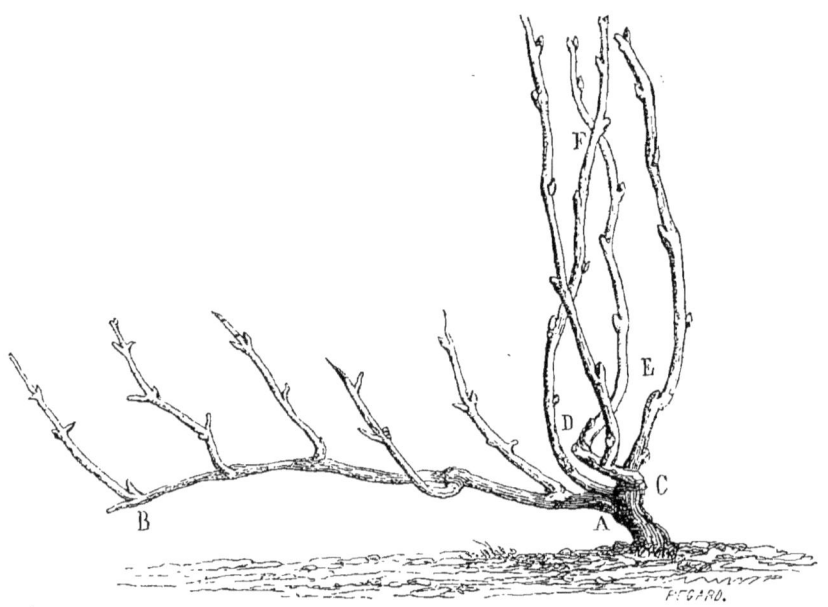

Grav. 1. — Souche adulte avant la taille sèche. — AB, branche à fruit après récolte. — CD, branche à bois.

Dans le courant de février ou de mars, on fera tomber la vieille branche à fruit AB, ainsi que le gourmand ADF; on laissera sur pied et dressés le long du grand échalas les trois sarments compris entre DE et C, jusqu'au 25 ou 30 mai, en se contentant de les nettoyer de leurs petits bois, vrilles et queues : puis, du 25 au 30 mai, l'on choisira entre le sarment D et le sarment E celui qui présentera le plus de fruits pour l'abaisser et l'attacher horizontalement en branche à fruit, tandis qu'on abattra complétement l'autre sarment à l'aide du sécateur et qu'on coupera CE en E pour en faire la branche à bois.

La vigne taillée et attachée en mars est représentée ici,

Grav. 4. — Taille et palissage de la vigne sur petits échalas et fil de fer, avant toute végétation.

gravure 4, au moment où elle va recevoir sa première culture, ses billons et ses paillassons.

Culture en billon. — Le premier labour péut être donné
à plat, mais il vaut mieux le faire exécuter avec formation
de billons au *nord*, à l'*ouest* ou au *nord-ouest* des lignes.
Ces billons doivent être montés de façon que le pied de la
souche soit compris dans leur pente *sud* ou *sud-est*, tandis
que leur sommet, élevé de 25 à 30 centimètres, domine et
protége la souche.

Cette culture en billon au *nord* et *nord-ouest* des souches
correspondant à un sillon déprimé au *sud* et *sud-est* est
excellente pour l'entretien et la végétation des vignes, soit
qu'on emploie les paillassons protecteurs ou tout autre pré-
servatif, soit qu'on n'ait recours à aucun moyen de préservation : il multiplie les surfaces d'aération des terres ; il
reçoit et retient les premières ardeurs du soleil, entretient
la bonne température par une réverbération plus étendue;
mais cette culture est bonne surtout en ce qu'elle rend
l'application des moyens protecteurs de toute nature très-
facile et très-complète.

**Manière d'éviter le plus possible l'effet des gelées dans
la culture des vignes privées d'un moyen préservateur
spécial.** — Si le propriétaire veut employer des paillassons
pour protéger ses vignes, les grands échalas doivent être
plantés vis-à-vis chaque souche à 15 centimètres de son
pied du côté opposé au billon. S'il ne lui convient pas d'employer des paillassons, les grands échalas doivent être
fichés au pied et au *nord*, à l'*ouest*, ou au *nord-ouest* de la
souche, parce que l'échalas, planté dans ce sens, suffit souvent pour préserver de la gelée un ou deux bourgeons, et
un beaucoup plus grand nombre, si, au lieu de fixer horizontalement la branche à fruit, on la fixe verticalement le
long du grand échalas jusqu'au 25 ou 30 mai, pour
l'abaisser et l'attacher, à cette époque seulement, au petit
échalas.

L'expérience prouve que les gelées de printemps atteignent plus facilement les bourgeons les plus rapprochés de terre; donc je conseille aux vignerons qui ne voudraient ou ne pourraient employer aucun moyen préservateur des gelées, de laisser les deux sarments de la taille de toute leur longueur et dressés le long du grand échalas jusqu'au 30 mai. Tous les bourgeons préservés sont alors sortis et montrent leurs grappes : il est bien facile à ce moment de choisir, pour les conserver, un nombre de grappes proportionné à la force du cep, et de ravaler le sarment de la branche à bois sur deux ou trois yeux, après avoir attaché la branche à fruit près de terre au petit échalas.

La conservation des deux sarments et leur position verticale jusqu'après la saison des gelées tardives offre un double avantage : 1° d'élever les bourgeons supérieurs en un point de l'air plus sec et où ils ne gèlent pas facilement, et 2° de retarder la sortie des bourgeons inférieurs, ce qui les expose moins à geler. Chacun sait que les bourgeons supérieurs attirent d'abord à eux la séve, qu'ils sortent et se développent vigoureusement les premiers aux dépens des bourgeons inférieurs, qui semblent dormir en attendant leur tour; si donc les bourgeons supérieurs sortis sont détruits par la gelée, les bourgeons inférieurs non sortis offrent une ressource précieuse : si tous les bourgeons supérieurs et inférieurs sont gelés, les contre-bourgeons supérieurs des fins cépages repousseront des grappes, et, pour en activer la sortie, on laissera les sarments verticaux jusqu'à ce que les grappes des contre-bourgeons se soient montrées et aient pris de la force.

Culture avec paillassons. — Si l'usage des paillassons est entré dans le plan général et dans le projet d'exploitation du vignoble, on peut et l'on doit en commencer l'installation à la quatrième année sur le tiers de la vigne, soit

5,333 mètres sur les 10,000 mètres d'un hectare. Le deuxième tiers sera installé à la cinquième année, et le troisième tiers à la sixième année. Cette fourniture, avec pose et manœuvres, est une dépense moyenne de 500 fr. par an. Elle pourra être réduite à 300 fr. dans l'avenir, par l'imputrescibilité des pailles et des ficelles employées, et par la confection directe des paillassons au métier.

On peut néanmoins ajourner d'un an cette avance, parce qu'il ne faut laisser à la vigne que de deux à quatre grappes pour sa première production, ce qui produit une récolte de 8 à 16 hectolitres de vin médiocre, lesquels ne compenseraient pas les frais; mais, d'un autre côté, c'est une avance faite pour au moins trois ans, et qui a l'avantage de fortifier la vigne et d'exercer les vignerons à la manœuvre des paillassons.

Avec l'emploi des paillassons, les gelées du printemps n'étant plus à craindre, la taille sèche doit être faite et la culture en billon accomplie du 1er mars au 1er avril, pour que les paillassons soient placés dans leur première position aussitôt que ces deux opérations sont faites.

Je renvoie ici aux gravures de paillassonnages dans leurs phases diverses, afin d'en faire mieux comprendre la disposition et l'utilité. (Grav. 7, 8, 9 et 10.)

Le petit paillasson, qui est coté 0^{m},075 + 0^{m},25 + 0^{m},075 dans la gravure 7, est déroulé par pièces de 50 mètres de long, plus ou moins, sur la série de fiches fixées au grand échalas d'une part, et fichées sur le billon d'autre part : on l'y fixe par un lien en osier, ficelle ou fil de fer, à 0^{m},075 du grand échalas; la fiche, au lieu d'être piquée dans le billon, peut, sans inconvénient, reposer simplement sur ce billon. Par les grands vents du sud et de l'est, le paillasson se soulève et laisse passer le vent entre lui et le billon; par les vents du nord et de l'ouest, le paillasson est appliqué,

au contraire, avec force sur le billon, exactement comme
une soupape, et le vent glisse sur la surface supérieure du
paillasson. Le grand échalas, bien planté, suffit à maintenir
le tout contre l'action des vents les plus violents.

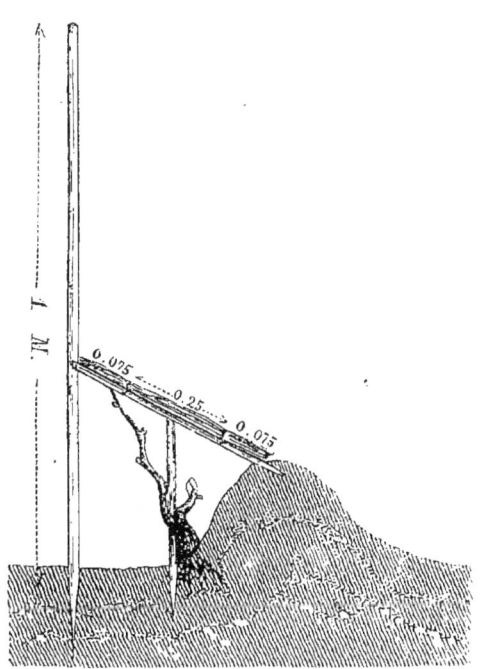

Grav. 7. — Cep taillé et abrité du 1ᵉʳ avril au 30 mai. La gravure le représente
avant toute végétation.

On comprend mieux encore, par la gravure 9, l'ensemble
de la première position des paillassons, et l'on comprendra
aussi à sa vue l'efficacité de la protection que les ceps en
reçoivent contre les gelées printanières.

Je ne crois pas inutile d'insister sur l'efficacité de cette
protection, prouvée d'ailleurs par des expériences réitérées
sur de grandes proportions, en reproduisant par la gravure 8 l'aspect de la végétation commençante de la vigne
sous la première position du paillasson. Tout le monde

comprendra d'instinct la puissance et l'efficacité d'un pareil abri ; la vérité est que la vigne ainsi abritée brave des gelées de 4 et de 5 degrés au-dessous de zéro, autant parce qu'elle est préservée par son auvent de toute humidité que parce

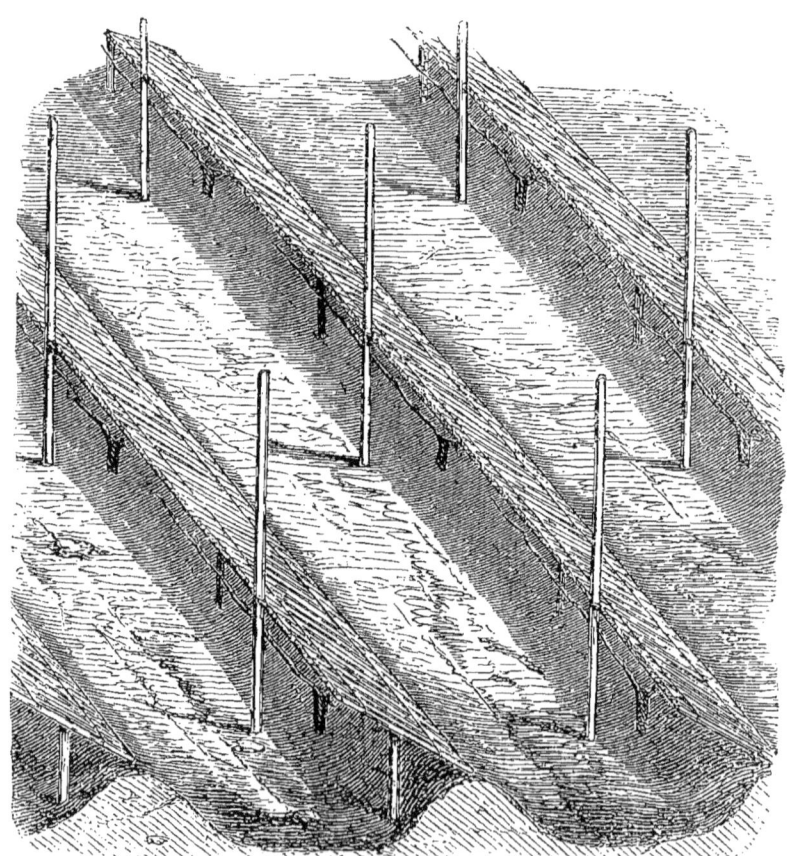

Grav. 9. — Vue perspective de lignes de ceps abrités par les paillassons, avant toute végétation.

qu'elle ne subit aucune déperdition de calorique par rayonnement vers le ciel.

Pour bien comprendre la situation et l'effet que produit

l'aspect de cette jeune et tendre végétation, si bien rendu dans la gravure 8, mais un peu trop dans l'ombre dans la gravure 10, il faut se figurer des feuilles vertes et des bourgeons en toute vigueur, en pleine santé et bien verts, alors que la gelée vient de frapper de mort toute la végétation environnante.

Grav. 8. — Cep abrité des gelées du printemps au commencement de sa végétation.

Du 30 mai au 30 juin, les paillassons ayant passé à leur deuxième position contre la coulure, le pinçage des pampres de la branche à fruit ayant été fait à mesure que les deux feuilles se sont développées au-dessus des deuxièmes grappes, il s'agit alors d'attacher les pampres de la branche à bois au grand échalas, et les pampres des branches à fruit au fil de fer aussitôt qu'ils ont atteint assez de longueur et de force pour que ces opérations soient possibles. (Grav. 5, grav. 11, page 170, et grav. 12, page 171.)

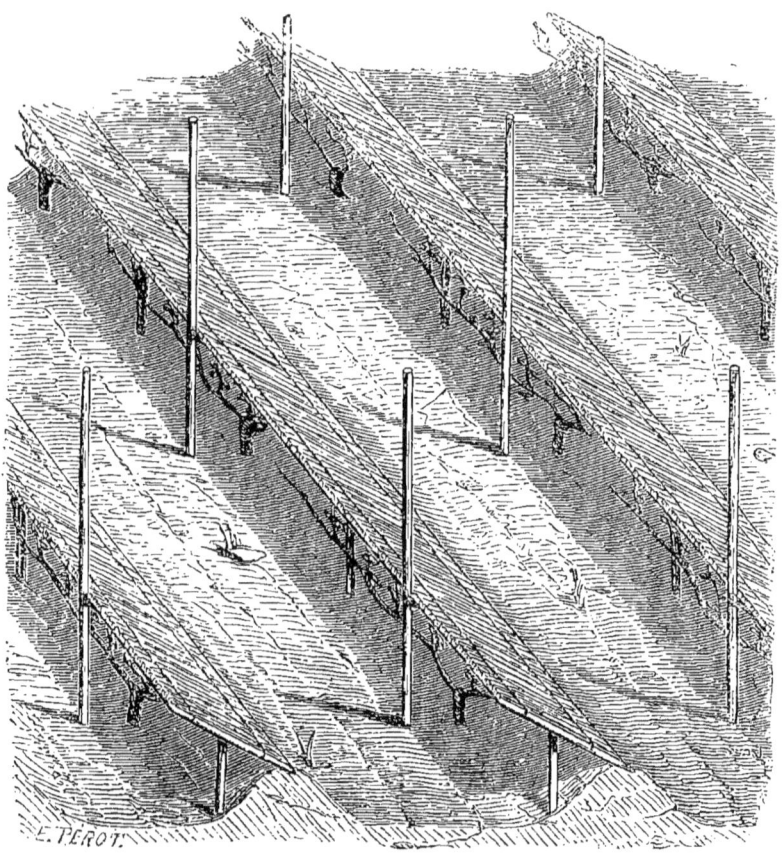

Grav. 10. — Vue perspective de lignes de vignes en végétation commençante, abritées par les paillassons (du 1er avril au 50 mai).

La gravure 5, quoique inexacte en ce qu'elle montre autant de grappes que de feuilles le long des pampres à bois, pampres qui, le plus souvent, n'en portent pas, est néanmoins utile à reproduire ici, parce qu'elle indique parfaitement les points p p p p p du premier pinçage des pampres fertiles de la branche à fruit, pinçage qui doit être fait au plus tard au moment où l'on relève les paillassons pour les

établir dans leur deuxième position, indiquée par la gravure 11 ; le billon est réduit des deux tiers de sa hauteur
primitive ; le grand échalas est rapproché de la souche, et
les fleurs sont rendues à l'influence de l'air et du soleil sans
être livrées à l'action stérilisante des pluies et des vents
d'ouest et de nord-ouest. On exécute cette manœuvre avec

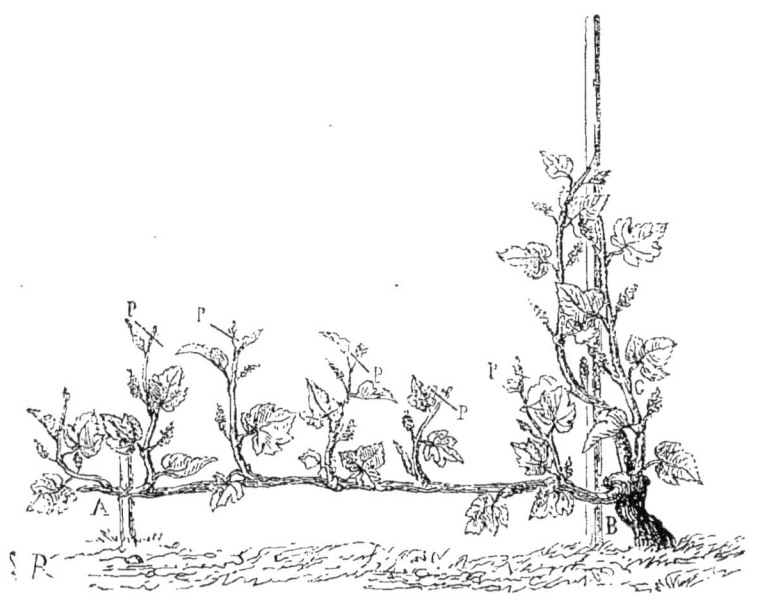

Grav. 5. — Cep en végétation du 15 mai au 15 juin. — AB, branche à fruit ;
p p p p p, point où il faut pincer.

facilité, seulement il faut avoir soin de donner la façon qui
réduit la hauteur du billon avant de rapprocher le grand
échalas et de fixer le paillasson à sa nouvelle place ; pour
cette dernière opération, le paillasson n'est point détaché,
il reste fixé sur ses fiches, qu'on recule et qu'on abaisse
derrière le fil de fer et le cep à mesure que le grand échalas
s'en rapproche. Plus le temps est chaud et beau, moins le
paillasson doit être incliné sur le cep ; la meilleure situation
à lui donner dépend de l'appréciation des circonstances mé-

10

téorologiques. La vigne, lorsqu'elle végète avec une grande vigueur, a besoin de plus d'air et de soleil, le paillasson doit donc être moins incliné, et par conséquent il doit la surmonter de moins près.

Grav. 11. — Cep abrité contre la coulure (du 30 mai au 1er juillet). Exposition est, sud, ou sud-est.

Préalablement à ces manœuvres, on aura dû, comme je l'ai dit, procéder à la deuxième culture, qui consiste dans un simple binage et dans l'abatage des billons aux deux tiers de leur hauteur.

Dans le courant du mois de juillet, et alors que la fleur de la vigne est flétrie et le raisin bien noué, on procède à un épamprage et à un rognage complets. C'est-à-dire qu'on abat toutes les pousses stériles et inutiles, que l'on pince à quatre feuilles les contre-bourgeons qui se sont développés, et qu'on rogne les pampres de la branche à bois au niveau

ou un peū au-dessous du sommet du grand échalas, après
les avoir accolés une seconde fois.

On fait aussi disparaître par un troisième binage le dernier vestige des billons.

Grav. 42. — Vue perspective de ceps abrités contre la coulure.

C'est à ce moment que le propriétaire et le vigneron intelligents doivent observer avec soin si les espérances qu'a-
vait données l'abondance des fleurs ont été réalisées ou déçues. Les causes principales de la coulure sont sans contre-

dit les pluies froides et les vents secs et persistants en juin,
et les circonstances météorologiques que les jardiniers appellent un temps *sans séve*; les paillassons sont un remède
héroïque contre ces causes, mais la maigreur du sol et la
surcharge du cep par un trop grand nombre de'grappes
sont aussi des causes de coulure.

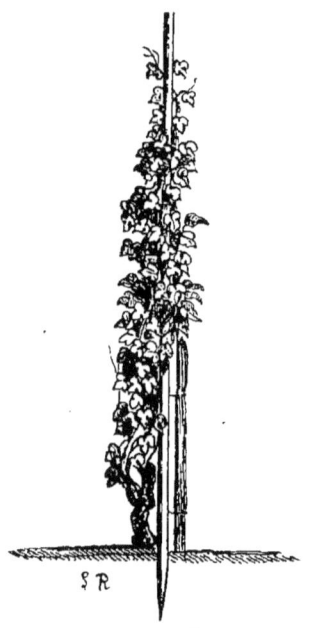

Grav. 15. — Vue d'un cep en espalier à l'est, sud, ou sud-est du paillasson
vertical (du 30 juillet au 30 septembre).

Lorsque les ceps sont abrités, ou lorsque la saison est
favorable à la fécondation, la coulure des fleurs avertit le
vigneron qu'il faut soutenir, terrer et fumer sa vigne; si sa
vigne est bien fumée et que les fleurs coulent, la coulure
est une preuve que le cep est trop chargé; à défaut de la
coulure, le dépérissement du grain ou sa maturité imparfaite seront pour le vigneron un avertissement énergique.
Jusqu'à la défloraison la terre est toujours assez riche et le

cep assez fort pour étaler toute sa végétation herbacée ; la maigreur de la terre et l'épuisement de la végétation se révèlent au moment de la production du fruit. Si le fruit noue et grossit, il devient bientôt terne et dur ; enfin, s'il mûrit en apparence, il manque presque complétement de sucre.

Grav. 14. — Vue perspective de ceps en espalier devant des paillassons.

Avant l'épamprage et l'accolage, les paillassons sont dressés verticalement au nord, à l'ouest ou au nord-ouest des lignes, du 1er au 15 juillet. (Grav. 13 et 14.)

Les gravures 13 et 14 indiquent la troisième position des paillassons ; ils sont alors fixés verticalement en arrière des ceps, et ils sont pour ces ceps ce que les murs sont pour les treilles, des réflecteurs et des concentrateurs des rayons

10.

du soleil : aussi, comme l'a constaté M. Constant Charmeux,

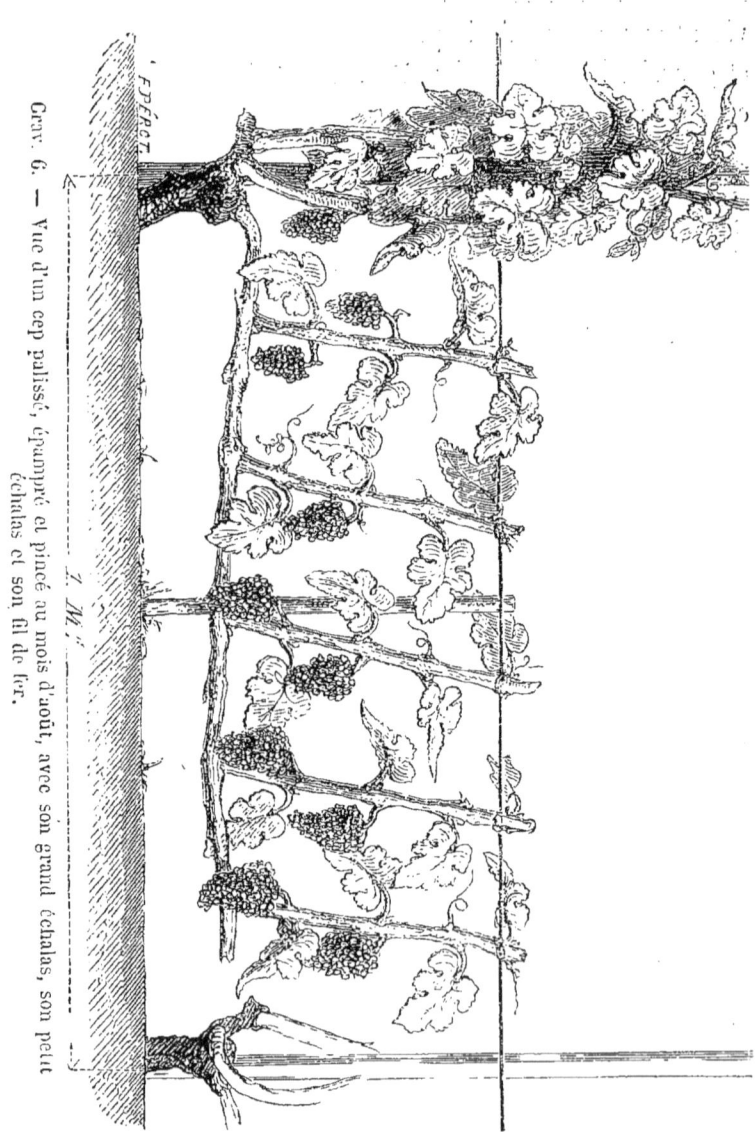

Grav. 6. — Vue d'un cep palissé, épampré et pincé au mois d'août, avec son grand échalas, son petit échalas et son fil de fer.

leur effet est-il bien moins marqué par les temps humides et couverts que par les temps clairs.

Vers la fin du mois d'août, on épampre encore une fois

Grav. 5. — Palissage de la vigne en pleine végétation sur petits et grands échalas et sur fil de fer.

en ayant soin d'enlever les feuilles exubérantes qui enfoui-
raient les raisins sous une ombre trop épaisse.

La gravure 6 donne une idée très-exacte, quoique un peu grossière, de l'épamprage et de l'effeuillage de la branche à fruit à la fin d'août.

La gravure 5 donne en perspective l'aspect de l'effeuillage et de l'épamprage des vignes, à la fin d'août et au commencement de septembre.

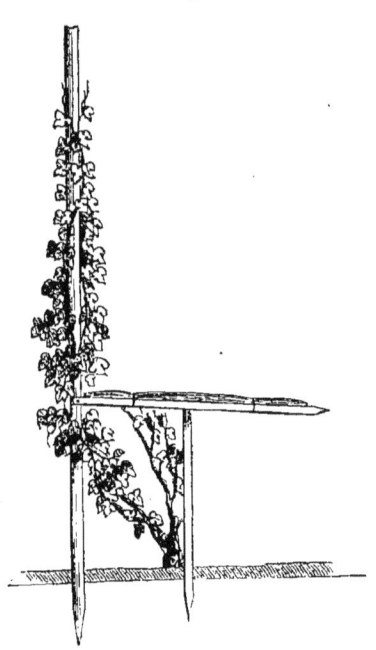

Grav 15. — Vue d'un cep préservé à l'arrière-saison contre les pluies et les gelées d'automne.

Si la vendange, dont je parlerai spécialement plus loin, n'est pas encore faite à la fin de septembre, et que des temps pluvieux ou très-froids menacent les raisins de pourriture ou de gelée avant leur maturité, il faut alors reporter et repiquer chaque grand échalas à 15 ou 20 centimètres en face des souches, et replacer les paillassons dans la position qu'ils occupaient au printemps au-dessus des lignes de vignes.

De cette façon les feuilles et les raisins ne souffriront pas des gelées blanches ou des pluies froides de l'automne, et pourront attendre cinq à six semaines encore leur parfaite maturité. (Grav. 15 et 16.)

Grav. 16. — Vue en perspective de ceps abrités contre les pluies et les gelées d'automne.

Le paillasson, ramené presque horizontalement sur la branche à fruit et sur le bas du cep, n'est plus fixé que par la tête de ses fiches au grand échalas reporté et repiqué en avant du cep; il repose seulement par son milieu sur le fil de fer et les carrassons. Les vents du nord et du nord-ouest enlèveraient de cette position ce paillasson et l'appliqueraient contre le haut de l'échalas; il faut donc l'attacher de mètre en mètre au fil de fer de palissage au moyen d'un

petit brin d'osier embrassant avec le fil de fer une poignée
de la paille du paillasson.

Au premier jour de soleil après la vendange, et lorsque
les paillassons sont bien secs, on les roule et on les met en
meules qu'on recouvre pour l'hiver avec des paillassons
imbriqués, comme les tuiles d'un toit, sur la pente de la
meule : on enlève les grands échalas et on les réunit en
faisceaux circulaires, debout, moitié dans une route de service et moitié dans l'autre route. On peut les mettre à couvert sous les paillassons imbriqués.

On termine les opérations de la quatrième année par le
binage superficiel, ou plutôt par le râclage d'automne et la
mise en billon des terres et des herbes ainsi ramassées.

Si l'on n'a pas fumé fortement la troisième année, ce qui
serait regrettable à cause de l'impulsion nécessaire à donner
à la pousse du bois, il est indispensable de fumer à la fin
de la quatrième année. On fume en raison inverse de la
richesse du sol et dans les proportions que j'ai indiquées.

§ 5. — CINQUIÈME, SIXIÈME ET SEPTIÈME ANNÉE.

Toutes les opérations indiquées à la quatrième année,
sauf le palissage fixe des vignes, qui est disposé une fois
pour toutes, sont répétées à la cinquième, à la sixième et à
la septième année, dans le même ordre et avec les mêmes
soins que pour la quatrième année; la seule différence à
observer, c'est de laisser, suivant la force de la végétation,
de 4 à 8 grappes à la cinquième année; de 8 à 12 grappes
à la sixième année; de 12 à 16 grappes à la septième année,
et de 16 à 20 grappes à la huitième année.

Vingt grappes pesant en moyenne à peu près 50 grammes chacune, ou 1 kilogramme de raisin, constituent le
produit maximum d'un cep de vigne *fait* et bien entretenu
d'engrais et de moyens préservateurs.

Si l'on s'abstient d'employer des moyens préservateurs, le produit de chaque cep s'élève rarement en moyenne à plus d'un demi kilogramme.

§ 6. — HUITIÈME ANNÉE, OU ÉTAT ADULTE ET COMPLET DE LA VIGNE.

Vigne adulte. — A la huitième année, la vigne est arrivée à son état de perfection, et sa production est dans toute sa puissance. Pendant vingt ans à partir de cette année, la vigne, si on lui donne les amendements et les engrais nécessaires, maintient sa vigueur et sa fertilité dans tous les sols où elle n'a pas encore été cultivée. Au delà de trente ans la fécondité peut décroître et même s'éteindre sur certains sols, mais la période de production de vingt ans engendre des richesses telles, qu'il n'est pas besoin de se préoccuper d'une éventualité, toujours rare, et que je crois impossible si de bons soins et une nourriture suffisante sont donnés à la vigne avec régularité et persévérance.

En tout pays de la zone septentrionale, et aux pires conditions du sol, la vigne est *faite* à huit ans; sa culture, son entretien, ses produits, sont normaux, et les dépenses qu'elle nécessite annuellement sont, à peu de chose près, les mêmes chaque année.

Dans les régions moyennes, la vigne peut être faite à six ans, et dans le Midi, dans un bon sol et avec des soins intelligents, elle peut donner des produits réguliers à cinq ans.

Frais d'entretien annuel d'un hectare de vigne adulte. — Voici quels devraient être en moyenne chaque année les frais d'entretien d'un hectare de vigne *faite*, plantée en fins cépages et bien soignée, dans un terrain médiocre.

Sa nourriture devra être composée, pour une période de trois ans, de 60 mètres cubes de fumier, de 60 mètres cubes d'amendements et de 60 mètres cubes de terres

neuves et végétales. Le fumier peut être estimé à 7 fr.,
l'amendement à 2 fr. 50, et la terre à 1 fr. 50 le mètre
cube, mis en place, ce qui forme un total de 660 fr. pour
le prix de ces trois éléments en trois ans.

Le fumier, l'amendement et la terre coûtent donc,
par an, le tiers de ces 660 fr.; soit . . . . . .   220 fr.
Taille et sarmentage   40
Première culture, formation de billons et fichage . .   100
Entretien annuel des échalas et fils de fer   65
Ébourgeonnages, liages et rognages   60
Trois binages   75
Vendange, transports, cuvage, pressurage, futailles
et soins, à 10 fr. l'hectolitre; pour 40 hectolitres .   400
Défichage, binage et remplacement   40

Total de la dépense de bon entretien et de production du vin d'un hectare de vigne . . .   1,000 fr.

**Produit moyen annuel d'un hectare de vigne adulte
sans paillassons.** — Le produit moyen annuel d'un hectare de vigne non paillassonnée sera toujours, pendant les
vingt années de pleine fertilité, de plus de 40 hectolitres,
et, si le cépage de la vigne appartient aux fines espèces,
chaque hectolitre ne peut, en moyenne, descendre à un
prix inférieur à 50 fr.; ce qui donne un produit brut de
2,000 fr., et, défalcation faite de 1,000 fr. de frais, un
produit net de 1,000 fr., représentant l'intérêt à 5 pour
100 d'un capital de 20,000 fr.

**Produit moyen annuel d'un hectare de vigne adulte
avec paillassons.** — Si le système de préservation des
gelées et autres intempéries est adopté, la récolte moyenne
sera chaque année d'au moins 80 hectolitres, qui, à 50 fr.
l'un, donnent un produit brut de 4,000 fr., et 2,100 fr.
de produit net seulement, parce qu'il faut défalquer du produit brut :

Les frais ordinaires, dont le détail est à la page 197.   1,000 fr.
Paillassons et leurs manœuvres.   500
Vendange, cuvage, pressurage, futailles, soins et
   remplissage des 40 hectolitres en sus de la ré-
   colte ordinaire (à 10 fr. l'hectolitre).   400
                     Total. . . . .   1,900 fr.
Défalquant cette somme du produit brut..   4,000

        Il reste pour produit net.. . . . .   2,100 fr.

Ainsi, dans la bonne culture ordinaire, sans moyens préservateurs, le produit net d'un hectare de vigne en fins plants sera toujours en moyenne d'au moins 1,000 fr., et, dans le cas du plus large emploi possible de moyens protecteurs, il sera au moins de 2,100 fr.

Prix de revient de l'hectare de vigne, après la septième année. — Voyons maintenant quel sera le capital avancé dont ce produit net de 1,000 fr. ou de 2,100 fr. devra couvrir l'intérêt. En voici le décompte approximatif :

Achat d'un hectare de terre. . .   1,000 fr.
Dépense de 1re année..   1,000
     —   2e   id.   500
     —   3e   id.   855
     —   4e   id.   1,145
     —   5e   id.   600   plus 200 fr., produit de la
                                       récolte de la 4e année.
     —   6e   id.   500   plus 400 fr., produit de la
                                       récolte de la 5e année.
     —   7e   id.   150   plus 800 fr., produit de la
                                       récolte de la 6e année.

    Total de la dépense. . .   5,750 fr.

plus les intérêts de toutes ces dépenses, c'est-à-dire à peu près 1,200 fr., lesquels sont complètement remboursés par le prix de la récolte de la septième année, dont la valeur est de 1,200 fr. au moins.

11

Dans ce décompte la valeur de l'hectolitre de vin n'est portée qu'à 25 fr., parce que, la vigne n'étant pas faite, la qualité du vin est inférieure de moitié à ce qu'elle sera plus tard, le vin n'ayant toute sa valeur que lorsque la vigne qui le produit date de la huitième année.

Rendement net de la vigne pour le propriétaire. — Le capital déboursé est donc à peu près de 6,000 fr., et le revenu moyen assuré est de 1,000 fr., c'est-à-dire d'environ 17 pour 100.

Si l'on a recours aux paillassons protecteurs à partir de la quatrième année, le capital avancé devient moindre, puisque l'augmentation des récoltes, pendant ces quatre ans, représente un chiffre de 2,500 fr., et que la dépense des paillassons et de leurs manœuvres n'est que de 2,000 fr. pour les quatre ans.

Le rendement moyen des vignes à fins cépages, avec le plus large emploi des moyens protecteurs, sera donc toujours de 35 à 40 pour 100 des avances faites par le capitaliste.

Rendement de la vigne pour le vigneron. — Si c'est le vigneron qui plante et cultive lui-même sa vigne avec sa famille, les résultats sont bien plus avantageux pour lui; car, pendant les sept premières années, la main-d'œuvre figure pour une somme de près de 5,000 fr. dans l'avance du capital. Un vigneron pouvant disposer de 2,000 à 3,000 fr. peut donc entreprendre pour son compte la plantation d'un hectare de vigne, et en tirer, par son travail, de 1,500 à 2,500 fr. par an, à partir de la huitième année.

Toutefois la condition absolue du succès réside, pour le vigneron comme pour le capitaliste, dans la culture des plus fins cépages, capables de produire des vins d'une valeur réelle et moyenne de 50 fr. l'hectolitre (50 cent. le litre, 40 cent. la bouteille). Tous les fins cépages en lieu sec, où la vigne peut mûrir ses fruits, produiront un vin d'un prix moyen plus élevé et d'une vente certaine, surtout avec le nouveau débouché ouvert aux vins par le traité de commerce qui a été conclu en 1860 avec l'Angleterre.

CHAPITRE XI

— —

Selon les données qui précèdent, à dater de la huitième année qui suivra la plantation, un hectare de vigne fournira toujours par an plus de 500 fr. de main-d'œuvre au vigneron et plus de 1,000 fr. de revenu au propriétaire. Il aura coûté 6,000 fr. à ce dernier, dont 5,000 fr. payés au vigneron pour avoir conduit la vigne à son état normal et complet.

Si le vignoble créé et parachevé est de 100 hectares, il aura produit en sept ans 500,000 fr. de salaires aux vignerons, et aura coûté au fondateur 600,000 fr., capital, intérêts et tous frais compris, et il donnera désormais, chaque année, à dater de la huitième, 50,000 fr. aux vignerons et 100,000 fr. au propriétaire. 50,000 fr. représentent un bon budget de cinquante familles de vignerons nécessaires à la culture de 100 hectares de vigne. 100,000 fr. représentent l'intérêt à 10 pour 100 de un million de capital, et il n'est pas de vigne à fins cépages qui ne vaille 10,000 fr. l'hectare; le million est donc foncièrement représenté.

Or, sur ce million de capital représenté, il n'y a que 600,000 fr. de dépensés ; il reste donc à dépenser 400,000 fr., savoir : 260,000 fr. pour les vinées, caves, celliers, pressoirs, cuves et mobilier nécessaires à l'exploitation ; 140,000 fr. pour habitations de maître, de régisseur, de vignerons, pour jardins, vergers, clôtures, etc., et pour créer une petite ferme annexée au vignoble.

Le seul produit du vignoble rendra donc 10 pour 100 du capital avancé pour avoir un vendangeoir seigneurial avec village, maison principale, aisances et dépendances, jardins, vergers et ferme.

Ce n'est pas tout, les cent hectares de vigne verseraient, en outre, 50,000 fr. par an aux cinquante familles du village qui les cultiveraient, c'est le bien-être assuré à chaque famille.

Tel serait le magnifique résultat obtenu par le capitaliste, exigeant 10 pour 100 par an de ses capitaux avancés ; mais pour le colonisateur qui se contenterait de 5 pour 100 de son capital, 100,000 fr. de produit net représentent deux millions de capital, dont 600,000 fr. seulement sont consacrés à la création du vignoble ; il resterait donc 1,400,000 fr. pour château, parcs, serres, jardins et ferme de 500 à 600 hectares, n'ayant besoin que de s'entretenir de ses produits sans rien rapporter, ce qui est la condition la plus générale des fermes, et surtout des fermes modèles, dans les terrains médiocres ou mauvais. *Six cents hectares,* mis en culture de ferme *dans les terrains pauvres ou délaissés,* nécessitent 600,000 fr. d'avances au minimum pour rendre en produit net, après douze années, 15,000 fr. ou 2 1/2 pour 100, et pour payer la main-d'œuvre de quinze familles à 1,000 fr. par an. Jamais les 600 hectares ne donneront le revenu d'une habitation de maître, de régisseur, ni de quinze familles de paysans ; jamais, à plus forte raison, ne pourront-ils solder la dépense d'un château, d'un parc, de serres, de jardins. Ces avantages ou ce luxe sont à peine l'apanage des cultures de ferme en terrains excellents en abaissant le revenu à 2 1/2 ou à 5 pour 100 au plus.

Toutes les prétentions et allégations contraires sont erronées, toutes les espérances contraires ont été et seront déçues : la vigne seule en France, et dans les régions où elle peut mûrir ses fruits, a le pouvoir de créer la richesse dans les terrains pauvres et délaissés; seule elle y rendra 10 pour 100 au capital avancé, seule elle y fondera à perpétuité de grands et de riches domaines.

VINIFICATION

CHAPITRE PREMIER

PRINCIPES GÉNÉRAUX.

Le grand art de faire le bon vin est d'une simplicité primitive.

Ses meilleurs préceptes sont dans la pratique traditionnelle, et la science moderne ne s'y applique que pour étudier et faire connaître les éléments de la vinification, les mesurer dans leurs proportions et signaler les meilleures conditions des phénomènes qui la constituent.

La chimie est à la confection du vin ce que la physique est à la composition musicale.

Le génie du vin est dans le cep.

Le cachet de chaque espèce de vin est gravé dans chaque espèce de cépage. Le sol, le climat, l'année, l'exposition, modifient ce cachet ; mais il caractérise toujours son cep et diffère toujours des autres cachets.

Pour faire la soupe à vos gens, plantez des citrouilles.

Pour rafraîchir le vulgaire, plantez des melons brodés.

Pour le service de votre table, plantez le melon cantaloup.

Mais ne demandez jamais à la chimie de transformer les citrouilles en cantaloup ni même en melon brodé, ne le demandez pas au sol, au climat, à l'exposition, à l'année ; ne le demandez pas même à Dieu, qui laisse à votre intelligence le choix de ses dons, mais qui ne change pas ses lois au gré de la sottise ou de l'avidité.

Donc, pour faire le bon vin, plantez vos vignes en bons cépages.

Recueillez leurs fruits quand ils sont bien mûrs.

Recueillez-les promptement, proprement et judicieusement.

Séparez les bons raisins des raisins médiocres et surtout des raisins mauvais.

Pour faire vos vins blancs, portez rapidement les raisins sur vos pressoirs bien appropriés à l'avance et bien nettoyés à chaque opération.

Distribuez tous les jus qui sortent de chaque presse dans des tonneaux bien préparés, bien abreuvés, sans mauvais goût ni mauvaise couleur. Laissez fermenter le vin dans un lieu couvert et tempéré jusqu'à ce qu'il soit *calmé;* après une ou deux semaines, descendez-le dans une cave à température constante de 11 à 12 degrés. Remplissez vos pièces tous les huit jours : soutirez une fois, deux fois au plus, par hiver et pendant les temps les plus secs et les plus froids, et vous aurez toujours ainsi les meilleurs vins blancs possibles pour le cépage, pour le terroir, pour le climat et pour l'année.

Pour faire vos vins rouges, froissez et foulez vos raisins, soit avec des pelles de bois, soit avec les pieds nus bien la-

vés. Emplissez-en vos cuves, nettoyées, abreuvées et res-
suyées avec soin, jusqu'aux quatre cinquièmes de leur profondeur ; égalisez la surface des raisins au moyen d'un
râteau et tassez-la avec une batte plate ; fermez les portes
de vos vinées et ayez soin que la température n'y descende
pas au-dessous de 15 degrés. Écoutez deux ou trois fois par
jour le bruit de la fermentation, en appliquant votre oreille
contre la cuve ; aussitôt que le silence a succédé au tu-
multe du bouillonnement, tirez votre vin par le robinet,
préalablement adapté au bas de la cuve, car votre vin est
fait et sa fermentation est accomplie, le surplus est une
macération nuisible. Emplissez du vin de tirage, mais par
portions successives, vos tonneaux aux trois quarts de
leur capacité. Faites porter aussitôt le marc au pressoir, et
remplissez vos tonneaux également avec les produits de
toutes les presses. Quelques jours après, descendez vos tonneaux en caves ou rangez-les dans vos celliers. Remplissez-
les avec soin tous les huit jours, soutirez au mois de janvier ou de février, et vous aurez ainsi les meilleurs vins
rouges que vos ceps, votre terroir, votre climat et l'année
puissent produire.

Pour obtenir vos vins roses, œil de perdrix, pelure d'oignon, pour faire, en un mot, les vins intermédiaires entre
les vins blancs et les vins rouges, le tirage de la cuve doit
être opéré au tiers de la fermentation, c'est-à-dire vingt-
quatre heures au moins et quarante-huit heures au plus
après le premier mouvement de fermentation saisi par l'o-
reille. On fait le pressurage immédiatement après le tirage,
et le reste du traitement est analogue à celui des autres
vins.

Ces recommandations sommaires suffiraient, à la rigueur,
pour que chacun pût faire les bons vins, les meilleurs vins
de France : mais il importe d'éclairer davantage la ques-

11.

tion, en reprenant chacune des indications principales au point de vue pratique et technique. Je n'ai pas compris dans ces généralités les vins mousseux et les vins de liqueur ; ces vins, fort estimables d'ailleurs, sont en quelque sorte des préparations industrielles spéciales.

CHAPITRE II

———

La récolte des raisins ou la *vendange* est le premier acte de la vinification, le dernier et le seul but de la viticulture. La vendange est le fait suprême qui résume et sanctionne tous les travaux du vigneron et toutes les dépenses du propriétaire.

Une belle vendange de raisins mûrs et abondants est une véritable conquête, fruit d'une campagne de six mois dans laquelle il a fallu surmonter les gelées du printemps, les pluies froides de juin, la grêle, les insectes, la maladie, les gelées et les pluies d'automne : rien n'est plus dramatique, rien n'est plus émouvant que la lutte du viticulteur contre les fléaux qui attaquent son œuvre, sans relâche et jusqu'au dernier moment : aussi dans tous les pays vignobles une belle vendange est-elle un triomphe général qui se traduit par un redoublement de travail, d'animation et d'allégresse de leurs populations.

Mais ce concert de satisfaction est rarement donné par la capricieuse automne, aux risques de laquelle le vigneron s'abandonne avec l'inertie et le fatalisme du Turc.

Les belles et bonnes vendanges sont de plus en plus rares, moins à cause des intempéries des saisons qu'à cause des stupides ardeurs de la convoitise et du besoin de réaliser n'importe quoi qui s'appellera vendange pour en faire n'importe quoi qui s'appellera du vin.

Il y a soixante ans on vendangeait encore pour faire du vin : depuis cette époque, mais depuis vingt ans surtout, on fait le vin uniquement pour l'argent qu'on espère réaliser : on fait le vin avec des raisins provenant de cépages grossiers ou de ceps entassés les uns sur les autres, on le fait avec des raisins verts, on exploite audacieusement et l'on perd ainsi l'antique réputation des vins de France. En vingt ans, le riche escompte de cette réputation a été fait, le discrédit s'établit partout. O fabricants et marchands de prétendus vins de France, jusques à quand vos audacieux et loquaces commis voyageurs feront-ils croire aux étrangers que vos vins de gamais, de chasselas, de gouais, de verdillons et de verjus, remontés par des glucoses, des mélasses et des cassonades, sont les vrais et les bons vins de France ? La réponse est déjà faite : l'industrie anglaise vous en offre de pareils, de meilleurs même, faits avec des raisins de caisse, des cassonades et des acides : il faut donc, si vous voulez continuer à faire le commerce des vins, que vous fassiez replanter les fins cépages, et que vous attendiez la vraie maturité de leurs fruits pour reproduire les vins de France, à la fois légers et généreux, inimitables pour l'agrément, incomparables pour l'hygiène du corps et de l'esprit.

§ 1. — BAN DES VENDANGES. — AVANTAGE DES VENDANGES TARDIVES.

Inconvénients du ban des vendanges. — Autrefois l'assemblée des notables et des experts d'un vignoble fixait pour tout le monde le jour avant lequel il n'était permis à personne de vendanger, et ce jour ne précédait jamais la plus complète maturité possible : la qualité du vin était l'orgueil et l'honneur du pays, nul n'avait le droit de compromettre une renommée qui était le bien et la satisfaction de tous.

Le ban de vendange existe encore sans doute dans la plupart des localités, mais les tendances qui prévalent généralement dans sa fixation sont le désir, le besoin impérieux de réaliser la récolte aussitôt qu'elle peut passer pour à peu près mûre. Il faut le plus tôt possible faire argent de cette récolte, et les pluies de septembre, les gelées d'octobre, apparaissent comme des fléaux irrésistibles auxquels il faut avant tout soustraire le raisin, fût-il à demi mûr : qu'importe la qualité du vin, pourvu qu'on le vende, et on le vendra toujours, tant le vin est devenu nécessaire. Cette fixation anticipée du ban de vendange s'exerce donc aujourd'hui en sens inverse de la qualité du vin : aussi sa suppression favorisera-t-elle le progrès. Le haut Médoc n'a pas de ban de vendange, et je l'ai dit déjà, la viticulture du haut Médoc est la plus belle et la plus intelligente, elle doit servir de type en tous points.

Danger des vendanges hâtives. — Les pluies de septembre et d'octobre et les petites gelées blanches de cette saison sont généralement moins redoutables et moins fatales qu'on ne le pense. Depuis quarante ans, j'ai observé avec intérêt la plupart des vendanges et leurs épisodes relativement aux effets météorologiques ; j'ai le plus souvent vu les propriétaires de la Bourgogne, de la Champagne et de la Touraine regretter d'avoir vendangé trop tôt, et j'ai toujours constaté que les temporisateurs de ces mêmes pays obtenaient de meilleures récoltes et de meilleurs vins.

Pour faire les bons, les vrais vins de France, sauf peut-être en quelques points de son extrême Midi, il faut récolter le raisin à son plus haut point de maturité : la perfection de la maturité est presque aussi importante que la finesse du cépage. En effet, le jus du chasselas mûr peut marquer 3 et 4 degrés au gleucomètre, un gamai bien mûr peut marquer 6 et 8 degrés, tandis que le plus franc pineau noir *en verjus* marque zéro : lorsqu'il est *teinté rouge*, il marque 2 degrés, puis 4, puis 6 et 8, et ce n'est qu'en mûrissant davantage encore que son jus marquera 10, 12 et jusqu'au 14 degrés lorsqu'il est arrivé à sa complète maturité. On voit donc que la maturité parfaite du raisin est le complément nécessaire de la finesse du cépage qui le produit : ainsi celui qui vendange son pineau dès qu'il est noir à l'extérieur et alors qu'il est encore vert à l'intérieur obtient du vin à 25 fr. l'hectolitre : celui qui vendange quinze jours, un mois plus tard, quand son pineau est noir partout, peut obtenir un vin de 50 et de 100 fr. l'hectolitre. Le choix du moment de la vendange est donc un fait capital pour le propriétaire.

J'ai vu vendre pendant plusieurs années tous les raisins *fins noirs* des grands vignobles de la Champagne, de 60 à 80 fr. la caque ou les 50 kilogrammes, c'est-à-dire de 1 fr. 20 à 1 fr. 60 le kilogramme. Or une vigne bien soignée, sans moyens préservateurs, produira toujours en moyenne 4,000 kilogrammes de raisins par hectare, ce qui ferait varier son produit brut de 4,800 à 5,600 fr. Pour obtenir un pareil prix, il ne faut être avare ni de soins ni de dépenses, ni de temporisation.

Avantages des vendanges tardives. — Je n'hésite pas à formuler en principe qu'il faut faire la vendange le plus tard possible en saison, et que tous les efforts des viticulteurs distingués doivent tendre, non pas à arracher le raisin demi-mûr aux fléaux climatériques en le vendangeant de bonne heure, mais à le protéger contre ces fléaux jusqu'à sa parfaite maturité.

L'exemple de cette pratique et la preuve de ses résultats lucratifs sont donnés par Thomery : c'est dans cet intelligent pays qu'on peut apprendre en quoi consiste la véritable maturité du raisin. Lorsqu'au mois de septembre on visite les treilles ou les contre-espaliers de MM. Rose et Constant Charmeux, on admire leurs grappes transparentes et dorées, et, lorsque l'on s'extasie sur la belle maturité de ce raisin, et que ces habiles viticulteurs vous déclarent qu'il lui faut encore deux ou trois semaines pour atteindre sa parfaite maturité, on est tenté de croire qu'ils s'amusent de votre crédulité : il n'en est rien pourtant, car dans quinze jours ou trois semaines ce raisin aura acquis une valeur double ; aussi n'épargnent-ils rien pour abriter des pluies et des gelées blanches d'automne leurs contre-espaliers aussi bien que leurs treilles.

Beaucoup de vignobles, Vouvray, Sauterne et d'autres crus, sans employer de moyens protecteurs, vendangent aussi le plus tard possible, et ils ont grandement raison. Dans quelques localités, on attend que la pellicule du raisin soit arrivée à la fermentation, qu'elle soit couverte de moisissure pour faire le vin le meilleur et le plus justement estimé. J'ai vu par moi-même combien cette pratique était excellente : j'ai fait en 1846 une feuillette de vin blanc avec des raisins de mesliers qui tous étaient couverts de moisissure à la surface, au point qu'en les détachant du cep il s'en élevait un nuage de poussière et que les grains, pourris en apparence, tombaient tous de la rafle au moindre choc. Ce vin s'est conservé d'une finesse admirable et sans le moindre goût de pourri ou de moisi.

Pour obtenir les bons vins, les vendanges successives des grappes à mesure qu'elles atteignent leur parfaite maturité

sembleraient au premier coup d'œil une excellente pratique; nous verrons plus loin ce qu'il faut en penser ; mais,
dans tous les cas, le retranchement des grappes ou des parties de grappes vendangées peu ou point mûres est tout à
fait de rigueur.

En résumé, la vendange, pour tous les vins auxquels on
tient à conserver une grande réputation et un grand prix,
doit être faite le plus tard possible en saison, la vendange
hâtive n'est bonne que pour les vins de médiore ou de nulle
valeur.

§ 2. — MOUTS ET MOYEN DE LES APPRÉCIER PAR LE GLEUCOMÈTRE.
TRANSFORMATION DES MOUTS PAR ADDITION D'EAU OU DE SUCRE.

Moût. — Le moût est le jus qui résulte de l'expression
du raisin avant toute fermentation. On exprime le raisin ou
avec la main ou à l'aide d'un petit pressoir à main.

Petit pressoir à main. — Pour éviter le froissement direct des raisins, et surtout pour obtenir plus facilement tout
le jus des raisins depuis leur état de verjus jusqu'au moment où leur maturité complète permet de les pressurer
sans grand effort, j'ai fait disposer quatre petits pressoirs
à main. Le modèle exact de ce petit pressoir est représenté à
peu près au cinquième de grandeur d'exécution (grav. 18
et 19). A est un cylindre en fort fer-blanc percé de trous à
l'emporte-pièce, dans les deux tiers inférieurs de sa hauteur
et dans son fond, renforcé à sa partie supérieure pour y
recevoir par deux rivets-tourillons la bride-écrou D, qui est
traversée par la vis à poignée E. Lorsque le cylindre creux
de fer-blanc a été préalablement rempli des raisins à presser, et que la bride et la vis ont été abaissées de côté, un
piston cylindrique en bois dur de buis ou de chêne B, est
descendu et pressé à la main sur les raisins, puis ensuite

par la vis ramenée à son centre : si tout le jus des raisins n'est pas obtenu par la descente complète du piston, on relève la vis et on charge successivement le piston des petits disques en même bois C C C.

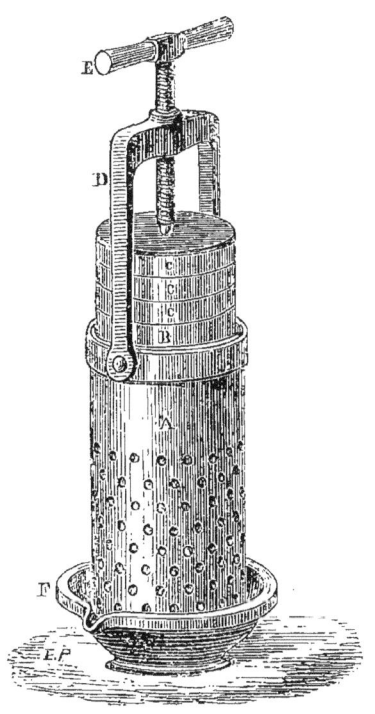 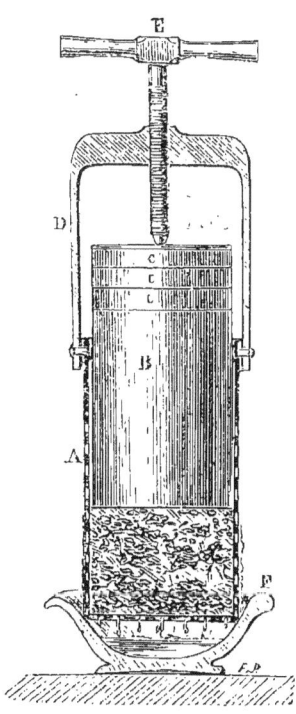

Grav. 18. — Vue extérieure du   Grav. 19. — Coupe du pressoir
          pressoir à main.   à main.

Il est bien entendu que pendant l'opération le pressoir est placé sur ou dans une terrine F assez grande pour en recueillir tout le produit; elle doit être munie d'un bec pour qu'on puisse verser facilement dans l'éprouvette le jus qu'elle a reçu. La grav. 18 est une vue extérieure et la grav. 19 une coupe du pressoir à main.

Gleucomètre. — C'est aux mesures gleucométriques, c'est-à-dire aux épreuves multipliées du gleucomètre ou pèse-moût, que l'on doit recourir pour déterminer : 1° la valeur relative des raisins des divers cépages ; 2° l'époque précise de la maturité absolue des raisins.

Le pèse-moût, gleucomètre ou densimètre, doit être le guide obligé du viticulteur dans le choix de ses cépages et dans la détermination de l'époque de sa vendange.

Dès que le moût du raisin d'un cépage, à égalité de sol, de climat, d'année et de maturité, marque au gleucomètre un degré constamment plus élevé que le moût du raisin des autres cépages, il doit leur être préféré et être classé au premier rang.

Tant que le raisin d'un cépage connu gagne ou peut gagner en degrés gleucométriques, il ne doit pas être vendangé si le 1ᵉʳ novembre n'est pas dépassé.

Ces deux préceptes essentiels de la production du vin le plus riche possible ne peuvent être appliqués d'une façon absolue ; l'infécondité de certains cépages, leur saveur et leur odeur spécifiques, leur incompatibilité avec certains sols et certains climats, le cours défavorable des saisons, et surtout les pluies et les gelées de l'automne, doivent les modifier souvent et d'une façon grave, mais ils doivent rester, dans la tête et devant les yeux du viticulteur, comme l'expression de la perfection idéale qu'il doit chercher à réaliser au prix de grands sacrifices.

Le gleucomètre est un instrument fort simple et peu dispendieux, ressemblant à tous les aréomètres et comme eux facile à employer par tout le monde. Il consiste en un tube de verre renflé à sa partie inférieure, soit en sphère, soit en cylindre, et constituant par sa partie supérieure une tige graduée portant une échelle dont le zéro occupe la partie supérieure et dont les unités, représentant un degré, augmentent en descendant jusqu'au point de jonction de la tige avec la partie renflée de l'instrument (grav. 20 et 21).

Le gleücomètre indique d'une façon absolue la densité du moût, et d'une façon relative seulement la quantité de

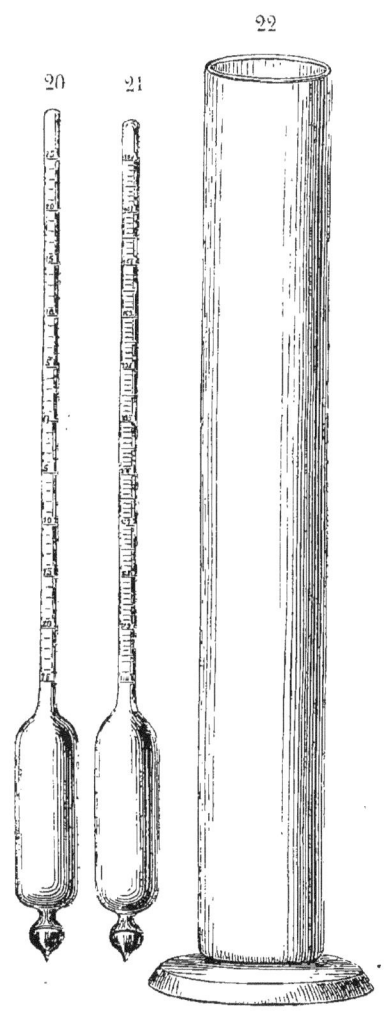

Grav. 20. — Gleuco-œnomètre.
Grav. 21. — Gleucomètre.
Grav. 22. — Éprouvette dans laquelle on plonge les instruments gleucométriques.

sucre qui concourt à augmenter cette densité : le polari-mètre donne des résultats précis sur la richesse du moût

en sucre, mais cet instrument d'optique n'est pas encore
à la portée de tout le monde, et le gleucomètre donne des
résultats approximatifs très-suffisants, surtout si son échelle,
ayant pour zéro la densité de l'eau à la température de 12
degrés au-dessus de zéro, est assez agrandie pour indiquer
des centièmes de l'augmentation de densité.

Un degré du gleucomètre représente à peu près par hectolitre 1,500 grammes de sucre, qui, à la fermentation,
produisent un pour cent, c'est-à-dire un litre d'alcool pur.
Ainsi, toutes les fois qu'on voudra ajouter au vin un degré
de plus en esprit, il faudra ajouter au moût 1,500 grammes de sucre pur de canne. Il faudrait plus de 3 kilogrammes de sucre de fécule pour donner le même résultat. Mais
le moût du raisin contient des matières non sucrées et non
réductibles en alcool qui concourent aussi à sa densité.
Toutefois ces matières n'influent que dans la proportion de
un dixième à un quinzième sur le chiffre des degrés que
marque le gleucomètre. En retranchant un douzième de ce
chiffre, on connaîtra donc en moyenne la quantité de sucre
que contient le moût. Cette approximation est suffisante
pour la pratique.

**Manière d'apprécier au gleucomètre la quantité de su-
cre d'un jus.** — Pour faire une opération gleucométrique,
il suffit d'exprimer le jus de quelques grappes de raisin
dont on veut apprécier la richesse, de filtrer ce jus à travers un linge fin, de le verser dans une éprouvette à pied
(grav. 22) et de plonger le gleucomètre dans le liquide. Le
gleucomètre s'enfonce d'autant moins dans le liquide que
le moût est plus dense, c'est-à-dire généralement plus riche
en sucre, et le degré que marque le gleucomètre au point
qui correspond à la surface du liquide indique très-approxi-
mativement les degrés de sucrage de ce liquide. Il faut seulement retrancher du chiffre obtenu une unité sur douze ;

cette unité représente à peu près les matières étrangères au sucre. Toutefois la température du jus doit avoir été préalablement ramenée à 12 degrés par une immersion suffisamment prolongée de l'éprouvette dans de l'eau récemment tirée d'un bon puits.

Cette opération est donc très-facile à faire et à répéter, elle doit être appliquée à tous les cépages différents qui constituent le vignoble, et être renouvelée aux divers degrés de maturité de leurs fruits.

On ne doit pas craindre de multiplier les opérations gleucométriques tous les ans, à chaque période de maturité qui précède la vendange et pendant tout le cours de la vendange, des pressurages et de la cuvaison; chaque opération doit être inscrite dans son ordre et à sa date dans un livre spécial, avec le nom du pays, de la vigne et du cépage. Ces opérations et leur comparaison, après quelques années, offriront un enseignement des plus importants pour les progrès de la viticulture et de l'œnologie. Le gleucomètre est la balance qui indique la richesse des moûts, comme l'alcoomètre est la balance qui indique la richesse des vins; et, bien que cette richesse pondérable ne constitue ni la finesse ni la qualité des jus, propriétés qui n'appartiennent qu'au cépage, elle représente néanmoins l'élément le plus important des vins, le sucre qui devra plus tard en constituer la force en esprit.

Rapports des degrés des moûts de raisin avec la richesse des vins qu'ils produisent. — Il importe de bien connaître le rapport des degrés des différents moûts de raisin avec la richesse correspondante des vins qu'ils produisent.

Ces rapports peuvent être approximativement établis ainsi qu'il suit :

Les moûts qui n'accusent pas plus de 6 à 8 degrés au

gleucomètre sont de petits vins, des vins qu'on ne peut prétendre faire arriver à une grande réputation en France, et, à plus forte raison, hors de France; ils peuvent être très-fins et très-délicats s'ils proviennent d'excellents cépages, mais ils ne sont pas assez *forts* pour le grand commerce intérieur et d'exportation.

Les moûts de fins cépages qui marquent de 8 à 15 degrés produisent les bons vins et les grands vins qui caractérisent plus spécialement notre belle production viticole; ce sont ceux qui jusqu'ici ont fondé dans le monde entier notre légitime réputation.

Les moûts qui s'élèvent de 15 à 24 degrés produisent des vins très-riches en alcool, en tannin et en matière colorante propres seulement à remonter des vins faibles; ou bien ils produisent des vins de liqueur dont on retrouve les analogues, avec des qualités égales ou supérieures, en Espagne, en Portugal, en Italie, à Madère et dans un grand nombre de pays méridionaux; mais ces vins ne peuvent être consommés comme boisson habituelle et abondante; ils constituent des stimulants généreux et précieux, s'ils sont bus en petite quantité, et n'ont rien qui les rattache aux vins de Bordeaux, de Bourgogne, de Touraine et de Champagne, qui sont les types des vrais vins spéciaux à la France.

Procédés employés pour transformer en vins de consommation habituelle les moûts trop riches. — Les moûts, trop riches en sucre et généralement produits par certains raisins dans l'extrême midi de la France, ont soulevé une question qui se rattache naturellement à l'époque de la vendange et aux mesures gleucométriques.

Les propriétaires qui voulaient transformer leurs moûts très-riches en vins secs et coulants, comme les vins de Bourgogne et autres vins analogues, se sont demandé s'ils n'atteindraient pas ce but en vendangeant les raisins dès

que leur moût marquerait 12, 14 ou 15 degrés au gleucomètre ; ils ont expérimenté dans ce sens et ils ont obtenu
l'effet qu'ils désiraient obtenir : d'autres propriétaires ont
attendu la parfaite maturité de leurs raisins, et ont fait
descendre le degré de leur moût à 15, 14 et 12 degrés, en
y ajoutant, avant toute fermentation, la quantité d'eau pure
nécessaire pour obtenir ce résultat.

Dans le premier cas, il y a lieu de déroger au principe
de la vendange faite le plus tardivement et à l'époque de la
plus grande maturité possible. Dans le second cas, ce principe est absolument respecté, et je pense que le dernier
mode d'opérer la réduction du degré des moûts est le plus
rationnel et le plus avantageux. Il vaut mieux, en effet,
laisser développer toute la richesse sucrée qui est la base
fondamentale de la vinosité, et étendre cette richesse à une
plus grande quantité de vin, que de supprimer cette richesse
et la proportion de vin qui lui correspondrait ; en effet, l'eau
pure constitue généralement les soixante-quinze centièmes
du vin, et quand elle est ajoutée avant la fermentation, elle
s'empare du sucre, de la matière colorante, des sels, des
acides et du tannin qui lui sont nécessaires pour constituer
le vin, surtout si la fermentation a lieu avec les pellicules
et les rafles.

**Augmentation de la richesse des moûts par l'addition
des sucres.** — Une autre question plus grave et plus dan-
gereuse a été agitée depuis bien longtemps à l'égard, non
plus de la trop grande richesse, mais, au contraire, à l'é-
gard de la pauvreté des moûts.

Ne pourrait-on augmenter le degré gleucométrique des
moûts au moyen de diverses matières sucrées? Telle est
cette seconde question, dont la solution affirmative donnée
d'une manière absolue et sans examen suffisant a contribué,
autant et plus peut-être que la plantation des gamais, chas-

selas et autres cépages grossiers, à ternir et à perdre la réputation des bons vins de France.

Oui, sans aucun doute, au moyen de matières sucrées, telles que les glucoses, les mélasses, les cassonades, le miel, les sucres de betteraves et de cannes, on fait remonter le moût de 2, de 4, de 6, de 8 degrés à 10, à 12, à 14 et à 16 degrés. Sans doute ces additions, si elles sont faites avant la fermentation, se marient parfaitement au vin; mais le résultat final de ce mariage est digne en tout point des conjoints. L'alliance du chasselas et de la glucose produit une boisson détestable, l'alliance du gamai et de cette même glucose produit un vin capiteux qui réunit toutes les qualités de l'eau-de-vie de fécule et du jus d'un raisin plat et grossier : le sucre de grains et de fécule, fermenté avec le pineau, serait moins mauvais, mais le moût de pineau seul, quelque faible qu'il soit, produirait un vin infiniment préférable et pour le goût et pour la santé : seulement il serait moins fort et n'enivrerait pas.

La fermentation n'emprunte à un raisin ou plutôt à son moût que les éléments et les qualités qui y sont contenus. D'une part, elle ne tirera jamais du gamai ce qui n'est que dans le pineau; d'autre part, les différentes matières sucrées, malgré les assertions contraires de quelques chimistes, renferment toujours les principes de leur origine. Avec le moût de grain, par la fermentation, vous obtiendrez de l'eau-de-vie de grain; avec la glucose, par la fermentation, vous obtiendrez de l'eau-de-vie de sucre de fécule; avec les diverses mélasses, cassonades et les divers sucres de betteraves et de canne à sucre, par la fermentation, vous obtiendrez des eaux-de-vie de qualités correspondantes; de même qu'avec le moût de raisin vous aurez de l'eau-de-vie de raisin. Faites fermenter la glucose seule, le sucre de betteraves et le sucre de canne seuls : distillez avec soin au bain-

marie ces trois produits de la fermentation, et vous acquer-
rez la preuve incontestable que l'eau-de-vie de glucose et
betteraves sont d'une platitude et d'un goût affreux, tandis
que l'eau-de-vie de canne à sucre est excellente au palais
et à l'estomac, et au moins égale, sinon supérieure, à l'eau-
de-vie de raisin. Bien plus, distillez de même un vin de
gamai et un vin de pineau, et l'eau-de-vie de pineau sera
délicieuse et bien supérieure à l'eau-de-vie de gamai.

Chaque plante, chaque fruit sucrés ont leur sucre spécial,
chaque sucre spécial a son alcool propre dont la chimie
peut négliger ou confondre les nuances, mais que ni le palais
ni l'estomac ne méconnaissent.

La conséquence de ce qui précède est que la seule base
d'un bon vin est un moût provenant d'un bon cépage, et
que, si ce moût est trop faible de degré, il ne peut être *remonté* que par un sucre égal ou supérieur en qualité à celui
du moût de raisin qu'il s'agit d'enrichir.

**Le sucre de canne peut seul enrichir le moût prove-
nant de fins cépages.** — Le sucre de canne pur possède
seul la qualité qui convient au bon vin. Je l'affirme à la
suite de nombreuses épreuves de distillation et de dégustation qui ont eu pour juges (d'autant plus impartiaux qu'ils
ignoraient la cause de leur préférence) des dégustateurs
experts d'Allemagne, de Russie et d'Angleterre. Tout autre
sucre, même le sucre de betteraves le plus raffiné, détériore
et rend plats les bons et les grands vins de France.

Tout viticulteur sérieux doit être muni de un ou plusieurs
gleucomètres pour les utiliser à l'étude des divers cépages
et à la détermination des époques les plus rationnelles pour
la vendange.

Plusieurs savants ou viticulteurs ont déjà fait ce travail
en diverses contrées de la France et de l'étranger, mais la
diversité des noms des cépages, la différence des climats et

12

des années ont fourni jusqu'ici des éléments bien difficiles à comparer et à rapporter à chaque pratique locale. C'est donc un travail à refaire chaque année et pour chaque cépage, et ce travail ne sera bien complété et ne sera généralement et fructueusement pratiqué que grâce aux vignobles-écoles et à l'enseignement qui y sera professé.

§ 5. — VENDANGE EN ACTION.

Je dirai maintenant quelques mots sur l'exécution matérielle de la vendange. On y procède différemment dans les différents vignobles, mais on y procède partout d'après des principes communs.

Manière de placer les vendangeurs. — Les vendangeurs, femmes, enfants, vieillards, sont munis chacun d'un panier et d'une serpette ou de ciseaux : ils sont rangés par un conducteur sur une des deux rives qui limitent la largeur de la vigne, chacun à l'extrémité d'une ligne de ceps, si les vignes sont alignées ; dans le cas contraire, les vendangeurs sont placés à la distance d'un mètre ou d'un mètre et demi les uns des autres : ils marchent ainsi parallèlement en cueillant avec soin le raisin jusqu'à la limite extrême de la vigne : puis ils reviennent en sens contraire en vendangeant une seconde zone. Ainsi de suite jusqu'à ce que toute la pièce de vigne soit vendangée. Un homme, par quatre ou six vendangeurs, prend les paniers à mesure qu'ils sont remplis et les verse dans de plus grands récipients placés à proximité et à une distance respective, préalablement calculée sur la quantité de raisin attaché au cep et appréciée à vue d'œil par le maître vigneron, qui ne s'y trompe guère.

Récipient des raisins récoltés. — *Contenance.* — Chaque récipient a une contenance de cent litres. Il doit être imperméable, afin de ne pas laisser échapper le jus du raisin qui s'y épanche en abondance dans les années de grande maturité, c'est-à-dire dans les meilleures années.

Il est doublement nécessaire que la contenance régulière du récipient soit d'un hectolitre : 1° parce qu'on peut alors se rendre facilement un compte très-approximatif de la récolte faite et du travail obtenu ; 2° parce que l'hectolitre de raisin, pesant environ 50 kilogrammes, et le récipient pesant de 10 à 15 kilogrammes, le poids à soulever et à transporter n'excède pas la force d'un homme, si l'on place sur son dos le récipient, ou bien la force de deux hommes s'ils le portent à la main, chacun par une poignée disposée à cet effet ; 3° enfin, parce que deux récipients suspendus au bât ou à la selle forment la charge d'une bête de somme.

Forme. — Les récipients des différents vignobles varient à l'infini. Les uns sont en osier, les autres en bois : les uns constituent des hottes à deux brassières, les autres des paniers à deux poignées.

Les meilleurs récipients sont sans contredit des demi-tonneaux, faits exprès ou provenant d'une futaille d'une capacité de deux hectolitres, sciée par le milieu en deux parties égales ayant chacune un fond, et munies de chaque côté d'une poignée en fer. C'est ce récipient qu'en Champagne on appelle une *caque*. Les caques doivent être échaudées, abreuvées avec soin après avoir été visitées et rebattues quelques jours avant la vendange.

Manœuvre. — Les récipients étant remplis, on les transporte hors de la vigne soit à dos, soit à bras, et on les range au nombre de 20 ou 30 sur la plate-forme d'une voiture qui les attend, ou bien on verse leur contenu dans des tonneaux ouverts par le haut, dans des cuves de vendange ou balonges fixées sur les voitures pour y recevoir directement les raisins des récipients.

Les récipients ainsi vidés sont rapportés dans la vigne pour y être remplis de nouveau; on comprend que pour ce dernier mode d'opération il faut beaucoup moins de récipients que quand ces récipients sont transportés pleins à la maison d'exploitation. Mais, en revanche, les tonneaux ouverts (gueules-bées), les cuves ou balonges de vendange deviennent inutiles quand les récipients sont emportés pleins et rapportés vides par les voitures.

Pour les vendanges précieuses et faites avec les soins nécessaires, le transport direct des raisins dans des récipients bien propres, bien solides et tout à fait étanches, doit être préféré à tous les autres moyens de transport : 1° parce qu'il évite des transvasements nombreux, entraînant souvent des pertes de jus et de raisin et une main-d'œuvre plus coûteuse; 2° parce que les raisins ne subissent pas les triturations et les immersions qui rendent très-difficiles un examen et un triage efficaces à la maison d'exploitation ; 3° parce que ces mêmes raisins, n'étant ni froissés ni réunis en grande masse, ne subissent ainsi aucun commencement de fermentation avant le moment convenable pour la bonne vinification.

Ainsi, tout propriétaire de vignes à fins cépages doit se constituer, avant la récolte, un matériel en bons récipients de vendange, suffisant pour assurer le transport des raisins sans interrompre le travail des vendangeurs.

Paniers des vendangeurs. — Les paniers des vendangeurs (grav. 23) sont en osier. Ils doivent mesurer un décimètre de profondeur à peine, mais en revanche ils doivent offrir une large surface (12 décimètres carrés au moins) surmontée d'une anse élevée de trois décimètres environ. Les paniers offrent ainsi les meilleures conditions de stabilité quand on les met à terre et d'équilibre quand on les transporte : les raisins peuvent y être déposés sans pression et tous sont facilement aperçus et vérifiés dans leurs qualités par le surveillant avant d'être versés dans le récipient. Cette faculté de voir tous les raisins dans le panier du vendangeur est indispensable à la bonne conduite de l'opération, car, soit qu'ils n'aient pas compris les prescriptions qui leur sont faites, soit qu'ils les méconnaissent par paresse, mauvais vouloir, rivalité de vitesse avec leur voisin, etc., la plupart des vendangeurs sont toujours disposés à remplir leur panier à la hâte de tous les raisins, bons ou mauvais, qui leur tombent sous la main : quelques ven-

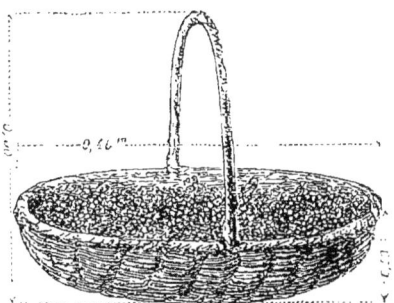

Grav. 25. — Panier des vendangeurs.

dangeurs même se plaisent à tromper le surveillant en plaçant à la surface des grappes irréprochables pour cacher les grappes demi-mûres ou vertes qui sont au fond du panier. Le panier de vendange doit donc être peu profond, et offrir une grande surface : c'est là un point essentiel, même quand la vendange doit être faite indistinctement avec tous les raisins, car, grâce à cette forme, il est facile de trier rapidement les raisins que contient le panier en plaçant directement les bons raisins dans un récipient et les mauvais raisins dans un second récipient.

Cueille, triage et nettoyage des raisins. — Chaque vendangeur est muni d'une petite serpette seulement, si le

12.

triage et le nettoyage des raisins ne doit pas être fait directement du panier au récipient comme je viens de le décrire; dans le cas contraire, le vendangeur est muni de ciseaux. Les ciseaux seuls servent à tout, à cueillir et à retrancher des grappes les parties vertes, mal mûres, grillées, gelées ou pourries. Un panier supplémentaire, entre deux vendangeurs, reçoit ces retranchements qui sont versés dans des récipients à part.

Si le triage est fait directement du panier aux récipients, il faut un double service de paniers : des femmes, choisies parmi les plus adroites et les plus intelligentes, reçoivent les paniers et en font le partage et les retranchements dans les deux récipients.

Enfin, soit à cause du froid ou de la pluie, soit pour plus de commodité ou de soin, le triage peut être fait à l'arrivée des récipients à la maison d'exploitation. Ce triage est fait avec beaucoup plus de sûreté et de perfection à la maison qu'à la vigne, parce qu'après un certain froissement et le détachement des grains les plus mûrs par les secousses, on aperçoit mieux les parties mal mûres des grappes. Quand on opère au moyen des cuves de vendange ou balonges, le triage au bâtiment du vendangeoir est à peu près impossible.

Emploi des grappes de rebut. — Les rebuts qui résultent du triage que je recommande ne sont pas entièrement perdus, ils sont mis à part et on en fait des vins inférieurs qu'on livre à la consommation locale. Tout propriétaire soigneux de ses intérêts, et comprenant l'avenir, ne permettra, sous aucun prétexte, que ces vins inférieurs, obtenus de raisins de rebut, soient livrés au grand commerce intérieur ou d'exportation.

Personnel de la vendange; travail à la vigne; transport du raisin au vendangeoir. — Il est assez facile de se rendre compte, quelques jours avant la vendange, du personnel et du matériel dont on aura besoin.

Un vendangeur peut cueillir par jour, en moyenne, avec tous les soins exigés pour une récolte de fins cépages, 125 kilogrammes ou 2 hectolitres et demi de raisins (produisant à peu près un hectolitre de vin).

Un porteur surveillant suffit à cinq vendangeurs.

Un conducteur de vendange dirige facilement vingt vendangeurs et quatre porteurs.

Une bande de vingt vendangeurs récoltera donc, en moyenne, 50 hectolitres de vendange par jour, 2,500 kilogrammes de raisins (20 hectolitres de vin): c'est là la récolte moyenne d'un demi-hectare.

Si la distance moyenne de la vigne à la maison d'exploitation n'excède pas deux kilomètres, un bon charretier avec un bon cheval transportera cette récolte dans un jour et en quatre voyages : le charretier sera toujours accompagné d'un homme qui l'aidera à charger et à décharger.

Matériel de la vendange. — Si l'on transporte la vendange dans des tonneaux gueules-bées, cuves ou balonges[1] placés sur voiture, les récipients de vendange devront toujours pouvoir contenir la moitié de la récolte de la journée, c'est-à-dire que, dans le cas spécial que j'ai choisi d'un personnel pouvant vendanger un demi-hectare par jour, il faudra au moins 25 récipients. Ils doivent être au nombre d'au moins 50 s'ils servent directement aux transports. Aux récipients il faut joindre au moins 50 paniers, 25 serpettes et 25 ciseaux.

Dépenses nécessaires pour le personnel et le matériel de la vendange. — Le matériel, tel que je viens de l'énu-

---

[1] La balonge diffère de la cuve en ce que la cuve est ronde et que la balonge est ovale et allongée pour être mieux adaptée à la plate-forme de voiture sur laquelle on doit la placer.

mérer, coûte environ 500 fr.; son entretien, ses réparations et ses remplacements nécessitent une dépense annuelle
d'un tiers du prix d'achat, soit 100 fr.

Le personnel coûte par jour en moyenne :

Vendangeurs, à 1 fr. 50 par homme, soit, pour vingt
    hommes. . . . . 30 fr.
Porteurs, 2 fr. 50 par homme; soit, pour quatre
    porteurs. 10
Équipage de transport, un cheval et deux hommes. . 10

       Total, par jour, pour le personnel. . . 50 fr.

Les frais du matériel, étant répartis sur une vendange de
dix jours, ajoutent 10 fr. par jour à la dépense du personnel,
et portent à 60 fr. la dépense définitive qu'il faut faire pour
chaque journée de vendange. C'est une dépense de 1 fr. 20
par hectolitre de raisin récolté, ou de 3 fr. par hectolitre
de vin.

Durée de la vendange. — Une vendange de dix jours
est une longue vendange : un propriétaire intelligent devra
toujours organiser son matériel et son personnel de façon
à pouvoir achever cette importante opération dans un délai
moindre, si cela est possible.

Sur les bases que je viens de poser et qui conviennent à
la vendange en dix jours de 5 hectares de vigne produisant
par hectare une récolte moyenne de 100 hectolitres de raisin, ou 40 hectolitres de vin, il est très-facile d'établir une
proportion qui convienne à la vendange d'un vignoble d'une
étendue et d'une quantité de production quelconques, en
observant toutefois que plus la récolte est abondante et parfaite, plus le travail du vendangeur est rapide et produc-
tif. Le résultat inverse se produit dans des conditions opposées.

Vendanges simultanées; vendanges successives. — Si les vignes ont été plantées de mêmes cépages dans les mêmes pièces de terre, si elles ont été naturellement ou artificiellement préservées des gelées, si elles n'ont point été grêlées et qu'on attende le plus tard possible pour vendanger, il est avantageux d'opérer toute la vendange en une seule fois. Mais, soit par l'effet des gelées de printemps, soit par suite de la coulure ou de la grêle, soit enfin à cause du mélange de cépages plus ou moins hâtifs, il y a des années où, dans certaines localités, les raisins mûrissent successivement et quelquefois à des intervalles de plusieurs semaines. C'est seulement dans ces circonstances exceptionnelles qu'il peut être avantageux de procéder à plusieurs récoltes successives : mais, lorsque cette pratique n'a pour motif que le désir de cueillir le raisin à mesure qu'il paraît suffisamment mûr, elle doit être absolument proscrite, car ce raisin, qu'il soit mûr en réalité ou en apparence, peut rester très-utilement attaché au cep en attendant la maturité des autres raisins.

Comme je l'ai déjà dit, un raisin mûr en apparence n'est pas toujours mûr en réalité, et rien n'est plus difficile et plus trompeur que le choix des raisins parfaitement mûrs au milieu de raisins encore verts. Il n'est personne qui n'ait constaté cette déception en choisissant dans les vignes quelques grappes des plus avancées pour les faire figurer sur la table.

Vendanger le plus tard possible en saison, et alors faire la vendange en une seule fois en séparant les bons raisins des mauvais raisins, telle est la règle : toute autre façon de procéder est une fâcheuse exception.

Inconvénient de pressurer le raisin sur le sol de la vigne. — Dans quelques localités, on conduit encore au pied de la vigne même des pressoirs à cuveau montés sur quatre roues, et on se hâte d'y pressurer le raisin en plein air, de peur que le jus ne se colore par suite de son séjour dans les récipients, ou par suite des froissements du transport. Les inconvénients d'une telle pratique sont beaucoup plus graves que ceux que l'on veut éviter. Le froid, la pluie, les mauvais chemins, la mauvaise assiette du pressoir, la nécessité d'emporter les récipients dans lesquels on a recueilli le moût et de les rapporter avec tous les accessoires des pressurages, tels que bêches, madriers, leviers, râteaux, entonnoirs; tout cela occasionne de fausses manœuvres, une très-mauvaise opération, et des pertes certaines en jus et en raisin.

Au moyen d'un service de transports bien organisé et surtout dans des récipients d'un hectolitre seulement, les raisins, même les plus colorés, sont amenés aux pressoirs de 10 et de 20 kilomètres de distance et produisent des moûts d'une blancheur irréprochable. C'est là une expérience faite en grand tous les ans en Champagne, où les négociants en vins mousseux récoltent ou achètent les raisins noirs et blancs à 20 et 50 kilomètres de distance, et savent les faire arriver par centaines d'hectolitres au centre de leurs opérations, sans que le jus de ces raisins soit le moins du monde coloré.

Le pressurage à la vigne n'a donc aucune raison d'être, même pour faire les vins les plus blancs : c'est à la maison d'exploitation, en lieu clos et couvert, qu'il faut faire toutes les opérations de la vinification.

CHAPITRE III

———

Je viens de dire que, pour la bonne confection des vins, toutes les opérations qui suivent la récolte du raisin doivent être accomplies à couvert dans la maison d'exploitation. Je vais parler maintenant de ces opérations.

§ 1. — NOTES A PRENDRE A L'ARRIVÉE DU RAISIN AU VENDANGEOIR.

Devoirs du chef du vendangeoir. — Quelque simple et primitive que soit la confection des vins, elle comporte une série de notions, et se compose d'une succession d'actes divers que le propriétaire, le régisseur, ou le vigneron préposé doivent parfaitement connaître.

[1] Le mot vendangeoir exprime l'ensemble des vignes et des bâtiments qui servent à leur exploitation ; il est appliqué également à un pied-à-terre, à une maison ou même à un château dont un vignoble est la principale dépendance. Le vendangeoir est à la vigne ce que la ferme est aux terres arables. On a un vendangeoir en Médoc, en Bourgogne, en Champagne, en Touraine, comme on a une ferme en Brie, en Normandie, en Picardie, etc. On appelle plus généralement vendangeoir les bâtiments spécialement consacrés à l'exploitation de la vendange.

Le chef du vendangeoir, quel qu'il soit, doit recevoir en personne les raisins à mesure qu'ils arrivent, constater leur *provenance*, vérifier leur *état*, leur *quantité*, leur *qualité* et leur *richesse*, inscrire toutes ses constatations sur un livre *de vendange*, puis faire décharger les raisins au mieux et au plus près des vases ou instruments de l'opération qu'ils sont destinés à subir.

Constatation de la provenance des raisins. — La provenance comprend la désignation de la pièce de vigne, de la contrée, de la commune d'où le raisin est récolté : le terroir et les cépages en étant connus, cette désignation répétée pendant plusieurs années, fournira par comparaison des enseignements précieux.

Constatation de l'état des raisins. — L'état du raisin est constaté par un examen direct : le raisin est ferme ou froissé, vert, mûr ou mélangé, bien ou mal trié et nettoyé.

Constatation de la quantité. — La quantité est constatée par la vérification du volume et du poids : le poids est la seule constatation certaine, parce que les tassements divers du raisin en font varier à l'infini le volume, qui peut ainsi induire en de graves erreurs. On vérifie le poids rapidement en faisant passer successivement les récipients sur une balance à bascule et en déduisant du chiffre donné le poids du récipient taré d'avance et inscrit sur sa paroi.

Constatation de la qualité. — On exprime la qualité simplement en inscrivant le nom du cépage ou des cépages dont les raisins composent le chargement.

Constatation de la richesse. — On détermine la richesse par une ou plusieurs des opérations gleucométriques que j'ai décrites.

Différence entre la richesse et la qualité des moûts. — Nous savons que le moût est le jus qui résulte de l'expression du raisin avant toute fermentation, il importe de bien savoir ce qu'on doit entendre par sa richesse. La richesse du moût est un élément utile à sa qualité, mais elle n'est pas le moins du monde la qualité.

En effet, comparons entre eux quelques-uns des moûts les plus connus et les plus différents d'origine, par exemple :

> Le moût de fécule de pomme de terre (transformée
> en glucose),
> Le moût de farine de grain (transformée en glucose),
> Le moût de betterave,
> Le moût de canne à sucre,
> Le moût de chasselas,
> Le moût de gamai,
> Le moût de muscat,
> Le moût de pineau.

Ces moûts peuvent avoir ou acquérir la même richesse, mais jamais ils n'auront la même qualité les uns que les autres. La qualité réside exclusivement dans la pomme de terre, le grain, la betterave, la canne, le chasselas, le gamai, le muscat, le pineau, c'est-à-dire dans la nature spécifique des fruits, des racines ou des tiges qui produisent directement ou indirectement des jus sucrés.

Dans chaque espèce saccharifère, on peut dégager la richesse des qualités ou des défauts qui l'accompagnent, lui enlever la plupart des odeurs et des saveurs qui la détériorent ou qui la font valoir; mais elle reste toujours spéciale à son origine : s'il en était autrement, si toutes les richesses des moûts se rapportaient à une seule, on pourrait faire une excellente boisson avec le grain seul, la pomme de terre seule, la betterave ou la canne seules; on pourrait faire de grands vins avec le chasselas, le gamai, le gouais, etc., ce qui est matériellement impossible.

Mais si cette transformation est impossible absolument, elle est impossible relativement; et le fait le prouve suffi-

13

samment, puisque la base indispensable pour donner au produit de ces mélanges adultérins une ressemblance apparente avec le vin, est le marc de raisin ; le bon sens, autant que l'expérience, indique donc que le mélange sera un produit moyen entre les qualités du sucre de pomme de terre, de grain, de betterave ou de canne, et les qualités du chasselas, du gamai, du muscat et du pineau.

La richesse du moût de raisin n'est donc pas sa qualité ; toutefois, dans le raisin comme dans la plupart des plantes saccharifères, la richesse du moût est le plus souvent et naturellement en rapport direct avec sa qualité, surtout sous un même climat, et pour un même cépage.

Je dis le plus souvent, car les grands vins nous offrent à cet égard de nombreuses exceptions dont le goût, l'odorat et l'estomac sont les meilleurs et même les seuls juges. Ainsi, la richesse des moûts du haut Médoc peut être côtée 9 en moyenne ; celle des moûts du Rhin, 9 ; celle des moûts de Champagne, 10 ; celle des moûts de Bourgogne, 12, et celle des moûts du Roussillon, 14.

La supériorité universellement accordée aux quatre premiers crûs sur le cinquième crû montre suffisamment que la richesse des moûts ne correspond pas toujours à leur qualité.

Qu'entend-on précisément par la richesse du moût de raisin ? c'est simplement la quantité de sucre fermentescible ou convertible en alcool qu'il contient. Que doit-on entendre par la qualité du moût ? on doit entendre la finesse ou la grossièreté de ce sucre, la finesse ou la grossièreté du jus qui le contient, ainsi que des acides, des sels, des huiles essentielles et des matières azotées dont l'ensemble constitue le moût ; le moût peut être pauvre et de bonne qualité ; il peut être riche et sans qualité.

Chimiquement parlant, 100 parties de moût de raisin,

supposé d'une composition moyenne, sont ainsi constituées :

Eau pure.	78
Glucose, ou sucre de raisin.	20
Acides libres (tartrique, tannique, etc.).	00,25
Sels ou acides organiques (bitartrate).	1,50
Sels minéraux.	0,20
Matières azotées (à ferment).	
Huiles essentielles.	0,05
Substances mucilagineuses et amilacées.	
Total.	100,00

Ces divers éléments du moût de raisin varient suivant les cépages, suivant leur maturité, suivant le terroir, suivant le climat et suivant l'année; et ces variations, pour les sucres, les acides libres, les sels, les matières azotées, les mucilages peuvent monter au double ou descendre au quart de leurs quantités moyennes; mais chacun de ces divers éléments garde son cachet spécifique et originel : l'eau du pineau n'est pas même l'eau du gamai, encore moins est-elle l'eau ordinaire, l'eau chimique. Les corps en fonctions végétales ou animales ont des propriétés que la science ne connaît pas encore et qui se révèlent tous les jours par des faits incontestables. C'est ainsi qu'on a dû admettre des affinités spéciales des corps en mouvement chimique à l'état naissant; c'est ainsi que l'ozone a dû exprimer un état particulier de l'oxygène, état que l'instinct des jardiniers et des cultivateurs avait senti dans l'atmosphère depuis longtemps et exprimé par le mot d'*état de séve*. Le jus de pineau, le jus de muscat, le jus de sémillon, ne peuvent pas plus être composés par la chimie, que le lait de vache, le lait de chèvre ou le sang des divers animaux.

J'ai dit, en commençant la *vinification*, que la chimie

était à l'art de faire le vin à peu près ce que la physique est à la composition musicale. Par cette comparaison, je n'ai pas voulu atténuer les immenses services que la chimie a rendus et rend tous les jours aux viticulteurs et à la vinification : loin de là, je rends au contraire le plus loyal hommage aux chimistes œnologues. L'ouvrage le plus utile à tout viticulteur est, à mes yeux, le traité de chimie appliquée à la viticulture et à l'œnologie par M. Ladrey, professeur à la Faculté des sciences de Dijon ; M. Maumené, professur de chimie à Reims, a aussi publié un précieux ouvrage sur le travail des vins : les savants chimistes Barral, Bequerel, Boussingault, Bouchardat, Braconnot, Dumas, Gay-Lussac, Liebig, Jacob, Ludersdoff, Payen, Pelouze, Thenard, etc., et à leur tête Chaptal, ont puissamment contribué à éclairer la question des vins ; personne ne le proclame plus haut et plus sincèrement que moi. Mais les services rendus consistent plutôt dans l'analyse, dans la mesure et dans l'intelligence des éléments et des phénomènes constants de la vinification, que dans la découverte de faits, de règles et de procédés tendant à modifier, à remplacer, et surtout à confectionner de toutes pièces les vins de qualité.

C'est ainsi que la découverte des vibrations sonores, les rapports comptés de leurs nombres avec les notes de la gamme, les lois chiffrées de leurs accords en vertu de ces nombres ont été des conquêtes précieuses pour la science et pour l'art ; mais longtemps avant cette découverte, l'oreille avait deviné les rapports et les lois des sons ; les règles de la mélodie et de l'harmonie étaient établies, et aujourd'hui même, l'inspiration, le génie de la musique, sont encore la source unique d'où jaillissent les chefs-d'œuvre. La science a pu aider, perfectionner les créations des compositeurs, mais elle est complétement étrangère à l'inspiration et aux qualités spéciales de ces productions.

Le compositeur du vin, c'est le cep : son esprit est à lui et non à la chimie. Ce n'est pas à une appréciation métrique qu'il faut juger les rapports encore mystérieux qui existent entre le règne végétal et le règne animal : la chimie, cette magnifique science que j'aime et que j'ai étudiée et pratiquée avec passion, n'a point encore aujourd'hui trouvé la clef de ces rapports. L'expérience, parfois funeste à l'humanité, a constaté qu'à mesure que les produits végétaux ou animaux se formulaient et se précisaient davantage dans les laboratoires à l'état de principes immédiats, ils devenaient de plus en plus impropres à l'alimentation animale ; nous en avons fini avec la gélatine chimique, Dieu veuille que le vin chimique soit épargné à l'humanité !

La chimie nous dit : Tous les sucres de fruits sont mathématiquement représentés par $C^2H^{12}O^{12}$. Ainsi, raisins de toute sorte, pommes, poires, prunes, framboises, figues, melons, $C^{12}H^{12}O^{12}$; voilà son dernier mot. Elle va plus loin : le sucre de grain et le sucre de pommes de terre sont aussi cotés par elle $C^{12}H^{12}O^{12}$. Voilà aussi leur expression : dans cette théorie ils ne diffèrent en rien de tous les sucres de fruits.

Cela est vrai pour la quantité de carbone, d'hydrogène et d'oxygène qui composent ces diverses substances ; cela est absurde pour les sens ; cela est faux pour les effets physiologiques, de même qu'il est faux que le sucre de betterave, représenté par la formule $C^{12}H^{11}O^{11}$, soit physiologiquement identique au sucre de canne, représenté également par $C^{12}H^{11}O^{11}$. Si la chimie avait à représenter la chair musculaire d'une perdrix, d'un sanglier ou d'un bœuf, elle ne pourrait le faire qu'avec la même formule C.H.O.A., avec les mêmes chiffres pour exposants et pour coefficients : et pourtant les effets sensuels et digestifs de ces chairs sont essentiellement différents.

Si les rapports des substances alimentaires ne peuvent encore être analysés et mesurés chimiquement par suite de données qui nous sont restées inconnues jusqu'à présent, ils ne peuvent être non plus souverainement jugés par une simple dégustation : ainsi la gélatine chimiquement extraite et purifiée, assaisonnée convenablement, donne des bouillons très-bons au goût, des gelées très-acceptables qui font mourir de faim un chien en trois semaines et donnent la diarrhée à un malade après six jours d'usage. Les sels de plomb donnent aux vins acides une saveur douce et séduisante et les rendent vénéneux au plus haut degré ; ainsi les sucres de grain, de pommes de terre, de betterave, associés aux vins, peuvent les rendre alcooliques, peuvent les rendre agréables à la première dégustation, mais l'usage de ces vins produira les mêmes effets physiologiques que l'alcool de grain, de pommes de terre et de betterave ; c'est-à-dire des effets matériels et moraux déplorables.

Je le répète, je n'attaque point la science chimique que je place au premier rang des sciences modernes pour ses lumières, sa logique, ses découvertes et les services qu'elle a rendus : je ne l'attaque point dans ses études et dans ses analyses œnologiques qui éclairent et guident sûrement le viticulteur dans l'intelligence et la conduite de la vinification. Mais j'attaque de toutes mes forces une erreur que les chimistes reconnaîtront bientôt eux-mêmes, l'assimilation absolue des sucres des fruits entre eux et avec ceux de grain, de pommes de terre, de betterave, etc. Je combats la substitution, à avantages égaux, de ces sucres les uns aux autres, dans la vinification, et je la combattrai de toutes mes forces : 1° parce que cette assimilation et cette substitution sont une double erreur, qui a déjà coûté à la Bourgogne et à d'autres crûs importants la moitié de leur réputation ; 2° parce que cette erreur menace le présent et l'avenir de la viticulture en France, en tuant les crûs et les cépages du même coup ; 5° parce qu'elle ruinera dix millions de vignerons, si, contre tout sens commun et contre toute vérité, elle est accréditée sous le drapeau d'une science justement estimée et naturellement appelée à éclairer et à guider la viticulture et la vinification.

Qu'importe ? dira-t-on ; si cette similitude est une vérité, la science doit la faire connaître. Périsse un pays plutôt qu'une vérité ! Soit ; mais moi chimiste, moi physiologiste, moi qui, comme vous tous, ai fait des expériences pour suppléer à la disette des vins et pour fournir de bons vins de toutes pièces à la consommation ; moi qui, depuis quinze ans, étudie *les vins* de *sucre*, sans aucun intérêt personnel ; moi qui ai vu verser sur la voie publique, et à juste titre, les vins faits avec l'eau sucrée et les marcs de raisin pineau, je dis que sans vous en douter vous propagez l'erreur, et qu'ainsi que cela arrive trop souvent aux savants, vous avez été dupes de votre bonne foi, en accueillant comme vraies des expériences trompeuses et des faits mal observés, mal étudiés et mal exposés, dont la spéculation abusera à votre grand regret.

Si Macquer a pu faire d'excellent vin blanc, en 1776, avec de mauvais verjus de pineau et des cassonades ;

Si, surtout en 1777, il a pu faire du vin meilleur encore avec le gros raisin du Midi appelé ici verjus parce que ce raisin ne mûrit jamais dans notre climat ; si M. Pétiot, en 1854 et en 1855, a pu faire, avec un produit de 60 hectolitres, 285 hectolitres de vin ayant un goût, un bouquet, un esprit, une couleur, une puissance de garde et de transport supérieurs aux 60 hectolitres de vin naturel, la vigne est tout simplement perdue, les vignerons ruinés et la France appauvrie ; car les raisins de caisse valent mieux que les verjus, et les sucres des colonies valent mieux que les sucres de betterave ; les grands vins, les bons vins peuvent dans ce cas être faits facilement dans le monde entier, et le Bordelais, la Bourgogne, la Champagne, la Touraine, etc., c'est-à-dire les deux tiers de la France, ont perdu leur autonomie et leurs richesses viticoles

Je ne terminerai point cette longue, mais importante digression, sans indiquer le moyen direct de vérifier l'exactitude des assertions qui précèdent :

Prenez une égale quantité

De glucose de fécule,
De sirop de sucre de betterave,
De sirop de sucre de canne.

Étendez séparément chacun de ces produits d'une quantité d'eau qui les ramène à 6 degrés du gleucomètre ;

Prenez une quantité pareille de moût de pineau très-mûr et de moût de gamai très-mûr aussi, ramenez-les également à 6 degrés ;

Placez chacune de ces liqueurs dans des vases de verre séparés, ajoutez la quantité de ferment nécessaire aux moûts qui en sont naturellement privés, faites-les fermenter dans un même lieu entretenu à 20 degrés de chaleur ;

Après huit ou dix jours de fermentation, distillez successivement les cinq liqueurs au bain-marie, dans un alambic étamé, en ayant soin de nettoyer parfaitement l'alambic et son serpentin à chaque opération et de recevoir chaque produit dans des vaisseaux différents ;

Ramenez chacune des eaux-de-vie obtenues à 48 degrés centésimaux, mettez-les en flacons bien bouchés, et au bout de trois mois faites- en faire la dégustation comparée par des gourmets non prévenus de leur origine.

Ils coteront :

L'eau-de-vie de fécule comme très-mauvaise,
— de betterave comme mauvaise
— de canne comme très-bonne,
— de gamai comme médiocre,
— de pineau comme très-bonne.

Aucune des cinq eaux-de-vie ne pourra être confondue avec l'autre. Faites répéter la dégustation, au bout d'un an, vous constaterez les mêmes différences encore plus prononcées. J'ai fait ces expériences consciencieusement, sans parti pris et avec grand soin, puisqu'il s'agissait d'économie commerciale dans le sucrage des vins, et les résultats obtenus ont été ceux que j'indique ici. Les différences sont moins sensibles si les produits de la distillation sont portés à 90 degrés pour être abaissés ensuite aux taux de l'eau-de-vie potable, c'est-à-dire à 48 ou 50 degrés ; car pour les esprits comme pour les autres substances, plus on les concentre vers leur état absolu de principe immédiat, plus ils perdent leur cachet d'origine animale ou végétale, plus ils se minéralisent et perdent toute odeur et toute saveur spéciale et par suite toute qualité d'assimilation nutritive ; c'est par cette raison que les esprits concentrés et rectifiés étendus d'eau ou mêlés au vin ne reprennent point les qualités alimentaires qu'ils avaient primitivement dans les jus fermentés.

La provenance, l'état, la quantité, la qualité et la richesse des raisins amenés à la maison d'exploitation étant constatés et inscrits, la vendange [1] est déchargée et placée immé-

---

[1] Dans la plupart des vignobles, le mot vendange a une double acception. Il signifie d'abord la récolte des raisins, mais on appelle aussi vendange le produit de cette récolte, c'est-à-dire les raisins récoltés. Ainsi on dit en inspectant les récipients pleins de raisin : *Voilà de la belle ou de la mauvaise vendange; faites égrapper cette vendange*, etc.

13.

diatement dans le pressoir si l'on veut obtenir des vins blancs, ou dans la cuve si on veut avoir des vins roses ou rouges.

§ 2. — ÉGRAPPAGE.

Soit qu'on ait recours au pressoir ou à la cuve, soit qu'on veuille obtenir des vins blancs, roses ou rouges, il est une opération préalable et commune à tous les vins ; cette opération est l'égrappage.

L'égrappage consiste dans la séparation des grains du raisin de la queue qui les porte, c'est-à-dire de leurs pédicelles et de leur pédoncule ; on opère cette séparation pour le foulage, le pressurage ou la cuvaison.

Influence de la rafle sur la qualité du vin. — On appelle *rafle* le pédoncule ramifié de la grappe, devenu entièrement ligneux si le raisin est parfaitement mûr, demeuré vert si la maturité est imparfaite.

La rafle, si elle est conservée au pressurage ou si elle participe à la cuvaison, ne peut céder au moût et au vin qu'un principe astringent, dont la base principale est le tannin ; ce principe est utile dans les vins blancs chargés d'albumine, il est même employé comme remède efficace contre la maladie des vins blancs qu'on appelle la graisse ; il n'est ni nuisible à l'estomac ni désagréable au goût s'il est en faible proportion dans le vin blanc ou dans le vin rouge : il donne d'ailleurs du corps au vin et n'est pas étranger à sa fermeté et à son bon goût ; mais si ce principe contient du tannin en excès, le vin est dur, acerbe, astringent, désagréable au goût et lourd à l'estomac.

L'observation et l'expérience ont également constaté dans presque tous les vignobles les avantages et les inconvénients de l'association de la rafle aux opérations de la vinification : aussi la moitié des vignobles de France repousse l'égrappage, et l'autre moitié le pratique avec soin; cette divergence d'opinion et d'action ne se manifeste pas seulement dans des régions opposées et à l'égard de vins essentiellement différents, elle existe dans le même département, dans le même arrondissement, dans la même commune, et chacun y garde sa façon d'opérer et se félicite de ses résultats; je citerai, comme exemple de cette confusion, la haute Champagne, le département de la Marne, où on produit le vin le plus uniforme de tous, le vin mousseux.

Cela prouve que l'opération de l'égrappage ne touche pas essentiellement aux bases fondamentales de la vinification, et j'en suis, pour ma part, profondément convaincu.

Influence des pepins et des pellicules sur la qualité du vin. — La rafle est moins nuisible à la qualité des vins que les pepins et les pellicules, qui contiennent des huiles grasses et des matières albumineuses en excès; les pepins surtout contiennent les éléments les plus nuisibles à la délicatesse et à la santé des vins dans lesquels ils ont longtemps macéré. L'épepinage, pour les vins rouges, est beaucoup plus important que l'égrappage.

Cas où l'égrappage est utile. — Pour les vignobles à vins durs, astringents, forts en alcool et d'une longue durée, l'égrappage est utile et même nécessaire; il est nuisible pour les vins légers, d'une faible durée et d'une mollesse reconnue; pour les vins blancs qui subissent immédiatement l'action de la presse et dont les jus ne macèrent ni avec la rafle, ni avec la pellicule, ni avec les pepins, l'égrappage est à peu près indifférent, puisque la rafle, qui certainement résiste à l'action du pressoir, n'a pas le temps de céder au moût son tannin sous l'influence de la macération. C'est là, pour les vins blancs délicats et légers, une cause de faiblesse et de maladie à laquelle on pourrait remédier en suspendant des rafles dans un sachet au milieu des moûts en fermentation après le pressurage, on éviterait ainsi l'obligation où l'on se trouve souvent plus tard de rendre à ces vins du tannin extrait de la noix de galle pour précipiter leur excès d'albumine.

Quoi qu'il en soit, l'égrappage est une opération des plus faciles et des plus rapides à exécuter : elle est presque toujours accompagnée ou suivie du foulage et de l'écrasement des grains.

On conçoit aisément que quand il s'agit de produire les vins blancs, c'est-à-dire de livrer immédiatement la vendange au pressoir, l'égrappage et l'écrasement des grains diminuent beaucoup le volume et la résistance des résidus à presser. La rafle, qui occupe un espace considérable, a disparu, le moût renfermé dans les grains s'est écoulé naturellement pour les deux tiers de sa quantité ; le résidu à presser constitue donc à peine le quart du volume primitif de la vendange, c'est-à-dire qu'un pressoir à coffre ou à cuveau qui n'aurait reçu que 15 hectolitres ou 1 mètre cube et demi de vendange non égrappée et non foulée, peut recevoir et presser 60 hectolitres de raisins égrappés et foulés. L'égrappage et le foulage, dans les vendanges importantes à vins blancs, peuvent offrir une utilité mécanique et pratique de premier ordre.

Toutefois, lorsqu'on n'a à sa disposition que des pressoirs à plate-forme inférieure ou *maie*, sans entourage ni encaissement, le foulage pratiqué à côté ou à la surface de la maie est toujours utile et économique en expulsant préalablement le plus de jus possible sans pression ; mais l'égrappage est nuisible à l'édification du marc, que l'on dresse comme un fromage, au milieu de la maie, le pourtour de la maie restant libre pour faciliter l'écoulement du jus. Les rafles assurent la liaison et le soutien du marc, qui ne pourrait se maintenir si les grains étaient isolés. Je conseille donc d'agir à cet égard au mieux des opérations de pressurage et selon les coutumes et facilités du pays, parce que le vin n'en sera ni meilleur ni pire, l'égrappage n'étant point un principe, mais un détail de la vinification.

Égrappage au trident. — L'égrappage est pratiqué de diverses façons : la plus simple est celle indiquée par la gravure 24. Les raisins à égrapper emplissant à moitié un

Grav. 24. — Égrappage au trident et au baquet.

baquet B, un individu, homme ou femme, armé d'une fourche en bois à trois dents A, plonge cette fourche dans les raisins et l'y agite en la retournant rapidement; par ces mouvements, les grains se détachent de leurs pédicelles, tombent au fond du baquet, tandis que les rafles, plus légères, se dégagent et montent à la surface où on les saisit avec la main pour les jeter dans un baquet à part.

Égrappage à la trémie. — Un moyen plus rapide est indiqué par la gravure 25. Une trémie D, plus ou moins grande, longue d'un mètre au moins, s'ouvre par sa partie inférieure dans un demi-cylindre à jour, dans lequel se meut un volant B B à manivelle C (grav. 25). Les raisins

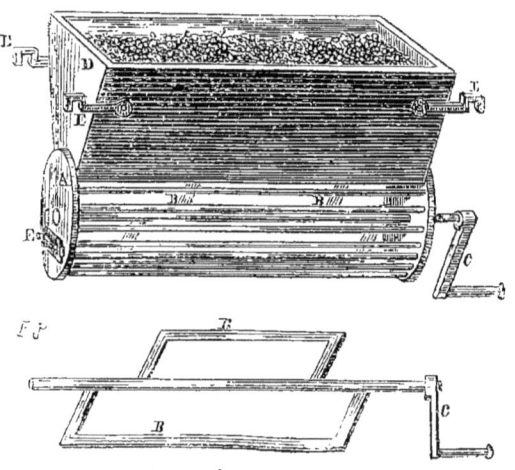

Grav. 25. — Égrappoir à la trémie.

jetés dans la trémie sont saisis par le volant et frottés entre eux ainsi que contre les tringles du demi-cylindre, tringles arrondies et séparées par des intervalles de un centimètre et demi : par ces mouvements et ces frottements, les grains sont détachés et tombent hors du demi-cylindre, tandis que les rafles y demeurent arrêtées par les tringles et s'y amassent; quand elles y sont en assez grande quantité pour gêner l'opération, on les extrait par une petite porte E, pratiquée à l'extrémité du demi-cylindre, opposée à la manivelle. Cet appareil est installé soit sur le pressoir, soit sur la cuve, soit sur un récipient mobile qu'on vide sur le pressoir ou dans la cuve.

Égrappage au grillage. — La meilleure installation d'égrappage et la plus économique consiste dans un cadre

horizontal (grav. 26) garni d'un grillage B en tringles de
bois de deux centimètres carrés, croisées à angle droit, assemblées à mi-bois et *affleurées* en dessus, présentant entre
elles des trous carrés de 2 centimètres. Ce cadre est mobile
pour qu'il soit plus facile à nettoyer, on l'adapte sur quatre
pieds A A et il est entouré d'un rebord D en planches de
25 à 30 centimètres de haut; l'appareil représente ainsi
une table creuse, de $1^m.30$ carrés, sur quatre pieds à hau-

Grav. 26. — Égrappoir à grillage horizontal.

teur de poitrine d'homme, le châssis à claire-voie forme le
fond de cette table. Quatre hommes dont les bras sont nus
occupent les quatre côtés de la table; ils enlèvent et versent
au milieu d'eux un hectolitre de raisins, puis ils agitent et
frottent ces raisins à la surface du châssis : les grains
tombent à travers les trous de la table sur un plan incliné C,
à rebords de trois côtés, qui les dirige, ainsi que le jus qui
s'en échappe, soit dans la cuve, soit dans le pressoir placé

au-dessous, soit dans la trémie d'une fouloire interposée entre la table d'égrappage et la cuve ou le pressoir.

Quelques mouvements des bras des quatre hommes suffisent pour qu'il ne reste plus sur la table que les rafles, qui sont réunies en un tas qu'un des égrappeurs enlève et jette dans un tonneau ouvert placé à côté de l'appareil; ces rafles sont ensuite tassées dans des fûts, pour fournir plus tard, ainsi que les marcs, une quantité d'eau-de-vie assez importante à la distillation.

En deux minutes et demie, tous les temps de l'égrappage d'un hectolitre de raisin sont exécutés; l'atelier d'égrappage suffit donc au travail de 240 hectolitres de raisin par jour, c'est-à-dire à la production de près de 100 hectolitres de moût.

§ 3. — FOULAGE OU ÉCRASEMENT.

Si l'égrappage n'est pas indispensable à la confection des bons vins, en revanche, l'écrasement des grains du raisin soit avec leur rafle, soit isolés de cette rafle, est nécessaire et doit être exécuté préalablement au pressurage pour les vins blancs, et préalablement à la cuvaison pour les vins rouges. C'est à tort que la plupart des traités d'œnologie appellent foulage cet écrasement préliminaire. Le véritable foulage est celui qui est donné au raisin contenu dans les cuves en fermentation. Le foulage direct par machines est très-différent dans son but et dans ses effets du foulage pratiqué par des hommes nus piétinant dans la cuve en ébullition. L'écrasement préliminaire, soit au moyen d'appareils spéciaux, soit à mains, soit à pieds d'homme, est tout à fait de rigueur, et c'est sa bonne exécution qui rend le foulage à la cuve moins indispensable.

Écrasement des raisins à pieds d'homme. — L'écrasement préliminaire des grains de raisin sous des pieds d'homme est le meilleur procédé; c'est celui qu'on pratique dans le haut Médoc, et qu'on peut pratiquer partout : le poids de l'homme suffit à vaincre la résistance de tous les grains de raisin, et la souplesse et l'élasticité des chairs de la plante des pieds permet à tous les pepins de résister à l'écrasement; il est, selon moi, très-important de laisser les pepins intacts, et de ne pas livrer leur amandes huileuses, féculentes et albumineuses à la macération.

Les pieds de l'homme, bien lavés avant l'écrasement, ne peuvent et ne doivent inspirer aucune répugnance ; s'il en était autrement, les mains devraient elles-mêmes être pros-crites dans la préparation de nos aliments, ce qui serait ab-surde, puisque cette préparation deviendrait à peu près impossible. Je conçois que l'immersion de l'homme tout entier dans le vin échauffé par la fermentation soit absolu-ment interdite, et je le conçois d'autant mieux qu'ayant bien des fois, avec des camarades de collége, foulé des cuves bouillantes par plaisir et pour prendre des bains que nous supposions toniques, nous avions à résister à certaines en-vies qui n'avaient rien de favorable à la vinification, et je suis profondément convaincu que la plupart des fouleurs sont peu scrupuleux à cet égard ; mais, quand bien même on pourrait compter sur la conscience et la réserve des ac-teurs, le lavage de la superficie d'un corps en transpiration par le vin échauffé à 25 et 30 degrés introduit réellement dans le vin des éléments nuisibles à ses bonnes qualités.

L'écrasement de la vendange froide par des pieds nus bien lavés n'offre aucun de ces inconvénients ; les sabots ou autres chaussures inflexibles écrasent très-facilement les pepins, et doivent être proscrits par cette seule raison.

Sur un plan incliné de 1 centimètre par mètre, plat de 1^m.50 de large sur 2 mètres de long, garni tout autour d'un rebord de 10 à 15 centimètres de hauteur, et présentant à sa partie la plus déclive un trou et un goulot d'écoulement, on verse un hectolitre de vendange que l'écraseur étale et broie avec ses pieds une première fois, puis avec un petit râteau en bois il relève et ramasse en un tas la masse aplatie et attend un instant que le jus s'en écoule; puis il recommence le piétinement et procède de la même façon deux ou trois fois. Le jus ainsi obtenu est versé dans les cuves où les pellicules, pepins et rafles sont également portés et remis dans le jus s'il s'agit de faire des vins rouges, tandis qu'ils sont portés aux pressoirs s'il s'agit d'obtenir des vins blancs. Plusieurs écraseurs peuvent opérer à la fois sur un même plan incliné plus ou moins étendu.

Si les raisins ne doivent pas être égrappés, on peut se contenter de les écraser avec soin dans les récipients, cuves ou balonges qui les amènent de la vigne et de les jeter ainsi broyés directement dans la cuve de fermentation, si l'on veut faire des vins rouges. Si l'on veut faire des vins blancs, on verse les raisins sur la maie ou dans le coffre du pressoir, où l'on peut achever de les piétiner par parties avant de les soumettre à la presse.

Le résultat essentiel à obtenir, pour les vins blancs, est de faire écouler des grains le plus de jus possible à l'avance, de crever tous les grains pour diminuer la masse à presser et sa résistance à la pression. Pour les vins rouges, le but est de désagréger les parties constituantes du raisin, de mélanger les jus, le ferment, la matière colorante, et de multiplier leurs contacts avec l'air pour assurer à la fermentation une marche rapide, uniforme, et pour faciliter la meilleure dissolution et la meilleure combinaison possibles de tous les éléments du vin entre eux. Si cet écrasement préalable est bien fait, par quelque méthode que ce soit, on rend plus simple et plus facile le foulage à la cuve, qui d'ailleurs a un tout autre but que celui du foulage ou écrasement préalable.

Écrasement mécanique des raisins. — La meilleure machine pour opérer l'écrasement des grains de raisin et la plus employée est celle qu'a imaginée M. Loméni et que plusieurs praticiens ont utilement modifiée. Elle consiste dans deux cylindres en bois, cannelés B B (grav. 27), tour-

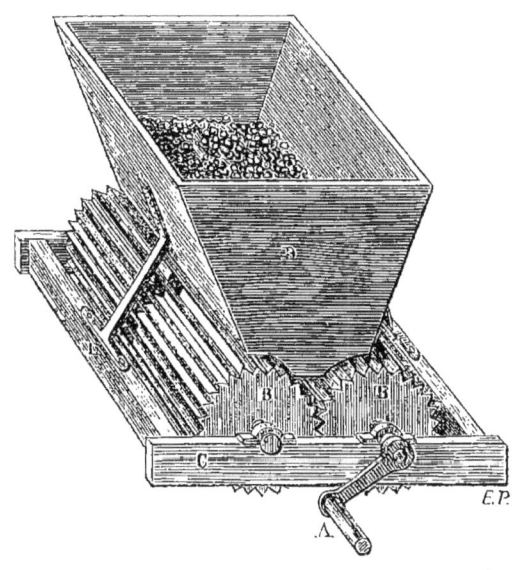

Grav. 27. — Machine Loméni, pour écraser le raisin.

nant parallèlement l'un contre l'autre et en dedans, ajustés à la partie inférieure d'une trémie D, dont ils forment ainsi le fond. A mesure que le raisin égrappé ou non égrappé tombe dans la trémie D, fixée au châssis C, qui porte les cylindres par deux pattes en fer E, il est saisi par les cannelures, entraîné et écrasé dans son passage entre les deux cylindres mis en rotation par une manivelle A fixée à l'extrémité de l'un d'eux. On dispose l'appareil de manière que la circonférence de chaque cylindre soit dans toute sa longueur distante de 3 à 5 millimètres de l'autre cylindre, afin que les pepins puissent passer dans cet intervalle sans être écrasés. Cette machine, suffisante pour le foulage préliminaire que nécessite la confection des vins blancs, peut être installée sur le coffre d'un pressoir, et recevoir dans sa trémie le jus et les grains tombant de l'égrappoir; elle peut écraser ainsi une quantité de vendange plus considérable que celle que fournit l'atelier d'égrappage, et un enfant suffit pour entretenir son mouvement.

Que l'on fasse ou qu'on ne fasse pas l'égrappage, je recommande l'écrasement ou foulage préalable, comme indispensable à la prompte et bonne confection des vins blancs et rouges. Je recommande de faire exécuter cette opération par les procédés et avec les ustensiles dont chacun dispose : pourvu que l'opération soit faite, les moyens les plus simples et les plus économiques pour l'accomplir sont toujours les meilleurs.

§ 4. — PRESSURAGE DES RAISINS ET TRANSVASEMENT DU MOUT.

On appelle pressurage l'ensemble des opérations dont la principale est la pression exercée au moyen du pressoir sur les raisins ou sur les marcs de raisin pour en extraire le jus qu'ils contiennent. Le pressurage s'applique également à la préparation de tous les vins blancs, rosés, rouges ou bleus; l'importance de cette opération est plus grande pour les vins blancs que pour les autres vins. En traitant de chaque genre de vin, je parlerai du pressurage qui lui est spécial; mais je crois devoir traiter d'abord la question commune du pressurage et du pressoir.

Pressoir et pressurage. — *Pressoir Dezaunay et opérations sur tous les pressoirs à maie.* — J'ai vu fonctionner la plupart des pressoirs anciens et modernes, j'en ai fait fonctionner un grand nombre et j'en ai fait exécuter un dans les conditions qui me semblaient les plus parfaites, pourtant il ne vaut pas mieux que les autres et vaut beaucoup moins que le pressoir de M. Dezaunay, de Nantes (Loire-Inférieure), et surtout moins que le pressoir inventé par M. Benoît, et appelé pressoir Troyen.

Bien que je n'aie pas eu l'occasion d'expérimenter le pressoir Dezaunay, je le juge excellent à cause de son mécanisme si savamment simple et de ses dispositions rationnelles et tout à fait convenables à la grande majorité des localités : je le juge aussi sur l'approbation d'un homme des plus compétents en toutes choses de l'agriculture, de M. Barral. Pour faire comprendre le mécanisme de ce pressoir, j'emprunte en même temps et la gravure et la description qu'en a données M. Barral dans son excellent ouvrage *le Bon Fermier* (page 728).

« Une vis est solidement placée au centre du pressoir Dezaunay, grav. 28, et est maintenue dans l'immobilité par un fort scellement au-dessous de la poutre qui supporte transversalement un des plateaux de l'appareil. Ces plateaux sont du reste appuyés aux quatre coins sur quatre piliers en maçonnerie.

« Un écrou fixé dans la roue dentée A monte et descend le long de la vis et vient presser le support B et le blain C, qui sont en bois. Le blain appuie sur un système de planches et de madriers mobiles sur lequel est placée la vendange.

« Pour exercer la pression, deux ouvriers font tourner les volants E à l'aide des poignées dont ils sont munis, et, par suite, les pignons coniques D montés sur les mêmes axes. Ces pignons entraînent la roue dentée A qui descend le long de la vis avec son support B et le blain C, pour exercer sur le marc une pression réglée à volonté. Vers la fin du travail, les ouvriers, montés sur les madriers de cou-

Grav. 28. — Pressoir Dezaunay.

verture pour manœuvrer les volants E, descendent dans la
maie pour agir sur les leviers G, auxquels ils donnent un
mouvement vertical alternatif, de manière à opérer par percussion.

« Le pressoir de M. Dezaunay est disposé d'une manière
commode; on applique trois vitesses différentes, selon le nombre d'ouvriers employés, mais de façon à avoir toujours la
même pression, et par conséquent un résultat final identique
comme rendement de moût : il coûte de 600 à 1,000 fr.,
selon les dimensions. »

Sur le pressoir Dezaunay comme sur tous les pressoirs
qui ne sont ni à coffre ni à cuveau, les raisins frais égrappés ou ce qui vaut mieux non égrappés, les raisins foulés
ou non foulés, cuvés ou non cuvés, sont versés et accumulés au milieu de la vaste plate-forme qu'on appellle la *maie;*
là ils sont étalés et dressés en une espèce de fromage rond
ou carré, d'environ 2 mètres de diamètre ou de côté, sur
$0^m.60$ à $0^m.80$ de hauteur, on les dresse ainsi à la pelle et
au rateau, puis on en bat le pourtour avec le dos de la
pelle, parfois on soutient les bords par des planches droites
ou courbes, le plus souvent on les laisse libres. Lorsque le
marc est ainsi dressé on place dessus deux bâtons cylin-
driques de $2^m.50$ de long et $0^m.10$ de diamètre, parallèles
à $0^m.60$ du centre du marc débordant le marc de $0^m.25$ par
chacune de leurs extrémités; sur ces deux bâtons on pose
perpendiculairement à leur direction une série de madriers
qui, juxtaposés et *jointifs*, forment un plancher continu au-
dessus du marc et le débordent; le marc est ainsi placé
entre deux planchers, l'un fixe (la maie) et l'autre mobile.
Perpendiculairement à la direction des madriers on pose à
$0^m.30$ les uns des autres de six à huit potelets ou pou-
trelles, on superpose à celles-ci de quatre à six autres potelets perpendiculairement à leur direction, et ainsi de suite

jusqu'à ce qu'on arrive sous le blain, sous le mouton ou sous les poutres de pression. C'est alors qu'on fait jouer les leviers, rouets, calendres, cabestans, treuils, vis, pompes, roues dites *à coups de marteau*, etc., pour abaisser vigoureusement les poutres de pression, moutons, blains ou pistons de machines hydrauliques, selon le pressoir qu'on possède. Cette pression qui écrase et étend le marc (élargissement prévu et auquel on a paré par le débordement du plancher) doit être faite avec mesure et lenteur pour laisser aux jus le temps de s'écouler. Lorsque la pression est à son maximum, on attend que le jus cesse de couler, on relève les blains, moutons, etc., on enlève les potelets, les madriers et les bâtons, on coupe à la bêche ou à la hache toute la partie du marc qui dépasse le pourtour primitif, on relève ce bêchage à la pelle, on le jette et on l'étale sur le marc, puis on remet les bâtons, les madriers, les potelets, et l'on donne une seconde pression; on recommence jusqu'à quatre fois la double opération de bêchage et de pression. La pression est appelée *serre* ou *pressée*, le bêchage est appelé *coupe* ou rebêchage, un pressurage maximum comporte quatre *coupes* et cinq *serres*.

Pressoir Troyen et sa manœuvre. — Le pressoir Troyen, inventé par M. Benoît, a une construction et un mécanisme plus compliqué que le pressoir Dezaunay, son prix est aussi plus élevé, il varie de 1,500 à 2,000 fr., mis en place : mais il est plus simple comme installation et on peut l'interposer avec une grande facilité dans les opérations d'égrappage et de foulage et dans celles de débourbage et de mise des moûts en tonneaux.

A l'aspect de la gravure 29, on reconnaît un meuble comme une commode, comme un piano, qu'on peut placer partout, mais ce meuble est lourd et puissant comme une locomobile.

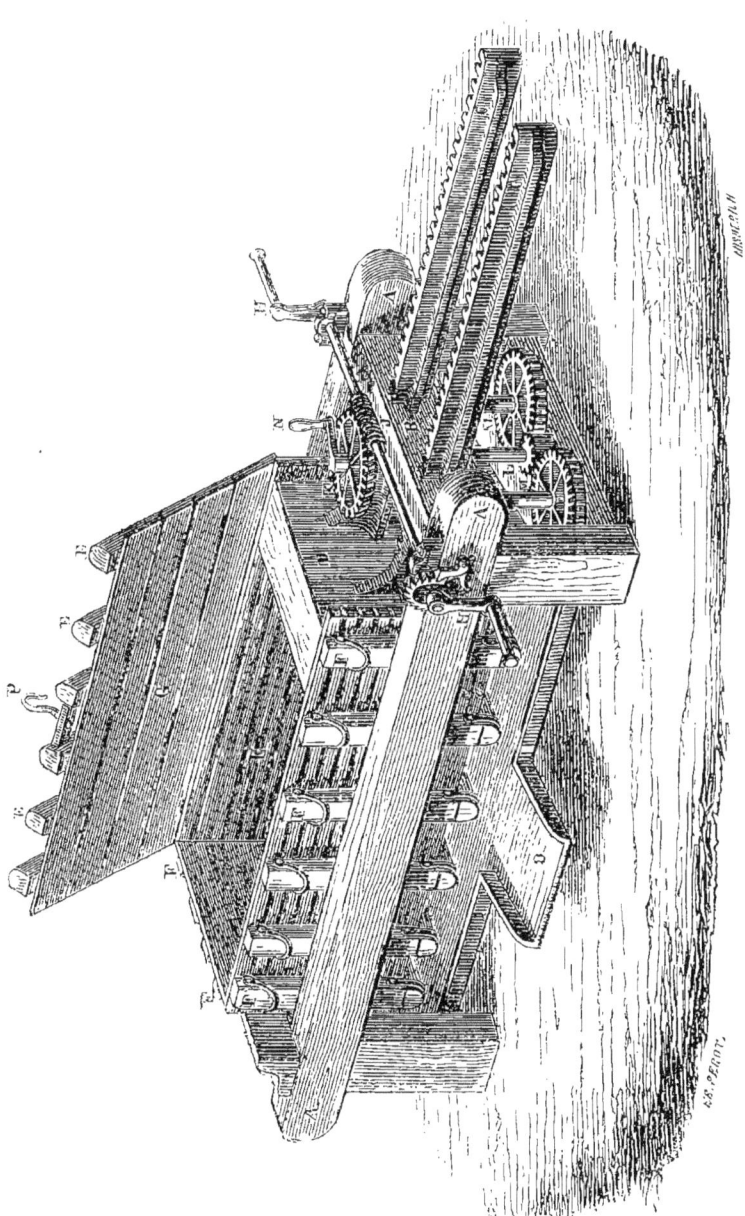

Grav. 29 — Pressoir Troyen.

Un châssis rectangulaire AAKO, formé de quatre pièces de chêne de $0^m.40$ de hauteur sur $0^m.30$ d'épaisseur assemblées par de puissantes équerres en fonte boulonnées à tous les angles intérieurs et extérieurs, présente un parallélogramme reposant sur quatre pieds aussi vigoureux que le châssis.

Ce châssis par ses côtés AABA et par sa traverse d'arrière, cachée dans la gravure 29 par la paroi FF, sert de support et de point d'appui à un coffre à claire-voie dont les parois verticales de l'arrière et des côtés FFFE, ainsi que la paroi horizontale du fond, sont constituées par des claies à barres horizontales soutenues contre la pression par des potelets de $0^m.20$ sur $0^m.15$, en chêne, placés à $0^m.50$ les uns des autres et reliés entre eux par des brides en fer. Un couvercle G, formé de planches de chêne jointives soutenues par des potelets EEE, s'abat sur le coffre et le ferme solidement au moyen des étriers en fer qu'on voit en FF à la partie supérieure des potelets verticaux, étriers qui se relèvent pour brider tous les potelets correspondants EE du couvercle, lorsqu'il est abattu.

Un piston rectangulaire D, plateau de chêne de $0^m.30$ d'épaisseur sur $0^m.80$ de hauteur et $1^m.25$ de largeur, pouvant recevoir un mètre et demi de course, complète la fermeture du coffre.

Ce piston est commandé par deux énormes crémaillères CC en bonne fonte douce, fortement implantées par leur base élargie et fixées à boulons sur le piston D, pour de là s'étendre horizontalement en CC, en traversant la pièce de bois du châssis B par deux mortaises pratiquées selon la configuration de leur coupe transversale.

Ces deux crémaillères sont commandées par deux lanternes portées par l'axe vertical des rouets d'engrenage en fonte MM, lesquelles sont commandées à leur circonférence par le pignon L, qui leur est commun. Les trois axes reposent inférieurement dans trois crapaudines portées sur la traverse inférieure aux rouets, et sont solidement tenus à leur partie supérieure par des colliers fixés en dedans de la traverse B. L'axe du pignon L porte à sa partie supérieure une roue en fonte à dents obliques K, laquelle roue est commandée à son tour par une vis sans fin J, qui reçoit elle-même le mouvement d'une barre horizontale commandée par les manivelles HH.

Sous l'action des deux manivelles et du puissant mécanisme qu'elles commandent, le piston s'avance dans le coffre, avec lenteur sans doute, mais avec une force irrésistible : le jus coule à travers les claies dans la maie et arrive de toutes parts au déversoir O, pour se rendre soit dans un baquet où on le puise pour le vider dans la cuve de débourbage ou dans les tonneaux, soit dans un entonnoir dont la douille traverse le plancher, et communique à des tubes qui conduisent le moût dans les cuves à l'étage inférieur.

Un double rocher doit être placé près de chaque manivelle pour retenir par son encliquetage la barre transversale de la vis sans fin, car la réaction du marc pressé est tellement puissante, qu'il fait reculer le piston et marcher vigoureusement les manivelles en arrière si les encliquetages des rochers ne les retiennent pas. Chacun sait, d'ailleurs, qu'il faut s'arrêter de temps en temps dans le pressurage des marcs pour donner aux jus le temps de céder à la pression et de s'écouler.

Aussitôt que la première serre est complètement terminée et que le jus ne coule presque plus, on procède au desserrage : à cet effet, on éloigne la vis sans fin J de la roue à dents obliques K par un glissement ménagé à l'un des paliers qui portent les coussinets dans lesquels tourne l'axe qui la commande, et au moyen de la manivelle N, on rappelle les crémaillères et le piston par l'action directe du pignon L ; le desserrage est ainsi opéré rapidement ; puis on abat de dessus les potelets du couvercle les étriers FFF, etc., et, au moyen d'une paire de moufles accrochées d'une part et en permanence au plafond du local, et d'autre part au crochet P du couvercle, on soulève le couvercle et on ouvre le pressoir. Les deux hommes qui suffisent à toutes les manœuvres descendent dans le coffre, et, à l'aide d'une pioche et d'une bêche, ils brisent, retournent et étendent le marc de nouveau dans toute la caisse, un peu diminuée par une, deux, quatre ou six claies placées devant le piston pour que le marc emplisse de nouveau et également la capacité du coffre. On referme alors le pressoir, on remet en place la vis sans fin et l'on donne la seconde serre. On donne ainsi de suite jusqu'à cinq serres et quatre béchages ou coupes ; mais, avec le pressoir Troyen, deux coupes et trois serres suffisent pour exprimer tout le jus du raisin, jusqu'à rendre le pain du marc aussi dur et aussi sec que du bois.

Une opération complète de pressurage en vin blanc dure de 5 à 6 heures pour 20 pièces de 2 hectolitres de vin, c'est-à-dire pour 100 hectolitres ou 5,000 kilogrammes de raisin : en travaillant nuit et jour, un double atelier de pressurage pourrait produire 80 pièces de 2 hectolitres en 24 heures, c'est-à-dire pressurer en vin blanc 400 hectolitres ou 20,000 kilogrammes de raisin, environ la récolte moyenne de quatre hectares de vigne. Un pressoir dessert une étendue de vignes plus que double, exploitée en vin rouge.

J'ai étudié pendant dix ans six pressoirs Troyens, en fonction pour vins blancs ; j'affirme que leur service est excellent. Les égrappoirs, placés à un étage au-dessus, laissent tomber le jus et les grains dans la trémie d'un fouloir Lomeni. Ce fouloir est installé sur le coffre ouvert du pressoir où les grains crevés et les jus s'accumulent naturellement jusqu'à ce que les grains remplissent le coffre, tandis que les jus se sont écoulés dans la maie qui les a conduits dans les cuves de débourbage, placées à un étage au-dessous des pressoirs.

Aucune disposition de pressoir ne m'a paru jusqu'à présent aussi propre que celle du pressoir Troyen, à un vaste vendangeoir organisé industriellement ; le pressoir de M. Dezaunay me semble mieux devoir convenir dans les installations les plus simples et les plus ordinaires.

Pressoir Guillory. — Je ne terminerai pas la description des pressoirs sans mentionner au moins celui de M. Guillory aîné, président de la Société industrielle d'Angers ; ce pressoir joint, à une simplicité plus grande encore que celle du pressoir de M. Dezaunay, le mérite de coûter un prix moitié moindre : une maie, une vis centrale, un blain ou mouton, les pièces ordinaires pour recevoir la pression de ce mouton, un système de percussion des plus simples et des plus énergiques, faisant descendre le mouton par un volant et un écrou, tel est le résumé des dispositions essentielles du pressoir de M. Guillory.

Nécessité de la propreté des pressoirs. — Je n'ai pas be soin de dire qu'avant toute opération les pressoirs ont dû être nettoyés, lavés et abreuvés à l'eau chaude dans toutes les parties qui doivent être en contact avec le raisin et avec les jus qui s'en écoulent. Le lieu où l'on place le pressoir doit être préalablement débarrassé avec soin de toute poussière, toiles d'araignées, excréments d'oiseaux ou de volaille, etc. Ce nettoyage doit être entretenu tous les jours pendant toute la durée des pressurages.

Transvasement du moût. — A mesure que les moûts coulent et s'accumulent dans le réservoir ou *barlong* (on appelle barlong un grand baquet en bois de chêne ou en

14.

pierre de cinq à dix hectolitres de capacité qui reçoit les vins de la maie du pressoir), on y puise au moyen d'un demi-seau à anse appelée *sapine*, et au moyen d'une écope quand il ne reste plus qu'une petite quantité de vin, et on verse le tout dans un vaisseau plus grand, semblable, pour les dimensions, à une feuillette placée debout et dont le fond supérieur serait enlevé. Ce vaisseau, qu'on appelle en quelques pays une *tine*, est muni aux deux tiers de sa hauteur de deux crochets ou demi-colliers en fer, sous lesquels deux porteurs passent deux bâtons formant brancard et servant à porter la tine comme une chaise à porteurs jusqu'auprès de la cuve *de débourbage*, s'il s'agit de vins blancs, ou jusqu'auprès des tonneaux à remplir, s'il s'agit de vins blancs, rouges, rosés ou bleus. Une ou deux sapines servent à vider la tine dans la cuve ou dans les tonneaux et, dans ce dernier cas, un entonnoir elliptique de $0^m.60$ sur $0^m.40$, à longue douille placée à l'un des foyers de l'ellipse du fond, est disposé sur le tonneau pour recevoir le jus sans déperdition.

§ 5. — CUVES ET CUVAISON. — VINÉE.

Cuves et cuvaison. — Les cuves sont de vastes récipients parfois en pierre, ordinairement en bois, mais toujours à un seul fond, qu'on remplit de raisins ou de moûts pour les y faire fermenter. Contrairement à ce qui s'observe à l'égard des pressoirs, les cuves jouent un rôle plus important dans la confection des vins rouges que dans celle des vins blancs ; ce n'est qu'accessoirement que les vins blancs séjournent un moment dans la cuve pour s'y débarrasser de leur grosse lie et s'y éclaircir un peu, en un mot pour s'y débourber, c'est le mot adopté pour exprimer ce premier dépôt des jus.

Cuve le débourbage. — Il est d'une excellente pratique

de faire passer les moûts destinés à produire les vins blancs par la *cuve de débourbage :* on appelle ainsi une cuve de 20 à 30 hectolitres de capacité, dans laquelle on met déposer les jus sortant du foulage et du pressoir pendant 12 ou 24 heures, pour laisser le moût s'y éclaircir par la précipitation des matières étrangères les plus lourdes au fond de la cuve où elles s'amassent sous forme de lie, et par l'élévation à la surface du liquide, sous forme d'une croûte écumeuse composée des matières étrangères les plus légères.

Tube en verre pour indiquer le niveau du moût dans la cuve. — La cuve doit être en bon chêne, cerclée en fer et munie à l'extérieur d'un tube en verre de $0^m.02$ de diamètre, communiquant en haut et en bas avec l'intérieur de la cuve pour indiquer le niveau du moût qu'elle contient. Vis-à-vis ce tube est placée une échelle graduée en divisions correspondantes à un hectolitre ou à un demi hectolitre de la capacité de la cuve. Ce tube sert à indiquer la quantité de moût contenue dans la cuve, il sert aussi à indiquer le moment où le débourbage est opéré ; en effet, le moût que ce tube renferme s'éclaircit en déposant sa lie et en élevant son écume exactement comme le moût contenu dans l'intérieur de la cuve. Aussitôt que le débourbage est terminé et que le liquide est éclairci dans le tube, le moment est venu de mettre dans des tonneaux le moût dont on a préalablement écumé avec soin la surface. Le robinet de tirage est placé au-dessus du fond de la cuve à une hauteur qui dépasse la lie, hauteur que l'expérience et le tube de verre indiquent suffisamment.

Pompes et tubes pour conduire le moût. — Le moût est conduit du pressoir dans la cuve de débourbage, soit au moyen de la tine et des sapines, soit au moyen de hottes en bois étanches, soit au moyen d'une pompe puisant dans le barlong et foulant le moût dans un tube de cuir ou de fer-blanc qui vient aboutir à la cuve ; mais, si cela est possible, on place les cuves de débourbage à un étage inférieur à l'étage qu'occupent les pressoirs, et les moûts sont conduits directement des pressoirs dans les cuves au moyen de tubes fixes ou mobiles de fer-blanc ou de cuivre étamé.

Exagération de l'importance attribuée au débourbage, aux pompes, tubes, etc. — Je ne me lasserai pas de répéter à chaque opération, comme celle du débourbage, qui est bonne sans être essentielle, que ce ne sont pas ces opérations, bien ou mal faites ou même tout à fait omises, qui font le bon ou le mauvais vin. Ayez de bons cépages, récoltez leurs raisins bien mûrs, séparez-en proprement le jus des pepins, des pellicules et des rafles comme vous pourrez, pourvu que ce soit avant toute fermentation : mettez le jus en tonneaux le mieux possible, pourvu que les tonneaux soient neufs ou récemment vides de vins blancs, d'eau-de-vie ou d'alcool de bon goût et, que vous soyez riche ou pauvre, bien ou mal outillé, dans une mesure comme dans un beau bâtiment, vous ferez d'excellent vin blanc.

J'insiste sur ce fait absolument vrai, parce que beaucoup de gens, de bonne ou de mauvaise foi, préconisent une foule de procédés de détails sans importance, et, tandis qu'ils affectent d'apporter les soins les plus minutieux et souvent les plus dispendieux à faire de bons vins, ils plantent leurs vignobles de gros cépages, ils provignent et fument à outrance, ils ajoutent même de l'eau et des sirops de glucose à leurs jus, persuadés ou voulant persuader qu'en égrappant, qu'en débourbant, qu'en employant des pompes et des tuyaux de conduite, ils arrivent à faire des vins merveilleux ; c'est tout simplement de la fourberie ou de l'absurdité.

Si donc j'ai indiqué et si j'indique plus loin les moyens

les plus convenables et les plus rationnellement propres à garantir la meilleure vinification possible ou probable, je ne mets pas entre les procédés les plus riches et les plus compliqués, et les procédés les plus pauvres et les plus simples dans toutes les périodes réunies de la confection des vins, la différence de 1 degré sur 12 dans la qualité définitive. Dites-moi le nom de vos cépages, dites-moi le degré de maturité de leurs raisins au moment de la vendange; assurez-moi que vous avez fait vos vins blancs sans mélange et sans addition de sucre ni d'alcool, dans des vaisseaux propres et sans mauvais goût, et je classerai vos vins pour leur véritable qualité sans m'enquérir du reste.

Cuves à vins rouges. — Les cuves destinées à la confection des vins rouges doivent être en bois de chêne, et être toutes, autant que possible, de la même capacité et de la même forme.

La capacité d'une cuve doit être de 40 hectolitres si on veut y traiter 32 hectolitres de moût, et de 50 hectolitres si on veut y traiter 40 hectolitres de moût; on joindra avec avantage à la série des cuves de même jauge qu'on aura adoptée une cuve de demi-capacité et une cuve d'un quart de capacité. La jauge de 50 hectolitres pour en tirer 20 pièces de deux hectolitres est la meilleure contenance. (Diamètre 1^m.90 en haut et en bas, 2 mètres au bouge, c'est-à-dire à la partie la plus renflée de la cuve et à l'extérieur du bois; 2 mètres de hauteur, à l'extérieur de la cuve; 1^m.85 à l'intérieur; le jable, c'est-à-dire la rainure intérieure qui reçoit les fonds des tonneaux et des cuves à 0^m.12 de l'extérieur du fond; on appelle aussi jable l'extrémité des douves qui déborde les fonds.)

Forme des cuves. — La forme des cuves ne doit être ni celle d'un cône tronqué à base inférieure, ni celle d'un cône tronqué à base supérieure; la cuve doit avoir la forme d'un tonneau, c'est-à-dire qu'elle doit être à bouge avec une flèche de $0^m.05$ pour deux mètres de hauteur. Cette forme offre des conditions de solidité symétrique qui l'emporte sur toutes les autres formes, dans les cuves comme dans tous les autres vases de la tonnellerie; elle présente aussi de grands avantages pour le montage, le serrage du fond et le battage des cercles, etc.

L'épaisseur des douves doit être de $0^m.03$ au moins, et celle des *chanteaux* (planches qui forment les fonds des vaisseaux vinaires) d'au moins $0^m.04$; les cuves doivent être garnies en haut de 4 cercles en fer (de $0^m.05$ de large sur 5 millimètres au moins d'épaisseur), et en bas, de 4 cercles pareils. Le quatrième cercle, en haut et en bas, est appelé *sommier;* il est placé à l'extérieur du jable. Les sommiers doivent être plus serrés que les autres cercles, et, de peur qu'ils tombent par suite de la dessiccation du bois, on doit les fixer en place de $0^m.50$ en $0^m.50$ de leur circonférence au moyen de vis à bois.

Durée des cuves. — Les cuves en cœur de chêne, sans aubier, durent un temps indéfini, un siècle par exemple, si, hors du temps très-court où l'on s'en sert, elles sont à l'abri de toute pluie et de toute humidité; elles n'ont donc pas besoin d'être peintes : leur peinture d'ailleurs ne resterait pas propre et ne serait pas sans inconvénients. La nécessité des manœuvres de la vendange, les rebattages annuels indispensables, les débordements des jus qui ont lieu quelquefois, tout se réunit pour engager à construire les cuves en chêne brut, comme on l'a fait jusqu'à présent. Chaque cuve doit porter en un point le plus apparent un numéro d'ordre qui la désigne nettement dans les livres, dans les ordres donnés et dans les rapports faits.

Vinée. — *Rangement des cuves dans la vinée.* — Le lieu du vendangeoir où les cuves sont rangées est appelé *vinée, cuverie* ou *cuvier*. Les cuves doivent être dressées en rang le long des murs, et l'on doit laisser libre devant elles un large espace pour les voitures et les manœuvres de la vendange. Une vinée ou un cuvier qui n'aurait que 8 mètres de largeur ne pourrait contenir qu'un rang de cuves, bien que la cuve n'ait qu'un diamètre de deux mètres : 1° parce qu'il faut un passage d'au moins 0^m.50 entre le mur et les cuves pour les manœuvrer, surveiller leurs fuites, etc.; 2° parce que les apports de raisins, soit à voiture, soit autrement, le placement des baquets de sou_tirage, le placement des tonneaux à remplir, le va-et-vient de l'exportation des marcs, etc., tout cela nécessite un es-pace d'au moins 5 mètres 50 centimètres; pour qu'il y ait deux rangs de cuves il faut donc un espace de 11 à 12 mètres.

L'aire des vinées doit être bien nivelée ou présenter une légère pente générale vers le centre de son grand axe pour faciliter le nettoyage et l'écoulement des liquides; elle doit être solide, en béton battu, dallée ou pavée; la distance de l'aire au plancher doit être de quatre mètres au moins, bien que les cuves n'aient que deux mètres de hauteur, car les cuves doivent être élevées d'abord à 50 ou 60 centi-mètres au-dessus du sol, et la hauteur de 1^m.40 à 1^m.50 qui reste est nécessaire aux opérations de nettoyage, d'en-lèvement ou d'entassement des marcs après les pressurages. Enfin les vinées doivent être munies de fenêtres vitrées, pour qu'on puisse ouvrir ou fermer, tantôt pour aérer la vinée, tantôt pour la clore et la tenir chaude.

Installation des cuves dans la vinée. — Chaque cuve doit être montée sur une barre très-solide, qui n'est autre chose qu'une véritable poutre horizontale, dressée parallèlement au mur à 1^m.50 de distance de ce mur, et dont les deux extrémités reposent sur deux paliers ou blocs en bois ou en maçonnerie; cette barre est entaillée au niveau des deux parties correspondantes du jable de la cuve, de façon que le fond de la cuve porte partout sur la barre. La cuve doit être posée sur sa barre, de telle sorte que la direction des planches ou chanteaux de son fond soit perpendiculaire à l'axe de la barre. Cette disposition est prise pour que l'énorme poids du liquide contenu dans la cuve ne puisse faire fléchir son fond.

La cuve montée sur sa barre est dans un équilibre instable, et on peut la faire osciller en arrière et en avant; cette disposition est indispensable au service, du moins il faut qu'on puisse incliner la cuve en avant, parce que, quand on abreuve la cuve, c'est-à-dire lorsqu'avant la vendange on y verse de l'eau pour faire renfler son bois, il faut faire pencher la cuve pour écouler cette eau par le trou qui est pratiqué en avant au plus près du fond; il faut encore faire pencher la cuve pour activer la sortie des dernières gouttes du vin quand on procède au décuvage; enfin il faut pencher la cuve pour la descendre et la remonter sur son siége lorsqu'elle a été *rebattue*[1], réparée et nettoyée avant la vendange.

On rend stable l'équilibre des cuves par quatre blocs en bois debout, de 60 à 70 centimètres de hauteur, échancrées à demi-épaisseur, sur 10 à 15 centimètres de hauteur à leur partie supérieure : deux à l'arrière de la cuve, et deux à l'avant à distance égale entre eux et les deux extrémités de la barre; la partie échancrée sous la cuve, la partie longue, formant épaulement en dehors; des cales en coin

---

[1] Rebattre une cuve ou un tonneau, c'est raccourcir ses cercles que la dessiccation du bois a rendus trop grands, et les remettre en place en les battant fortement pour les serrer. Les instruments du rebattage sont les *chiens* pour forcer les cercles à entrer, les *sergents* pour les maintenir, les *chassoirs* et les *maillets* pour les faire descendre.

placées entre le jable et la partie basse du bloc complètent
la stabilité : la cuve doit toujours pencher de 0ᵐ.02 à 0ᵐ.05
en avant.

Chauffage et aérage des vinées. — Dans toute vinée à
vins rouges précieux, on doit ménager une place pour un
fourneau au moyen duquel on puisse, au besoin, élever la
température de tout l'emplacement, porter cette température et la maintenir au moins à vingt degrés au-dessus de
zéro. C'est là une faible dépense, qui d'ailleurs peut servir
à plusieurs fins également indispensables à remplir dans
tout vendangeoir important.

Ce fourneau peut porter une chaudière assez vaste pour
contenir l'eau bouillante nécessaire au nettoyage et à
l'abreuvage de toute la cuverie et de toute la tonnellerie. La
chaudière doit être celle d'un appareil distillatoire, c'est-
à-dire que, surmontée d'un chapiteau, elle doit pouvoir
fournir au besoin, par des tubes de prolongement de sa
trompe, la vapeur nécessaire, soit à l'abreuvage des cuves,
soit au réchauffement des moûts de ces cuves, comme je le
dirai plus loin. Pour éviter les tubes de prolongement et
l'embarras qu'ils causent à la circulation, j'ai fait monter
sur quatre roues un petit générateur (de 3 hectolitres) en
fer avec son fourneau pour abreuver sur place les foudres et
les cuves. Cette disposition rend des services pour l'abreuvage rapide des grands fûts; mais la fumée que produit le
fourneau ne permet pas de l'employer pour les réchauffements des moûts. Une chaudière, générateur fixe, dans un
angle de la vinée, avec tubes de conduite de vapeur fixés
aux murs ou aux planchers, avec robinets de distribution,
est un établissement plus dispendieux, mais infiniment plus
convenable.

Toutes les fois qu'on a une vinée à construire, à réparer
ou à compléter, il faut prendre des dispositions telles qu'on

soit facilement maître de régler à volonté la température intérieure, soit en l'échauffant artificiellement, soit en la ra-
fraîchissant par des courants d'air.

Appareil de réchauffement des cuves. — Il est nécessaire
que chaque cuve soit munie d'un appareil de réchauffement;
cet appareil est des plus simples, il consiste dans un tube
de fer étamé, entrant dans la cuve à $0^m.50$ à la droite du
trou du robinet, un peu au-dessus du fond de la cuve, descendant sur ce fond pour y décrire la forme d'un U et ve-
nant ressortir à $0^m.50$ à gauche du trou du robinet aussi
bas que possible sur le jable. Ce tube doit être scellé et
rendu étanche à son entrée et à sa sortie de la cuve; pour
réchauffer les moûts on donne au tube par l'orifice de droite
la vapeur qui se condense en parcourant le tube, et l'eau
de condensation s'écoule dans un baquet par l'orifice de
gauche.

Une fois maître de la température extérieure et de la
température intérieure aux cuves, le conducteur du vendangeoir dirige la fermentation à son gré; mais, s'il ne peut
prendre aucune de ces dispositions, il y suppléera de son
mieux, et à la rigueur il s'en passera parfaitement et sans
grand regret, car, si sa vendange est composée de raisins
de fins cépages et bien mûrs, le vin se fera tout seul et se
fera excellent dans la cuve quelle qu'elle soit. Si les raisins
sont verts ou s'ils proviennent de gros cépages, il ne sera
jamais possible d'obtenir un bon vin dans les meilleures
cuves, dans les meilleures vinées, munies des meilleurs appareils.

§ 6. — TONNEAUX ET CHANTIERS.

Tonneaux. — Un tonneau est un cylindroïde creux renflé
à son milieu, dont les parois sont en planches ou douves

arquées reliées fortement entre elles au moyen de cerceaux
en bois ou en fer. Chacune des deux extrémités du cylindre
est fermée par un fond plan et rond.

Les tonneaux destinés à recevoir les vins blancs doivent
être neufs, ou bien avoir contenu des vins blancs ou des
spiritueux de bon goût, parce que les mauvais goûts ou les
matières colorantes, notamment celles que contiennent les
vins rouges, se dissolvent et se répandent dans les vins au
moment de la fermentation des moûts, de façon à en altérer
à tout jamais la couleur, la saveur et l'odeur. Quant à l'absence de tout mauvais goût, les tonneaux ou vaisseaux destinés aux vins rouges ont besoin des mêmes conditions que
les tonneaux destinés aux vins blancs, mais on conçoit que
ces tonneaux peuvent sans inconvénient avoir contenu
d'autres vins rouges, puisque l'excès de la coloration n'est
pas à redouter pour eux.

Dès qu'on a choisi des tonneaux de bonne qualité, ils
doivent être, quelques jours avant la vendange, visités, reliés, rebattus, abreuvés et rincés à l'eau chaude, puis rincés
de nouveau à l'eau froide, puis bondonnés et mis à couvert
en lieu frais et humide comme un cellier ou une cave.

Au moment où l'on veut se servir des tonneaux, ils
doivent de nouveau être rincés et éprouvés à l'eau chaude
et à l'eau froide, vidés et égouttés avec soin, puis rangés
par ordre, solidement calés, la bonde en haut, sur deux
pièces de bois appelées chantiers, qui les élèvent à environ
0^m.30 du sol.

Chantiers. — On appelle *chantier* un système de sup-
ports de tonneaux composé des deux longrines parallèles
entre elles, longues de 4 à 6 mètres, assemblées à 0^m.40 ou
0^m.50 l'une de l'autre par trois fortes entre-toises, l'une au
milieu, chacune des deux autres à environ 0^m.40 de chaque
extrémité des longrines. Les entre-toises et les longrines

sont ordinairement en chêne, mais elles pourraient être en bois blanc, imprégné de sulfate de cuivre. Les chantiers peuvent être en brique, en plâtre, pierre et mortier; mais les chantiers en bois valent mieux parce qu'ils sont mobiles.

Utilité des chantiers. — L'objet essentiel des chantiers est de tenir les tonneaux élevés à une certaine hauteur qui permette de les visiter, de reconnaître leurs fuites, et surtout d'en retirer le vin, ce qu'on appelle soutirer. Dans les celliers et les caves, les chantiers ont aussi pour but d'éviter au tonneau et à ses cercles le contact immédiat d'un sol humide qui les ferait promptement pourrir [1].

§ 7. — SOUTIRAGE.

Soutirer, c'est transvaser du vin, sans sa lie, d'un tonneau dans un autre tonneau. On soutire au moyen d'un robinet placé au bas d'un des fonds, robinet sous lequel on doit pouvoir mettre un baquet, une sapine, un bassin quelconque. On opère aussi les soutirages au moyen d'un grand siphon dont on descend une branche dans le tonneau par la bonde, et dont l'autre branche s'abaisse au devant du tonneau. Dans ce cas, comme pour l'emploi du robinet appelé aussi fontaine ou cannelle, il est également nécessaire que le tonneau soit assez élevé pour qu'on puisse placer au-dessous de lui le vase dans lequel on veut recevoir le vin.

Soutirage au robinet. — Le soutirage, on le voit, a pour but de séparer le vin parfaitement limpide de son dépôt

---

[1] M. Masson-Four dans la *Maison rustique du dix-neuvième siècle* et M. Mauny de Mornay dans son excellent livre du *Vigneron* traitent en détail et beaucoup mieux que moi, des vaisseaux vinaires, des pressoirs, des chantiers et de tout le matériel de la vendange et de la vinification. J'engage mes lecteurs à consulter ces deux ouvrages.

appelé lie et de replacer le vin pur dans un autre tonneau fraîchement vidé et rincé et ayant contenu le même vin. Cette opération est exécutée généralement au moyen d'un gros robinet planté au bas d'un des fonds du tonneau (celui qui est le plus accessible aux manœuvres) ; un va-et-vient rapide de bassins ou de sapines est établi sous ce robinet ouvert, et les sapines ou bassins pleins sont versés dans le tonneau vide au moyen d'un large entonnoir. Lorsque le vin est épuisé jusque près de la surface de la lie, le robinet fournit très-peu de liquide que le tonnellier examine avec soin et qu'il étudie au moyen d'un petit vase d'argent appelé *tasse*. Ce vase est large et peu profond; le fond à facettes en est brillant et révèle à l'œil exercé la moindre trace de trouble causée par le mélange de la lie au vin. Aussitôt que la limpidité de la liqueur paraît altérée, l'opération principale est terminée; le restant du liquide est mis à part pour être réuni à d'autres résidus qu'on appelle *bas vins*. On peut encore, quand on dispose d'une grande quantité de bas vins, les laisser déposer, les coller et en tirer une certaine quantité de vins clairs, soit pour boisson intérieure, soit pour vin ordinaire ; mais généralement, quand le soutirage est bien fait, les bas vins ne méritent d'être conservés que pour la distillation, comme les marcs et les lies des débourbages.

Soutirage au siphon. — Un autre moyen de soutirage très-usité consiste dans l'emploi du siphon en cuivre étamé ou en fer-blanc, avec tube ou pompe d'amorce avec ou sans robinet de décharge; l'emploi du siphon qui soutire les vins par la bonde est souvent préférable à l'emploi du robinet, parce qu'il évite le percement du fond des tonneaux et les jaillissements et pertes de vin qui ont souvent lieu au moment de l'implantation du robinet. Les avantages du siphon, qui sont en outre d'être toujours *sous la main* pour transvaser un tonneau dans un autre tonneau, sont balancés par les soins qu'il faut prendre pour ne pas agiter la lie et ne pas la mélanger avec le dernier vin pur à extraire : on peut faire plus de bas vins avec le siphon qu'avec le robinet.   . .

Quoi qu'il en soit, un ou plusieurs siphons doivent toujours faire partie du mobilier d'un vendangeoir.

§ 8. — COLLAGE OU CLARIFICATION.

Le collage est une opération qui a pour but la clarification des vins.

On fait le collage des vins au moyen de gélatine, d'albumine ou d'une autre matière animale glutineuse, telle que le sang, le lait, la colle de poisson, les blancs d'œufs, etc., délayés dans une certaine quantité de vin extrait du tonneau. La dissolution ou le mélange étant opérés souvent avec addition d'eau, on verse le tout dans le tonneau dont on agite fortement le contenu au moyen d'un bâton introduit par la bonde et agité vivement et fortement en tout sens; on retire le bâton, on remet le bondon et l'on attend six à huit jours avant de procéder au soutirage. La colle ainsi répartie dans tout le liquide y forme un nuage trouble et glutineux qui s'abat lentement sur la lie en entraînant toutes les matières qui altéraient ou pouvaient altérer la limpidité du vin.

Le meilleur collage pour les vins fins est celui qu'on pratique au moyen de blancs d'œufs frais. Deux blancs d'œufs délayés dans un litre de vin dans lequel on a fait dissoudre dix à quinze grammes de sel de cuisine blanc, suffisent au collage d'un hectolitre de vin; quatre blancs d'œufs peuvent donc coller parfaitement un tonneau de deux hectolitres. Lorsqu'on veut coller un grand nombre de tonneaux, on

prépare toute la colle qui sera nécessaire et on la distribue
successivement dans les pièces à coller dans la proportion
que je viens d'indiquer.

§ 9. — EXPLORATION DE L'ÉTAT DU VIN.

Puise-vin. — Un petit instrument qui n'est pas moins
utile, quoique moins important que le siphon, c'est la
pompe à main ou *puise-vin*, ou *chante-pleur*. Le puise-vin
est un tube de fer-blanc de 25 à 30 centimètres de long,
ordinairement formé de deux cônes réunis base à base sur
leur circonférence, dont le diamètre est de 25 à 30 millimètres; l'un des cônes, l'inférieur, a environ 5 centimètres
de longueur et est percé à son sommet d'un trou de 3 à
4 millimètres; l'autre cône de 20 à 25 centimètres de longueur est tronqué à sa partie supérieure, qui n'a plus alors
que 15 millimètres de diamètre; cette ouverture est fermée
par une plaque soudée, percée d'un petit trou de 2 millimètres au centre, cette plaque se prolonge en une queue
qui se replie en col de cygne et se soude au grand cône le
long duquel cette queue redescend de 5 centimètres.

Un ou deux doigts de la main droite étant passés dans
cette anse ou queue, on applique le pouce sur le trou de la
plaque de façon à le fermer, on plonge le puise-vin dans
la bonde de la pièce de vin, et, lorsque son anse touche le
bois, on lève le pouce : le vin pénètre dans l'instrument
par le trou inférieur, en en chassant l'air par le trou supérieur ouvert, et, lorsqu'il en a rempli en partie la capacité,
on ferme de nouveau le trou supérieur en y réappliquant
fortement le pouce. On retire ainsi l'instrument, qui reste
plein de vin tant que le pouce reste appliqué, et qui verse
le vin où l'on veut aussitôt qu'on lève le pouce. Le puise-
vin est indispensable pour étudier, observer, peser, goûter

les vins dans les caves; il est plus commode que le foret ou
la vrille, qu'on ne peut employer sans percer deux trous
et sans avoir deux faussets ou chevilles pour boucher ces
trous.

Le propriétaire viticole doit toujours avoir à la main,
quand il veut apprécier l'état de ses vins, la tasse d'argent
dont j'ai parlé page 257 et un puise-vin.

Forets. vrilles, vilebrequins. seaux, doloires. — Le puise-
vin ne dispense pas d'avoir un ou plusieurs forets ou vrilles,
des faussets et broches préparés à l'avance pour fermer les
trous, un vilebrequin avec mèches anglaises pour poser les
robinets, et des disques en chêne taillés sur le calibre des
mèches pour fermer solidement les ouvertures pratiquées
au moyen de ces mèches. Ces disques sont désignés générale-
lement sous le nom de *seaux;* ils diffèrent des bondons
en ce qu'ils n'ont guère plus d'épaisseur que les parois du
vaisseau vinaire, et qu'ils y sont fixés comme pièce à demeure, et rasés *à fleur* au moyen de la hache qu'on appelle
doloire.

CHAPITRE IV

CLASSIFICATION DES VINS

—

§ 1. — ÉLÉMENTS DE LA CLASSIFICATION DES VINS.

Jusqu'après l'écrasement, le jus du raisin est toujours resté engagé en grande partie du moins, sinon avec la rafle que l'égrappage a séparée, du moins avec la pellicule d'enveloppe et avec les pepins du grain de raisin.

S'il s'agit de transformer le moût en vin blanc, la séparation du moût des matières qui lui sont étrangères doit être aussi rapide et aussi complète que possible. Or, la rafle, la pellicule et les pepins sont complétement étrangers au moût, c'est-à dire au jus sucré du raisin, convertible en vin par la fermentation, donc il faut séparer la rafle, la pellicule et les pepins du jus pur des raisins.

Composition de la rafle. — La rafle est composée de ligneux, de tanin, de chlorophylle si elle est verte ; elle contient des sels organiques et inorganiques, surtout du bitartrate de potasse.

Composition de la pellicule. — La pellicule contient les mêmes sels que la rafle, de la cellulose, du tanin, une huile essentielle et surtout une matière colorante bleue, rouge ou jaune.

Composition des pepins. — Les pepins contiennent des substances amylacées et une huile grasse, du gluten, de

15.

l'albumine, du tanin, et des sels organiques et minéraux.

Action de la rafle de la pellicule et des pepins sur la fermentation. — Ces trois parties constituantes du raisin n'ont aucun élément qui puisse être converti directement en alcool, c'est-à-dire qu'ils ne fermentent pas. Mais, sans constituer précisément la fermentation vineuse, ils en activent et en précipitent les périodes. On pourrait donner une idée de leur action en la comparant à celle du bois enflammé activant la cuisson d'un pot-au-feu à côté duquel il est placé, seulement le bois en combustion serait, dans ce cas, placé dans le bouillon et lui céderait par conséquent beaucoup de ses éléments ou des produits de sa propre combustion. Le bouillon en serait-il meilleur ou plus mauvais?

Influence du mode de fermentation sur le vin. — Le vin est-il amélioré ou détérioré par sa fermentation tumultueuse avec la rafle, la pellicule et les pepins? Sans vouloir résoudre actuellement ces questions, j'affirme seulement que le vin qui a fermenté en contact avec la rafle, la pellicule et les pepins est très-différent du vin fermenté en dehors du concours de la rafle, de la pellicule et des pepins : ce dernier vin est *blanc*, l'autre vin est *rouge*; et l'antithèse exprimée ici seulement par l'opposition de la couleur ne réside pas le moins du monde dans cette différence de couleur, qui n'est qu'un accident. La différence consiste dans les propriétés hygiéniques spéciales et souvent opposées de ces deux sortes de vin. On fait aujourdhui des vins rouges qui ont toutes les propriétés hygiéniques des vins blancs et l'on peut faire des vins blancs qui possèdent toutes les propriétés hygiéniques des vins rouges; il suffit pour obtenir ce dernier résultat de faire fermenter le moût des raisins blancs avec leurs pellicules, leurs pepins et leurs rafles, c'est-à-dire de les faire cuver comme les vins rouges ; on obtient ainsi tous les effets d'une décomposition rapide et de la dissolution par macération des principes et des produits étrangers au jus du raisin.

Vins à basse fermentation. — J'appelle *vins à basse fermentation* les vins résultant de la fermentation du moût séparé des pepins, des pellicules et des rafles.

Vins à haute fermentation. — J'appelle *vins à haute fermentation* les vins qui ont fermenté avec toutes les parties constituantes du raisin.

Vins de macération. — J'appelle *vins de macération* les vins à haute fermentation dont on prolonge la cuvaison ou le contact avec les marcs bien au delà de l'époque de la fermentation chaude.

Vins de presse et vins de cuve. — On peut aussi distinguer les vins d'après le mode très-différent de leur confection. Je donne aux vins blancs le nom de *vins de presse*, parce qu'ils ne subissent que l'action du pressoir pendant le temps qui s'écoule entre la vendange du raisin et la mise en futaille du moût, et je donne aux vins rouges, aux vins rosés et aux vins de macération le nom de *vins de cuve*, parce que la cuvaison, plus ou moins prolongée, leur donne leur caractère spécial.

Je ne tiens point à faire accepter ces diverses dénominations, qui sont loin d'être absolument exactes, je les présente comme le plus court moyen de bien exposer ma pensée sur la nature des différents vins, et comme offrant les points de vue les plus propres à diriger les idées et les observations ultérieures sur leur confection, leurs qualités et leurs effets hygiéniques.

Mais j'insiste sur la distinction vraie des vins obtenus par la fermentation du jus du raisin, parfaitement isolé de ses accessoires, et des vins obtenus par la fermentation du jus du raisin, avec tous ses annexes ou du moins avec une partie de ses annexes, distinction tout à fait indépendante de la couleur.

La couleur est sans influence sur la qualité des vins.
— Rien n'est plus étranger et plus indifférent à la qualité
des vins que la couleur. Elle peut être un signe, un indice,
elle n'est jamais une qualité par elle-même. Pour la plupart
des consommateurs, la couleur est une garantie de nature,
de pureté et de force dans le vin [1].

C'est parce que la couleur est en général regardée comme
un signe de qualité, que le mauvais commerce s'en sert
pour commettre des fraudes innombrables.

Action hygiénique des vins blancs. — Les vins blancs
sont en général des stimulants diffusibles du système nerveux : s'ils sont légers, ils agissent rapidement sur l'organisation, dont ils exaltent toutes les fonctions. Il semble
qu'ils s'échappent tout aussi rapidement par les organes
excréteurs de la peau et des muqueuses et surtout par les
voies urinaires; leur action est donc de courte durée.

Action hygiénique des vins rouges. — Au contraire des
vins blancs, les vins rouges sont des stimulants toniques et
persistants des nerfs, des muscles, des fonctions digestives;
leur action organique plus sourde se prolonge davantage,
ils n'exagèrent ni la perspiration, ni les excrétions, et leur
action générale est astringente, persistante et concentrée.

L'opinion commune d'ailleurs, fondée sur une expérience
journalière, ne laisse aucun doute sur la dissemblance
constatée entre les effets sensuels et organiques des vins
blancs et des vins rouges.

1 J'avais dans ma famille un propriétaire de vignes, marchand de vin des
Riceys, qui ne buvait à Paris, même chez les meilleurs restaurateurs, que des
vins rouges : il était persuadé que l'eau-de-vie et l'eau altéraient bien plus
fréquemment les vins blancs que les vins rouges, et il prétendait reconnaître
à la couleur la pureté d'un vin. Il ignorait complétement qu'on pût faire des
vins d'une admirable couleur à une deuxième, à une troisième lessive des
marcs de raisins noirs, et que certains départements vendent leurs vins de
une, de deux et de trois couleurs à un prix d'autant plus élevé, que ces vins
peuvent colorer une, deux ou trois quantités de vins blancs ou de vins sans
couleur.

§ 2. — VINS DE BASSE FERMENTATION OU DE PRESSE (VINS BLANCS).

Causes de la priorité donnée aux vins blancs. — Je place les vins blancs au premier rang de tous les vins : 1.° parce qu'ils résultent de la fermentation des jus de raisin purs de tout corps étranger à la vinification ; 2° parce qu'ils jouissent au plus haut degré des qualités vineuses, bouquet, saveur, stimulation nerveuse, active, cordiale et spirituelle, en un mot parce qu'ils sont aux autres vins ce que la jeunesse est à l'âge mûr ; 3° parce que leur préparation est la plus simple et qu'ils sont le plus directement constitués.

En effet, dès que les raisins noirs ou blancs sont recueillis et foulés rapidement, ils n'ont plus qu'à être pressés pour emplir les tonneaux de leur jus et s'y façonner eux-mêmes par une fermentation plus ou moins lente.

Tout raisin peut produire des vins blancs. — Tous les cépages, tous les raisins noirs, violets, roses, gris, jaunes ou blancs, peuvent produire des vins blancs. Pour obtenir ce résultat, il suffit, avant toute fermentation et toute macération, de séparer le jus des raisins des pellicules qui l'enveloppent et contiennent la matière colorante, comme aussi de séparer ce jus des rafles et des pepins qui contiennent parfois une petite proportion de cette matière, en un mot, il suffit de fouler et de pressurer les raisins immédiatement après leur récolte.

Un raisin coloré qui produit de mauvais vins rouges peut souvent produire des vins blancs plus agréables et plus sains : cela se conçoit facilement, puisque ce sont les parties étrangères à son jus, c'est-à-dire à son sucre et à son alcool, qui le colorent, qui le chargent de matières acerbes et astringentes, d'huiles odorantes et de principes azotés en excès ; mais il n'est aucun raisin coloré qui, produisant un

bon vin rouge, ne puisse produire aussi un bon vin blanc,
en d'autres termes, tout raisin coloré qui ne peut produire
un bon vin blanc ne produira jamais un bon vin rouge.

**Le vin blanc est le meilleur étalon pour apprécier un
cépage.** — Le vin blanc est le véritable échantillon, le véritable étalon de chaque cépage, de chaque terroir, de chaque
climat, de chaque année.

Dès que le vin blanc de chaque cépage sera bien connu,
bien apprécié, bien classé, la science œnologique aura une
base, un point de départ rationnel pour juger logiquement
des qualités ou des défauts que communiquent au vin de ce
cépage un jour, deux, quinze, trente jours de fermentation
et de macération avec la rafle, la pellicule et les pepins.
L'œnologie pourra alors poser des règles de vinification et
pourra donner des conseils efficaces aux viticulteurs; mais
jusque-là elle se perd dans l'alchimie des coutumes les plus
diverses et les plus bizarres, sans savoir à quelle échelle les
mesurer, ou bien elle se lance dans l'énormité des systèmes
mathématiques, entièrement étrangers à l'ensemble des
faits réels. Au milieu de cette anarchie, l'opinion s'égare,
le goût se déprave ou se perd, et les gourmets ne savent
plus eux-mêmes ce qu'ils cherchent, ce qu'ils veulent, ce
qui est bon.

Le goût, aussi bien que l'ouïe et la vue, est sujet à des
égarements, à des perversions d'opinion. On croit une
chose bonne, on s'imagine qu'elle est excellente sur la
parole des gourmets, comme on croit à la beauté d'un
genre de peinture affreux, d'un genre de musique abomi-
nable, sur la parole des adeptes d'une école qui s'impose
pendant un certain temps : mais la peinture et la musique
ont leurs principes scientifiques et artistiques, tandis que
la dégustation gastronomique n'a pas encore les siens pour
se défendre des erreurs et se retirer des fausses routes.

Tout est demeuré empirique dans la dégustation des boissons comme dans celle des autres aliments : l'autorité des
gourmets, des chefs de cuisine et la sensation individuelle,
tels sont les trois arbitres qui décident despotiquement des
saveurs, sans principes et sans lois qu'on puisse leur opposer et qui puissent permettre une discussion raisonnable.
Une circonstance qui ajoute encore à cette fâcheuse situation, c'est que le sens du goût s'habitue aux saveurs les
plus détestables et finit par les trouver délicieuses; ce fait
incontestable est surtout remarquable dans l'usage et l'appréciation des boissons. J'ai entendu des vignerons, qui
souvent enferment dans un tonneau du marc de raisin ou
des raisins verts ou à demi mûrs, avec de l'eau, pour fabriquer une boisson économique, proclamer leur *rappé*
(c'est le nom de cette boisson) un breuvage excellent,
même et surtout après six mois d'usage journalier, alors
que le *rappé* avait acquis, pour un étranger, la couleur,
l'odeur et la saveur du jus du fumier. Le tonneau de *rappé*
est pour la famille le tonneau des Danaïdes : on y verse
chaque jour une cruche d'eau pure par la bonde et l'on en
retire par le *cochet* (robinet) une cruche de jus ; on devine
quelle doit être la qualité de ce jus au bout de six mois.

Les diverses sortes de bières et de cidres offrent des
nuances de saveurs qui soulèvent à la première dégustation toutes les répulsions organiques et instinctives des sens
du goût, de l'odorat et de la vue du néophyte qui veut en
faire usage, et cela au grand étonnement des gens du pays
qui caressent de l'œil, qui flairent avec délices, qui avalent
avec volupté le contenu du *pot* ou du *pichet*, objet de tous
les dégoûts de celui qui n'y est point habitué.

Je parlerai encore ici des modifications ou perversions
introduites par l'usage dans la préparation d'une boisson
qui n'a rien d'alcoolique ni de vineux, mais qui peut offrir

une comparaison intéressante avec les vins blancs ou les vins rouges, suivant qu'elle est préparée sans macération prolongée ou avec macération.

Nos professeurs d'hygiène nous disaient autrefois que le thé fournissait une boisson légère, stimulante, aromatique, très-agréable à l'œil, à l'odorat et au goût : que les thés verts réunissaient ces qualités au plus degré, et que, pour que ces qualités fussent aussi pures et aussi complètes que possible dans l'infusion, il fallait avoir soin de verser sur le thé l'eau en pleine ébullition et de ne la laisser en contact avec lui que pendant quatre ou cinq minutes avant de la boire. Ils nous disaient qu'une macération prolongée du thé entraînait la dissolution de sa matière colorante, de ses éléments résineux, astringents, acerbes et amers, et laissait ses principes aromatiques et stimulants, c'est-à-dire ses principales qualités, se perdre par l'évaporation ou se détruire par leur mélange avec les principes grossiers communs à la plupart des feuilles des végétaux. Ils nous disaient enfin que les thés noirs étaient les rebuts brûlés dans la torréfaction des thés et qu'ils possédaient très-peu des qualités stimulantes et aromatiques des thés verts.

Nous avions foi dans nos maîtres, et nous nous conformions à leurs prescriptions dans le choix et dans la préparation de notre thé, qui nous fournissait en effet une boisson très-agréable et très-stimulante, dont chacun de nous appréciait les heureux effets sur les forces du corps et de l'esprit.

Mais le commerce, l'habitude, l'économie domestique ont si bien renversé l'enseignement des savants et des sages, qu'aujourd'hui les longues macérations d'un tiers de thés verts et de deux tiers de thés noirs, les deuxièmes et troisièmes lessives de ces mêmes thés abreuvent toute l'Angleterre, toute la Hollande, tout le nord de l'Europe, et par

imitation la plupart de ceux qui, en France, font usage du
thé. Le thé, sous cette forme, n'est plus qu'une eau de macération brune ou noire, peu agréable à l'œil, peu odo-
rante, acerbe et amère au goût, et peu ou point stimulante;
mais, telle qu'elle est là, elle est si chère à ceux qui en font
un usage habituel, que le thé préparé selon la formule
scientifique et rationnelle serait rejeté par eux comme une
infusion sans valeur.

Existe-t-il dans les matières colorantes, résineuses, acerbes et amères enlevées aux thés noirs par la macération,
comme il en existe dans les vins rouges, des qualités digestives, toniques, vivifiantes, salutaires à la santé? Ces qualités sont-elles préférables à la vivacité de la stimulation
nerveuse produite par les simples infusions, comme elle
serait produite par les vins blancs? Cela est possible et même
probable; mais tout le monde conviendra qu'il importe de
caractériser l'action de chaque préparation, si l'on veut
s'entendre sur leur valeur comparative et sur leur valeur absolue. Il faut déterminer ce qui appartient à l'essence même
du thé et ce qui appartient aux résines, au tanin, à la matière colorante, qui sont dans le thé, mais qui ne le spéci-
fient pas. Il en sera de même pour le vin, dont la constitution spécifique est le moût pur et simple fermenté et non
la rafle, la pellicule et le pepin travaillés par la fermentation
ou par la macération.

Confection du vin blanc. — Il résulte de ce que je viens
de dire que le vin blanc est le vin pur, et que le premier
soin pour l'obtenir est de livrer le raisin au pressoir avant
toute fermentation, et après un foulage qui crève les grains
sans en écraser les pepins ni broyer les pellicules et les
rafles.

Tous les pressoirs, en usage dans le pays qu'on habite,
sont bons pour cette opération; on peut même, à la rigueur,

se passer de ces instruments très-coûteux, occupant beaucoup de place, et exigeant un personnel assez important pour leurs manœuvres.

Par un simple foulage à pieds nus sur une pente légèrement inclinée, opéré sur de petites quantités de raisins (un hectolitre à la fois), mises en tas sur la maie, aplaties par le piétinement, puis ramassées et repiétinées comme on le pratique dans le haut Médoc, on obtient les trois quarts du moût des raisins, et ce moût, qu'on désigne parfois sous le nom de moût *vierge*, produira le vin blanc vrai type du cépage, du terroir, du climat et de l'année. Le quart du moût reste dans les marcs et peut être joint aux cuvées de vin rouge.

S'il ne s'agit d'extraire qu'une ou deux pièces de moût pour faire un échantillon de vin blanc type, pour l'étude ou pour la consommation intérieure, on les obtient facilement, soit en les tirant de la cuve à mesure qu'elle est chargée de raisins, soit en les tirant des balonges, tonneaux ou récipients de vendange à mesure qu'ils arrivent à la maison d'exploitation.

J'engage de toutes mes forces tous les propriétaires, tous les vignerons des pays à vins rouges, à faire tous les ans trois ou quatre hectolitres de vins blancs, quelle que soit la finesse ou la grossièreté de leur cépage; ils tireront un grand profit de l'étude de ce vin blanc, de son appréciation et de sa dégustation pour améliorer leurs vins rouges dans l'avenir; ils auront en outre un vin dont ils seront très-satisfaits, soit qu'ils le boivent, soit qu'ils le vendent.

Mais, s'il s'agit de la complète exploitation d'un vignoble en vins blancs, l'usage des pressoirs est indispensable, et il en faut un plus grand nombre pour faire des vins blancs que pour faire des vins rouges.

Qualités à rechercher dans un pressoir à vin blanc. —

Pour la bonne confection du vin blanc et pour sa qualité, le genre de pressoir et la façon de presser n'a absolument aucune influence : tous les pressoirs sont donc bons, comme je viens de le dire; les meilleurs ne sont pas ceux qui pressent le plus fort, mais ceux qui pressent le plus vite, qui nécessitent le moins de main-d'œuvre, qui tiennent le moins de place et qu'on peut le mieux adapter entre les instruments d'égrappage et de foulage et les vaisseaux vinaires qui doivent recevoir le jus; quel que soit le prix d'un pressoir, et ce prix peut varier de 500 fr. à 3,000 fr., s'il remplit mieux que tout autre les conditions de promptitude, de concentration, s'il nécessite peu de bras et s'il s'interpose commodément dans les manœuvres bien organisées d'une grande exploitation viticole, son prix sera toujours peu élevé.

Disposition des tonneaux à vins blancs. — Pour recevoir les moûts des vins blancs, les tonneaux doivent être rangés sur des chantiers disposés momentanément le plus près possible des pressoirs ou des cuves de débourbage. Ils doivent être installés d'ailleurs dans des locaux clos et couverts, plutôt chauds que froids, pour y séjourner pendant plusieurs jours avant d'être mis en celliers ou descendus en caves.

Rapport du nombre des tonneaux à la quantité de moût qu'on veut y verser. — Si les moûts ne doivent pas subir l'action du débourbage, ils sont portés directement du barlong ou du réservoir du pressoir dans les tonneaux, dont le nombre doit être calculé et disposé à l'avance pour suffire à chaque opération. Par exemple, si l'on opère sur 100 hectolitres de raisin, supposés devoir produire par le foulage et les diverses opérations du pressoir 40 hectolitres de jus, 22 pièces ou tonneaux de deux hectolitres devront être prêts à recevoir les 40 hectolitres de vin; je dis 22 tonneaux, afin qu'un dixième de la capacité de chaque tonneau reste vide.

A mesure que les jus coulent, ils sont répartis également dans 20 pièces ou tonneaux à la fois, c'est-à-dire que dans chaque tonneau on verse 20 ou 30 litres du premier jus, puis autant du second jus, ainsi de suite dans tous les tonneaux, jusqu'à ce que les neuf dixièmes de leur capacité soient complets. Les deux dernières pièces seront remplies également aux neuf dixièmes, mais exclusivement de tous les jus de la troisième et de la quatrième *pressée* ou *serre*, parfois même de la cinquième pressée quand on renouvelle la pressée cinq fois. Le contenu de ces deux dernières pièces sert à remplir les 20 autres pièces au fur et à mesure des besoins.

Les moûts des diverses presses doivent être répartis également dans tous les tonneaux. — Lorsque les moûts doivent passer par la cuve de débourbage, ils y sont successivement portés à mesure qu'ils sont produits et souvent on y réunit ensemble les premiers et les derniers moûts obtenus; c'est à mes yeux la meilleure pratique. Dans beaucoup de vignobles à vins blancs, on met à part la quatrième et la cinquième pressée, et l'on ne s'en sert pas même pour remplissage; c'est à tort, car la plus grande proportion de tanin et d'acides libres contenus dans ces derniers produits du pressoir est souvent nécessaire à la santé et même à la saveur des vins. Cette mise à part n'est justifiée que dans les années où la maturité n'est pas complète, ou bien quand le moût est extrait de raisins de médiocre ou de grossière espèce.

Mode de soutirage de la cuve de débourbage. — Le soutirage de la cuve pour la mise en tonneau du moût débourbé est opéré au moyen d'un fort robinet en cuivre jaune, que l'on dispose de façon qu'il puisse déverser le vin de la cuve, soit dans un large baquet où l'on puise pour remplir les tonneaux, soit directement dans les *sapines* (baquets en

sapin et à anse) qu'on fait succéder rapidement sous cette
fontaine. Lorsque la cuve est assez élevée pour qu'on puisse
la vider directement dans les tonneaux au moyen d'un tube
flexible qu'on fixe au robinet et qui aboutit au fond de chaque tonneau à remplir, l'opération est plus prompte, plus
propre et moins coûteuse, tant par l'économie de main-
d'œuvre que parce qu'on évite toute déperdition de vin.
On peut même faire disposer sur un gros tube, adapté au
robinet principal, autant d'embranchements en éventail
que la cuve de débourbage peut fournir de fois 180 litres
de moût; les tonneaux de 2 hectolitres sont rangés en hé-
micycle, et reçoivent par leur bonde chacun un de ces embranchements; le robinet de la cuve est ouvert et c'est ainsi
qu'on la vide et qu'on remplit directement les tonneaux
jusqu'aux neuf dixièmes : il est vrai que, dès que le soutirage est terminé, il faut bondonner les tonneaux et les
conduire à leurs chantiers pour les y réinstaller, ce qui
coûte autant de peine que de porter les jus aux tonneaux
sans déplacer les tonneaux.

J'ai étudié toutes ces pratiques; j'ai imaginé et fait exécuter une quantité de moyens divers, de couper, de transvaser les moûts et les vins, de conduire les futailles
pleines, etc.; mais ces moyens utiles, économiques et élé-
gants dans une grande exploitation, sont souvent embar-
rassants et onéreux dans une exploitation peu étendue ou
peu régulière. Je ne les décrirai donc point.

Quels que soient les moyens employés pour mettre le
moût dans les tonneaux, bien rangés et bien calés sur leurs
chantiers, nous avons maintenant à considérer la transformation du moût en vin par la fermentation.

Fermentation des vins blancs. — La fermentation du
vin est un phénomène connu depuis un temps immémorial,
du moins on savait depuis des siècles que le jus du raisin

ou les raisins tout entiers, réunis en certaine quantité dans un vaisseau, s'échauffaient et laissaient échapper un air ou une vapeur en élevant à leur surface une écume bouillonnante et en faisant entendre un bruit d'ébullition plus ou moins intense; on savait que, par l'effet du travail, le vin doux ou le moût du raisin perdait peu à peu sa douceur, et qu'il n'était plus doux du tout quand le travail était terminé; on savait enfin que l'eau-de-vie ou l'esprit, qui n'existaient pas dans le moût avant la fermentation, se trouvaient, au contraire, en plus ou moins grande abondance dans le vin fermenté.

La science chimique a pu, depuis trois quarts de siècle, c'est-à-dire depuis Lavoisier, préciser les conditions du phénomène de la fermentation, et en faire connaître les bases, les effets et les causes déterminantes.

La *base* de la fermentation vineuse est le sucre de raisin; ses *effets* sont la transformation de ce sucre en esprit qui reste dissous dans le liquide, et en acide carbonique qui s'en échappe ou tend à s'en échapper sous forme de gaz; ses *causes déterminantes* sont l'action du ferment animé par l'oxygène de l'air qu'il absorbe activement à la température de 15 à 35 degrés centigrades au-dessus de zéro. Sans chaleur, sans air, sans ferment et sans sucre, la fermentation ne peut exister non plus que ses effets, la production de l'alcool et de l'acide carbonique.

La science nous apprend encore que la fermentation décompose complétement, et sans perte aucune, 100 parties de sucre de raisin en 51,11 parties d'alcool et en 48,89 parties d'acide carbonique. Elle nous apprend qu'une partie de ferment travaille et décompose ainsi au moins 60 parties de sucre; que la température la plus favorable pour la fermentation est comprise entre 20 et 30 degrés au-dessus de zéro; qu'à 15 degrés l'action du ferment sur le sucre diminue; qu'elle cesse au-dessous de 10 degrés; que la quantité de sucre décomposé est moindre à 40, 60 et 80 degrés qu'à 20 et 30; que 100 degrés ou la chaleur d'eau bouillante paralysent entièrement l'action du ferment en vase clos, mais que ce ferment, qui n'est autre chose qu'une matière azotée albuminoïde, s'il est remis en contact avec l'air, reprend son activité et son pouvoir sur la décomposition du sucre; tandis que, sous l'influence d'un froid au-dessous de zéro (glace), l'action du ferment est aussi paralysée, la fermentation en vase clos est également suspendue, mais les phénomènes de la fermentation se reproduisent si, sans qu'un nouveau contact avec l'air extérieur soit nécessaire, la température redevient favorable. Enfin, l'expérience a prouvé que, si la fermentation ne pouvait commencer sans l'oxygène ou sans le contact de l'air, elle pouvait continuer et continuait ensuite dans le moût soustrait à l'action de l'oxygène et de l'air.

Influence du volume des vaisseaux sur le développement et la marche de la fermentation. — Une des circonstances qui influent le plus sur le développement et la marche de la fermentation et sur la bonne ou la mauvaise confection des vins, c'est le volume du moût, c'est la masse de liquide en action simultanée dans un même vaisseau.

Entre la fermentation dans un litre et la fermentation dans une cuve de dix mille litres, il y a des nuances infinies dans le caractère et les qualités du vin produit ou conservé.

Plus les vases, que les moûts et les vins remplissent, sont grands, plus les phénomènes de leur existence végétale s'y accomplissent rapidement.

Le vin, depuis sa naissance jusqu'à sa mort, par maladie ou par vieillesse, n'est point un être chimique, fini, à principes immédiats fixes; c'est un liquide vivant, qui a sa jeunesse, sa virilité, sa vieillesse et sa décrépitude.

Les grands vaisseaux sont pour lui ce que les grandes villes sont pour les hommes : la vie y est tumultueuse, rapide, pleine de vices, de maladies et d'autres éléments de destruction. Les vins comme les hommes vivent plus sagement et plus longuement dans un petit cercle et dans l'isolement : la bouteille est l'ermitage du vin, la cellule du cénobite.

La plupart des vins, les vins légers et les vins blancs surtout, ne supportent pas le séjour prolongé des foudres, des cuves, des citernes; ils y parcourent les diverses phases de leur vie avec une rapidité fatale à leurs qualités; toutefois il appartient à l'intelligence de l'homme d'utiliser dans une sage mesure les moyens rationnels qui peuvent hâter l'époque de l'usage ou de la vente des vins; et pour produire les vins très-secs, pour vinifier les vins très-sucrés, pour vieillir les vins trop corsés, l'emploi des foudres, des pipes, des queues (grands vaisseaux vinaires de 5, 10, 25, 100 hectolitres), peut offrir à l'œnophile intelligent de grands avantages; mais les propriétaires qui, pour économiser l'acquisition de futailles supplémentaires dans les années d'abondantes récoltes, croiraient pouvoir conserver leurs vins avec toutes leurs qualités dans de vastes réservoirs, se tromperaient étrangement dans leur spéculation, qui le plus souvent les constituerait en perte de tout leur vin, ou du moins de la plus grande partie de sa valeur.

De la meilleure contenance des tonneaux à vins blancs. — L'expérience et la théorie ont amené la pratique la plus générale à l'usage de tonneaux, dont la capacité varie de 100 à 250 litres, pour y laisser fermenter les moûts de vins blancs et pour y garder ces vins pendant quelques années avant de les mettre en bouteilles.

Sans doute les nécessités de changements de lieu, de descente du vin dans des caves et de sa sortie hors des caves, la commodité des chargements et des déchargements

ont été comptés pour quelque chose dans l'adoption à peu
près générale de ces proportions; mais l'observation de la
conduite et de la tenue des vins y est entrée pour la plus
grande part. Ainsi la pièce de deux hectolitres de la haute
Champagne est le maximum de la contenance convenable
pour ses admirables vins blancs : mis en fermentation dans
une cuve et gardés un hiver seulement dans un foudre, ils
seraient devenus impropres à prendre la mousse autrement
que par une énorme addition de sucre.

La plupart des vins blancs de France pour acquérir et
pour garder leurs belles qualités doivent être faits et conservés en pièces de cinq, de deux, et même d'un hectolitre.

La fermentation de moûts purs de tout mélange de pepins, de pellicules et de rafles, en grands ou en petits vaisseaux, est plus lente et plus tempérée que celle des moûts
avec leur marc; j'ai souvent vérifié la température des deux.
sortes de moûts et je n'ai jamais vu la chaleur développée
par les moûts purs dépasser de cinq degrés la température
ambiante, tandis que la chaleur développée par les marcs
des vins rouges dépasse souvent de 7 à 15 degrés la température atmosphérique.

Marche et durée de la fermentation. — Dans les années
de bonne maturité toutes les périodes de la fermentation
des vins rouges sont accomplies dans l'espace de trois à
cinq jours, tandis que la fermentation des moûts purs des
vins blancs n'a pas accompli ses périodes au même degré
en quinze jours et trois semaines.

Vingt-quatre ou quarante-huit heures après que les
moûts ont été répartis dans les tonneaux, si l'on observe
un tonneau plein ou presque plein, en regardant à la bonde,
on voit des bulles se former et crever successivement en
produisant une écume d'un gris sale plus ou moins abon-

16

dante : en même temps la masse du liquide se gonfle et force cette écume qui se renouvelle sans cesse pendant plusieurs jours à sortir et à s'écouler sur les parois du tonneau. Si l'on prête l'oreille, on entend une crépitation, un pétillement continu dans le vase, et si l'on plonge le doigt dans le liquide, on sent que sa température s'élève de plus en plus et proportionnellement à l'intensité du bruit et à l'abondance de la sortie de l'écume, phénomène qu'on appelle le guillage. Ce bruit, lorsqu'une centaine de tonneaux sont réunis dans un même local, clos et chaud, est assez intense pour être entendu dès qu'on ouvre la porte comme on entend le bruit que fait une giboulée de grésil; une forte odeur de vinosité spiritueuse se fait sentir en même temps.

Voici ce qui se passe : les matières azotées contenues dans le moût se sont d'abord formées en globules de ferment, qui, animés par la présence de l'oxygène de l'air qu'ils absorbent, multiplient jusqu'à cinq à six fois leur nombre et leur volume primitif, attaquent le sucre et le séparent en esprit et en acide carbonique; l'acide carbonique, en s'échappant du liquide sous forme de gaz, produit les bulles et le bouillonnement qu'on entend et qu'on aperçoit à sa surface; mais l'acide carbonique ne s'échappe pas seul, il entraîne un excès de ferment et de matières albumineuses qui forment l'écume et la levûre qui s'échappe par le guillage, tandis qu'une autre quantité de ferment tombe au fond du tonneau pour s'y joindre, sous forme de petits grains noirs, aux autres précipités qui constituent la lie. En s'échappant du tonneau et en se répandant dans les couches inférieures de l'atmosphère, le gaz acide carbonique a l'odeur de l'alcool, quoiqu'il n'entraîne qu'une quantité si minime de cet alcool que cette déperdition n'a aucune importance. L'ensemble de ces opérations chimiques et mécaniques dégage une chaleur qui élève la température du milieu dans lequel il s'opère.

Théoriquement ce travail devrait se prolonger tant qu'il reste dans le moût du sucre à convertir en esprit et en acide carbonique, et la cessation complète de ce travail devrait indiquer que le vin est fait et parfait, et surtout qu'il ne contient plus de sucre.

Mais il n'en est point ainsi pratiquement : après sa première fermentation vineuse, qui se traduit à nos sens et à notre intelligence par des phénomènes très-appréciables, le vin se calme et se renferme pour ainsi dire en lui-même, gardant du sucre, du ferment, des acides, des sels pour un travail plus discret et plus lent, dont nos moyens d'observation, d'analyse et d'induction n'ont pas encore pu pénétrer tous les mystères. La science est sur leur piste, elle les presse, elle les devine, elle les dévoilera, j'en suis convaincu ; mais aujourd'hui les secrets de la vie intime du vin appartiennent encore en grande partie à l'alchimie et les règles de leur conduite à la bonne tradition.

Cette tradition nous apprend que la première fermentation, la fermentation apparente des vins blancs, doit commencer en un lieu chaud, à 15 degrés au moins, et à 30 degrés au plus ; qu'après avoir duré une semaine, deux semaines, et plus (car le moût, ne contenant pas de matières étrangères, n'a point à redouter les inconvénients de leur macération), ils peuvent être placés en lieu plus frais qui ralentisse ou qui suspende même tout à fait ce premier travail indispensable à leur constitution vineuse. Pour prendre une décision ultérieure à l'égard de l'impulsion à donner aux phases suivantes de la fermentation, il suffit de savoir si, pour être meilleur, le vin qu'on traite doit conserver son sucre et le travailler lentement, ou si ce vin est meilleur lorsqu'il est plus sec et qu'il conserve le moins de sucre possible. On peut atteindre l'un ou l'autre de ces résultats opposés en favorisant et en prolongeant la fermentation première, ou bien en la modérant par une moindre température ou en la suspendant promptement par le froid. Ainsi la grandeur et la petitesse des vaisseaux de fermentation et de garde, la température élevée, moyenne ou basse peuvent modifier à l'infini les qualités des vins en général et surtout des vins blancs.

Pour arriver à cette conclusion, j'ai négligé plusieurs questions d'une importance secondaire; j'y reviens.

Remplissage des tonneaux pendant la première fermentation. — Vaut-il mieux remplir les tonneaux de moût et les tenir toujours à peu près pleins, de façon qu'ils dégorgent ou *guillent* par-dessus la bonde depuis le commencement jusqu'à la fin de leur première fermentation; ou vaut-il mieux les remplir assez incomplétement pour que jamais ils ne dégorgent pendant toute cette première période.

La réponse sera courte et péremptoire : l'écume albumineuse qui sort de la bonde par le guillage n'a pas d'autre nature et d'autre qualité nuisible que le ferment et les défécations qui tombent au fond du tonneau; aussitôt que la fermentation première du moût sera accomplie, l'écume tombera d'elle-même au fond du tonneau pour se joindre à la lie. Il est donc parfaitement inutile qu'elle se répande hors du tonneau en ruisseaux dégoûtants, formés d'ailleurs en grande partie d'un très-bon vin que l'écume entraîne en pure perte et qu'il faut remplacer par des *ouillages* ou remplissages incessants. En Champagne, où les vins doivent être les plus fins et les plus délicats du monde, les plus propres, les plus francs de goût et d'odeur, d'une limpidité d'eau distillée et où ils réunissent en effet toutes ces qualités, on ne fait pas *guiller* et on n'*ouille* pas les vins blancs dans leur première fermentation.

Couverture de la bonde. — Doit-on appliquer aux tonneaux le bondon hydraulique ou se contenter de placer sur
la bonde une feuille de vigne, un morceau de papier ou un
linge avec une petite tuile ou un peu de sable dessus; faites
à cet égard ce qui vous plaira, l'acide carbonique remplit
exactement le vide du tonneau, c'est la meilleure protection
du vin contre l'excès d'oxygène de l'air; le surplus est presque du luxe; quant à se bercer de l'idée d'empêcher l'évaporation du vin et de recueillir de l'alcool par le bondon
hydraulique, c'est se faire illusion : la viticulture et l'œnologie ne comptent pas sur ces quantités infinitésimales de
vin pour réaliser des profits : le bondon hydraulique, qui
est en soi une bonne chose, une ingénieuse soupape, ne
donne pas un kilogramme de raisin de plus par hectare et
ne change point le vin de gamai en vin de pineau.

Lorsque la première fermentation des vins blancs est
terminée ou suspendue par l'abaissement de la température, il faut remplir avec soin le tonneau et fermer la
bonde, mais sans scellement. Le bondon doit être posé et
non scellé, de peur d'une reprise de fermentation qui en-
traînerait des pertes de vin et ferait même éclater le tonneau; c'est dans ce cas qu'on peut employer utilement le
bondon hydraulique qui ferme tout accès à l'air et laisse
échapper sans effort l'acide carbonique. C'est aussi le moment de décider s'il vaut mieux remiser les tonneaux en
cellier ou les descendre dans la cave.

Influence du froid sur la clarification des vins. — Si le
temps devient froid, on peut différer autant qu'on le veut
le remisage des vins blancs, surtout si on est pressé de les
rendre potables et, comme on dit, *marchands.* Le froid jusqu'à 4 degrés au-dessous de zéro, c'est-à-dire n'allant pas
jusqu'à la congélation du vin, est très-favorable aux vins
de toute nature et surtout aux vins blancs dont il préci-

16.

pite les sels et les matières suspendues, de façon à les dé-
pouiller, à les blanchir et les rendre d'une limpidité qu'ils
n'acquerraient que par un an ou deux ans de séjour en
cave dans une température constante de 10 à 12 degrés.

Un fait remarquable et que j'ai eu l'occasion d'étudier
bien des fois, c'est que sous l'influence prolongée, pendant
un jour ou deux, d'un froid de 7 à 8 degrés au-dessous de
zéro, les sels vineux et particulièrement le bitartrate de
potasse contenus en excès dans les vins blancs les plus limpides se cristallisent en nombreuses lames qui ressemblent
assez à une multitude d'écailles chatoyantes; ces cristallisa-
tions ne se redissolvent pas spontanément quand le vin se
réchauffe et revient à une température même de 20 degrés
au-dessus de zéro; pour obtenir leur dissolution il faut élever cette température à 40 et à 60 degrés; je parle ici de
vins soutirés à *clairfin*, collés plusieurs fois et débarrassés
en apparence de tout corps en excès et pouvant former dépôt. On peut induire de ce fait l'importance que le froid
peut avoir pour contribuer à la purification et à la clarification des vins nouveaux; aussi, quand on a pu laisser ou
exposer ces vins à un froid sec et fixe pendant une semaine,
deux semaines et plus, dans le cours de décembre et de
janvier, doit-on se hâter de leur appliquer le premier soutirage, sans avoir même recours à l'opération du collage.

Exposition des tonneaux de vin au froid. — J'ai fait exécuter des petits *diables* ou brouettes très-simples au moyen
desquels un homme saisit une pièce de deux hectolitres et
la roule rapidement sur essieu hors des caves ou des celliers
pour l'exposer au froid, comme on sort une balle de coton
des magasins. Un homme peut manœuvrer ainsi 100 pièces
par jour, s'il les manœuvre horizontalement et de plain-
pied à moins de 100 mètres de distance. Le froid a la même
influence favorable sur les vins en bouteilles; j'ai donc dû

imaginer d'autres *diables* qui saisissent des étagères de
chacune cent bouteilles, les enlèvent sur essieu et les trans-
portent hors des celliers ou hors des caves pour les y ramener avec une promptitude égale à la manœuvre des pièces.
Je ne décris pas ces instruments qui n'ont aucun autre mérite que celui de la brouette de magasin, dont les deux roues
très-rapprochées de l'extrémité opposée aux manches, permettent, à l'aide de ces manches, d'exercer une puissante
action de levier sur l'objet à enlever pour l'amener sur
l'axe même des roues.

Si les pièces et les bouteilles à soumettre à l'action du
froid sont rangées dans des caves profondes ou dans des
celliers hors de niveau avec les lieux d'exposition, on doit
avoir recours aux plants inclinés, aux grues, aux chaînes à
la Vaucanson pour opérer rapidement ces déplacements;
mais ces dispositions dispendieuses ne sont utiles qu'aux
grands établissements.

**Remplissage des tonneaux pendant la fermentation la-
tente.** — Si le remplissage est inutile pendant la fermentation initiale, il est nécessaire lorsque cette fermentation est
terminée ou suspendue, et que la fermentation latente la
remplace pour exister seule désormais; ce remplissage doit
être fait au moins deux fois par semaine jusqu'au premier
soutirage qu'il faut effectuer par un beau temps fixe et froid,
du 15 au 31 décembre : le remplissage doit être fait avec
du vin de même âge et de même qualité que le vin déjà
placé dans le tonneau.

Le remplissage des tonneaux n'est plus fait ensuite qu'une
fois par mois jusqu'au second soutirage, et, après le second
soutirage, les tonneaux doivent être visités et remplis tous
les trois mois, jusqu'à leur vente en tonneaux ou jusqu'à
la mise du vin en bouteilles.

Soutirage. — Le premier soutirage doit être fait sur lie et sans collage, parce qu'il ne convient point, par l'agitation que produit le collage, de remettre en contact avec le vin toutes les matières précipitées, le ferment, la matière colorante, les matières azotées, les sels et souvent les corps les plus étrangers à la composition du vin, qui constituent cette première lie, contact dont le premier soutirage a pour objet de débarrasser le vin.

Si le second soutirage est fait en mars, il doit être précédé d'un collage, comme tous les soutirages ultérieurs, qui pourront être de un ou deux par an, pendant les deux premières années, suivant que les vins sont plus ou moins chargés de matières à précipiter. Un soutirage par an est suffisant pour la plupart des vins fins et purs de tout mélange. Les soutirages doivent toujours être faits, autant que possible, par les beaux temps secs et froids; les vins doivent toujours être collés et soutirés avant d'être livrés ou expédiés.

§ 5. — VINS DE HAUTE FERMENTATION OU VINS DE CUVES (VINS ROSÉS, VINS ROUGES).

Qualités comparatives des vins rouges et des vins blancs. — J'ai placé les vins blancs à la tête de toutes les sortes de vins, parce qu'en tout enseignement il faut procéder du simple au composé, et que les vins blancs sont le produit de la fermentation du pur jus des raisins.

Je n'ai point prétendu par là qu'ils fussent supérieurs ou inférieurs aux vins rouges pour l'usage habituel, pour l'agrément et pour la santé de l'homme : les faits de consommation à l'intérieur et à l'extérieur de la France prouveraient facilement que j'aurais eu tort d'établir une préséance entre ces deux sortes de vins; d'ailleurs c'est un tort que je n'ai point voulu me donner et que je n'ai point.

Je l'ai déjà dit, les vins qui ont fermenté ou macéré, avec tout ou partie de leurs accessoires, sont plus sérieux que les vins vierges : ils sont moins diffusibles et moins stimulants, mais plus toniques et plus nourrissants : leur usage s'associe mieux que celui des vins blancs au régime alimentaire habituel, et, lorsqu'ils sont produits par de fins cépages et par de vieilles souches, les vins rouges ne sont inférieurs à aucun autre vin pour l'agrément des sens et l'influence hygiénique.

Mais, comme les vins rouges comportent dans leur préparation l'association de matériaux essentiellement étrangers à la vinification proprement dite, et que par la présence de ces matériaux la fermentation est surexcitée de façon à parcourir ses périodes en moins de temps et à une température plus élevée que dans la confection des vins blancs, il est évident que l'étude des vins rouges doit être placée logiquement après l'étude des vins blancs, et que la différence de leurs qualités et de leurs propriétés sera plus facile à comprendre si on classe ces vins méthodiquement.

Les vins rosés et les vins bleus ou noirs sont des sous-genres des vins rouges; leur préparation est la même dans ses éléments, elle ne varie que par la durée du contact des marcs et par la plus ou moins grande dissolution de leurs principes solubles.

Inutilité de l'égrappage pour faire les vins de cuves. — Pour faire les vins rosés, les vins rouges et les vins de macération, qu'on peut appeler vins bleus ou noirs, l'égrappage n'est point indispensable : si les raisins sont fins et délicats, comme ceux du haut Médoc dans le Bordelais, de Clos-Vougeot en Bourgogne, de Bouzy en Champagne, l'égrappage les prive d'une certaine action tonique sur les muqueuses de la bouche, action qui fait valoir au goût et à l'odorat la vinosité et le bouquet de ces vins en les fixant

pour ainsi dire aux organes, comme l'alun fixe les couleurs aux tissus. Si, au contraire, les raisins sont plats de
jus et chargés de couleur, comme le gamai, l'orléans, le
gouais, etc., le tanin de la rafle leur est indispensable pour
déguiser leur pauvreté vineuse. Si enfin les raisins sont sur-
chargés de tous les principes d'une vinosité, d'une couleur
et d'une astringence en excès, comme ceux que donnent les
vins rouges du Roussillon, du Cher, du Rhône et généralement des vins rouges du Midi, la suppression de la rafle
dans leur fermentation ou leur macération n'ajouterait rien,
absolument rien, à leurs qualités, et je suis même convaincu que les qualités de la rafle y feraient défaut. La rafle
est le plus sain et le plus inoffensif des accessoires du jus
du raisin ; et si la fermentation et la macération doivent
réellement extraire des accessoires du raisin des substances
favorables à la dégustation, à la digestion et aux forces
musculaires et nerveuses de l'organisation, c'est à la rafle
qu'elles les emprunteront plutôt qu'aux huiles grasses, à
l'amidon et à l'albumine des pepins et des pellicules d'enveloppe : le pepin est surtout dangereux, c'est l'œuf de la
vigne, renfermant tous les éléments putrides ; je suis persuadé que, si l'on faisait les vins rouges délicats comme on
fait les confitures de groseilles à Bar, c'est-à-dire en ôtant
les pepins seulement avant tout travail, on obtiendrait des
vins rouges plus durables et plus fins. Je regrette de n'avoir
pu faire encore les essais d'épepinage.

Épepinage. — L'épepinage des raisins ne serait ni long,
ni difficile, ni très-dispendieux; mais il nécessiterait l'égrappage préalable. Les rafles étant mises à part pour être re-
jetées au besoin dans la cuve, les grains isolés se crèvent
au foulage en lançant au dehors de la pellicule les jus et
les pepins qui y sont contenus : si donc les grains étaient
foulés à la main sur une toile métallique à mailles carrées

de deux millimètres et demi ou trois millimètres, les jus et
les pepins passeraient à travers pour tomber ou être conduits par une coulisse dans un baquet, tandis que les pellicules resteraient sur la toile métallique où elles seraient
recueillies après une ou deux manutentions, pour qu'on pût
vérifier l'expulsion de tous leurs grains et ensuite les jeter
dans la cuve. Quant aux pepins, on les trouvera tous au
fond des baquets ou surnageant les jus avec lesquels ils y
sont tombés : on les séparera facilement par un écumage
ou par une simple décantation, ou en jetant les jus sur un
crible assez fin pour les retenir tous. Ces pepins conservés
sont une excellente nourriture pour les volailles en hiver ;
broyés et pressés, ils donnent une huile grasse assez mauvaise et qui rancit promptement. L'épepinage devrait être
confié à des femmes, dont les doigts sont plus fins, plus
sensibles au contact des pepins et plus adroits pour les ex-
pulser que les doigts gros et calleux des vignerons.

Je conseille aux propriétaires de fins vignobles à vins
rouges d'expérimenter l'épepinage comparativement avec
l'égrappage et avec le mélange de toutes les parties du raisin : en observant toutefois une identité parfaite dans les
autres conditions de la vinification. Plus la cuvaison sera
prolongée, plus l'effet différentiel entre les trois modes sera
prononcé.

**Le foulage préalable est utile à la confection des vins
de cuves.** — Dans tous les cas, le foulage préalable à la mise
en cuve des raisins destinés à faire les vins rouges est indispensable : j'ai indiqué les moyens de faire ce foulage, ainsi
que l'égrappage ; seulement, au lieu de disposer les égrappoirs ou fouloirs mécaniques pour conduire les jus et les
raisins dans les pressoirs, comme on le fait pour les vins
blancs, on dispose les égrappoirs et les fouloirs soit au-dessus, soit tout près des cuves.

Dernière disposition à donner à la cuve à vin rouge. — Les cuves des grandes vinées, ou la simple cuve du vigneron étant en bon état, la cuve ayant sa belle fontaine de soutirage ou son pauvre cors en bois tamponné à l'étoupe, on place vis-à-vis cette fontaine ou ce cors en dedans de la cuve, soit une grille métallique, soit un panier à vendange privé de son anse et renversé, soit un simple fagotin de sarment allongé et peu serré par trois liens d'osier, appuyés d'une lourde pierre plate pour qu'ils ne se déplacent pas en flottant dans le vin. Le soutirage de la cuve étant ainsi assuré contre l'encombrement des grains, des pellicules et des rafles, on peut emplir la cuve.

Confection du vin rouge. — *Une cuve doit être remplie en un jour.* — Soit qu'on procède au remplissage de la cuve à l'aide de balonges, ou de récipients arrivant directement des vignes, soit qu'on égrappe et qu'on foule préalablement le raisin, chaque cuve doit être complétée le plus vite possible et en tout cas à la fin de chaque jour, afin que la fermentation de toute la vendange qu'elle contient soit à peu près simultanée ; l'intervalle d'une nuit suffit souvent pour que la fermentation soit établie et l'addition de nouveaux raisins le lendemain interromperait d'une façon fâcheuse le travail de la fermentation.

Une cuve ne doit pas être entièrement remplie. — Les cuves ne doivent être remplies qu'aux cinq sixièmes au plus de leur capacité, parce qu'au moment de la fermentation les jus se gonflent, le marc est soulevé par l'acide carbonique, l'écume monte entre le marc et la cuve, surgit au plus haut et se déverse en abondance; si la cuve a été assez remplie pour que le marc, en montant dépasse le bord supérieur de la cuve, ou s'il approche de trop près de ce bord le déversement de l'écume entraîne souvent une quantité notable de vin qui est ainsi perdu. Le vin ainsi répandu est toujours malpropre et en danger d'acétification, et l'on est souvent forcé de tirer une certaine quantité de jus pour faire descendre le marc. Ces fausses manœuvres causent des embarras qu'on doit prévoir et éviter en laissant vide la partie supérieure de la cuve dans la proportion que j'ai indiquée.

Ce remplissage incomplet de la cuve n'a pas seulement pour but d'éviter les déversements, son but principal est de contenir et de conserver au-dessus du marc une couche épaisse d'acide carbonique qui lui serve de couvercle et empêche ainsi l'acétification du chapeau par le contact incessamment renouvelé de l'air atmosphérique.

Chapeau du marc. — On appelle *chapeau* la partie supérieure du marc, une certaine épaisseur comprenant ordinairement de 4 à 8 centimètres, qui se dessèche et se durcit à mesure que le marc se soulève et que les jus s'en retirent non-seulement par leur niveau, mais aussi par l'impuissance de la force capillaire à maintenir l'humidité au delà d'une certaine hauteur au-dessus du niveau général du liquide. Par suite du retrait de l'humidité capillaire, le marc prend de la consistance et forme une véritable croûte résistante, qui se brise à la façon des matières à demi solidifiées.

Si le chapeau surmonte la cuve, l'acide carbonique, gaz plus lourd que l'air, s'épanche au-dehors et cesse de protéger le chapeau contre le contact de l'air sans cesse renouvelé par un courant inverse du courant de l'acide carbonique; l'alcool que le chapeau contient, disséminé sur les rafles et pellicules, absorbe l'oxygène et passe à l'état d'acide acétique. Le danger de cette acétification n'est jamais à redouter si le chapeau du marc reste à plusieurs centimètres au-dessous du bord supérieur de la cuve, car l'acide carbonique remplit le vide de la cuve et forme au-dessus du marc une couche impénétrable à l'air. Toutefois, on peut encore, pour plus de sécurité, couvrir la cuve de voliges ou

17

de planches posées et non jointives, de paillassons, de toiles claires ; en un mot, cette couverture doit être faite de façon seulement à rompre les courants d'air qui déplaceraient facilement l'acide carbonique, ou de façon à conserver la température propre des matières en fermentation ; pour ce dernier objet il peut convenir aussi de revêtir la cuve de substances ou tissus qui conduisent mal la chaleur.

La fermeture hermétique des cuves n'est pas nécessaire. — La fermeture hermétique des cuves avec soupape de sûreté, tubes et récipients hydrauliques, sans présenter aucun avantage pendant les opérations de la première fermentation, a une infinité d'inconvénients dont la dépense et la manœuvre difficile sont les moindres. La fermeture hermétique des cuves est cependant utile pour transformer les cuves en réservoirs à vins pendant leur travail latent, et dans ce cas les cuves doivent être considérées comme les foudres, comme les pipes et comme les tonneaux.

La fermeture hermétique des cuves n'est utile qu'aux vins de macération. — La fermeture hermétique des cuves est utile si l'on fait macérer pendant deux semaines, un mois, six mois, les pepins, les pellicules et les rafles, ou les pepins et les pellicules seulement avec des vins faits. Les couvercles jointifs ont alors le mérite d'empêcher l'acide acétique de se joindre au tanin, à la teinture et aux tartrates de potasse que les macérateurs cherchent à accumuler dans leurs vins, soit pour les vendre comme teinture, soit pour les faire durer cent ans, c'est-à-dire pour les rendre impotables pendant 99 ans et les laisser devenir problématiquement potables à un prix qui, si l'on calcule les intérêts accumulés et perdus, devrait être 64 fois supérieur à leur prix primitif. Autant je prise un vin qu'on peut conserver 100 ans, toujours bon, toujours supérieur,' autant je méprise un vin qui ne sera bon peut-être qu'au bout de 100 ans, surtout quand c'est son propriétaire qui, volontairement ou stupidement, le met dans cet affreux état. Je méprise donc les macérations sous tous les rapports, et par conséquent, je ne puis conseiller les pratiques qui les favorisent.

Faites un vin excellent à boire de 2 à 5 ans après sa confection, ou même plus tôt si c'est dans sa nature : que ce vin, comme les vins de Champagne et de Bourgogne, puisse être conservé bon pendant 10 et 20 ans, et vous aurez fait pour vous et pour les autres ce qu'on peut faire de plus raisonnable et de meilleur ; si ce vin devenu bon à 5 ans est encore bon à 50 ans, comme le vin de Bordeaux, tant mieux ! Ces vins achetés 2 fr. la bouteille feront plaisir à tout le monde et vous enrichiront bien plus tôt et bien plus que le tokai et le johannisberg, qui à 100 ans vaudraient 50 fr. la bouteille et qui, pour que la famille qui les possède soit indemnisée, devraient être payés 64 fois le prix qu'on en aurait obtenu la première année de leur confection.

Le vin est comme l'argent : quand il ne circule pas, il n'existe pas; un million gardé mille ans dans un trou n'a de valeur qu'à la millième année, celle où il est utilisé ; et à cette millième année il a perdu une très-grande partie de sa valeur relative.

Conditions à rechercher dans un bon vin rouge. — Produire du bon vin, bienfaisant pour le corps, bienfaisant pour l'esprit, c'est-à-dire un vin français ; que ce vin puisse être conservé de 10 à 20 ans avec ses qualités, qu'il supporte les voyages et l'action des divers climats : telles sont en France les trois conditions du problème à résoudre par la viticulture et la vinification, depuis le Rhin jusqu'à Bayonne, depuis l'embouchure de la Loire jusqu'à Nice. La couverture hermétique des cuves n'entre pour rien dans ces trois données essentielles.

Conditions de la fermentation des vins rouges. —

La fermentation des vins rouges est excitée, ralentie ou précipitée comme celle des vins blancs par trois circonstances principales : la température de l'air, la maturité des raisins et l'étendue plus ou moins considérable de la surface de la cuve qui est en contact avec l'air. La fermentation des vins rouges est encore proportionnée, comme celle des vins blancs, dans son intensité et dans la rapidité avec laquelle elle parcourt ses périodes, à la masse des moûts contenus dans un même vaisseau.

Commencement de la fermentation dans la cuve. — Il résulte de tout ce que j'ai dit que, si la température est à 20 degrés dans l'atmosphère, à 17 ou 18 degrés dans la cuve, si tous les éléments des raisins bien mûrs réunis en bonnes proportions dans le moût offrent une masse de 20 à 40 hectolitres et si la cuve est ouverte, la fermentation commencera dans les douze premières heures. Simple et lente d'abord, elle ne tardera pas à devenir double, c'est-à-dire à avoir deux siéges et deux intensités fort différentes.

Séparation des liquides et des solides dans la cuve. — Le liquide se sépare des matières solides qui montent à la surface, tandis que le moût, s'expurgeant de plus en plus, demeure enfin pur au fond de la cuve : cette séparation complète a lieu dans les quarante-huit premières heures, souvent après vingt-quatre heures, rarement plus tard que quarante-huit heures; elle est d'autant plus rapide que l'écrasement préalable a été plus complet. Quand on n'a pas séparé la rafle des raisins de la cuve, la masse solide, que j'appellerai par anticipation le marc, monte plus haut et descend plus bas dans le liquide que quand l'égrappage a eu lieu; ce marc occupe alors plus du tiers supérieur, souvent près de la moitié de la cuvée. Le moût occupe les deux tiers ou la moitié inférieure; une portion du marc baigne dans le liquide, une autre portion retient beaucoup de jus

par la capillarité, et enfin la portion supérieure du marc se
resserre et se condense par le retrait presque complet du jus
et se constitue bientôt à l'état de chapeau par dessiccation.
Quand la rafle a été enlevée, la même distribution est ob-
servée, seulement le marc n'occupe que le quart, le tiers
supérieur au plus de la masse, et il s'élève moins haut dans
la cuve.

*Phénomènes perceptibles par l'ouïe et par le toucher ;
bruit et chaleur.* — Lorsque la séparation des solides et
des liquides s'est accomplie sous les premiers effets de la
fermentation, si l'on applique l'oreille à la partie inférieure
de la cuve, on y entend une crépitation analogue à celle de
la fermentation des vins blancs; si l'on se reporte à la partie supérieure, l'oreille entend un bouillonnement à grosses
bulles bien différent et bien plus puissant que le bruit produit par le dégagement du gaz dans la partie liquide. Si la
main est longtemps appliquée à la partie inférieure et
moyenne de la cuve, on perçoit une sensation de fraîcheur
relative; si elle est appliquée de même au milieu du tiers
supérieur, vis-à-vis le milieu du marc, on sent une chaleur
marquée; si de cette exploration superficielle on passe à
l'exploration thermométrique, le thermomètre, descendu
au milieu de l'épaisseur du marc, s'élève à 30 et 35 degrés au-dessus de zéro, et s'il est descendu au milieu du
liquide, il marque de 20 à 25 degrés.

La fermentation des vins rouges est double. — Si le
marc est plus chaud que le liquide, ce n'est pas parce que
les molécules échauffées du fond de la cuve montent et
s'accumulent vers le haut de la cuve, comme c'est la loi
de tout liquide échauffé, c'est parce que la fermentation
du marc est plus active et plus intense que celle des jus;
ce qui prouve cette différence de fermentation, c'est que
le marc des vins blancs mis à part s'élève jusqu'à 40° de

chaleur dans sa fermentation isolée, et que la fermentation des jus ne dépasse jamais 25° de chaleur dans une
atmosphère dont la température est de 20°. Voilà pourquoi j'ai dit que les vins blancs sont des vins à basse fermentation et les vins rouges des vins à haute fermentation.

Faits de la double fermentation des vins rouges. — Ce
phénomène de la différence de température des liquides et
des solides dans la fermentation des vins rouges est extrêmement remarquable et sensible. Il n'y a pas un fouleur de
cuve qui ne le connaisse.

Dans ma jeunesse, quand, avec des amis de mon âge, je
foulais les cuves par plaisir, nous nous trouvions si bien de
la bonne chaleur des marcs qui nous remontaient au-dessus
des genoux, que nous différions longtemps à crever le
marc, c'est-à-dire à passer le corps à travers le marc pour
le refouler jusqu'au fond de la cuve; le pied sentait le froid
bien avant d'avoir dépassé la limite inférieure du marc, et
lorsqu'il entrait brusquement et franchement en plein liquide, le contraste de température était assez désagréable
pour qu'on retirât le pied vivement; mais, lorsque après de
vigoureux et courageux efforts nous avions opéré le mélange, la chaleur, quoique amoindrie, devenant assez uniforme et présentant une moyenne de 24 à 25 degrés,
rendait le bain définitivement agréable à tout le corps.

*L'utilité des foulages à la cuve est fondée sur les effets
de la double fermentation.* — Il y a donc deux fermenta-
tions différentes dans les cuves, celle des marcs et celle des
liquides : l'une basse et lente, l'autre élevée et rapide, réa-
gissant l'une sur l'autre pour se réchauffer et s'activer, et
pour se refroidir et se ralentir. En effet, le foulage à la
cuve n'a pas pour but d'écraser les raisins ; son but principal est de rafraîchir les marcs qui s'échauffent trop et de
réchauffer les moûts qui resteraient trop froids. Il n'est pas

un vigneron qui ne sache que le foulage à la cuve diminue et éteint la fermentation et la chaleur ; fouler fréquemment, c'est prolonger et par conséquent ralentir l'opération définitive de la cuvaison.

Détails des foulages à la cuve. — Dans les premières vingt-quatre heures, le vigneron donne à sa cuve un premier *coup de pied*, c'est-à-dire qu'il la foule seulement à pieds et à jambes nus, son pantalon relevé ; par ce coup de pied, il se garde bien de crever le marc, son but est seulement d'écraser le raisin et d'activer la fermentation du marc lui-même. Quand cette fermentation a atteint et gardé un peu de temps son plus haut degré, vers le troisième ou quatrième jour, le vigneron foule sa cuve à fond et à corps entièrement nu, c'est-à-dire qu'il mélange les solides aux liquides pour activer par la chaleur la fermentation des liquides et pour faire dissoudre à ces liquides les produits de la fermentation par un lavage complet des marcs. Aussitôt cette opération terminée, la fermentation tumultueuse a disparu, la température moyenne a baissé, et l'une et l'autre ne reparaissent qu'au fur et à mesure que le marc se dégage, et remonte au-dessus du liquide pour reproduire une fermentation et une chaleur nouvelles qui devront s'éteindre bientôt. Toutefois le vigneron attentif et désireux de faire son vin rouge complet ranime encore cette fermentation par un dernier coup de pied, sans crever le marc reformé, et ses précautions à cet égard sont bien plus grandes qu'au premier coup de pied, car il sait que, la fermentation tirant à sa fin, s'il mélangeait désormais son marc au jus, le marc ne remonterait plus, le vin serait trouble, et au tirage, qui doit avoir lieu douze heures au moins, et vingt-quatre heures au plus après le dernier coup de pied, la *goutte*[1]

---

[1] On appelle goutte ou vin de goutte le vin tiré de la cuve à l'aide d'un robinet; on appelle vin de serre ou de presse, vin de première, deuxième,

ne le réjouirait pas par sa couleur brillante et limpide.

Différence entre l'écrasement préalable des raisins et le foulage à la cuve. — Le foulage à la cuve est, comme on le voit, bien différent de l'écrasement préalable des grains de raisin. Cet écrasement peut dispenser du premier et du dernier coup de pied, qui n'ont guère pour but que d'écraser les raisins, et que pour cela on exécute avec un certain art de piétinage régulier, en foulant successivement et peu à peu tous les points de la surface du marc, superficiellement d'abord, puis plus profondément, et enfin aussi près que possible du fond du marc sans le crever ; mais le grand et le vrai foulage à la cuve, qui a pour objet de porter la chaleur du marc dans la masse limpide et d'y laver les produits solubles formés sous l'influence de la haute fermentation, ne peut être négligé si l'on veut obtenir le maximum de couleur, de tanin et de sels qui puissent se dissoudre pendant la fermentation sensible des vins rouges.

Bâtons fouleurs. — Au lieu de faire exécuter le foulage à la cuve par des hommes nus, il doit être fait ou plutôt complété à l'aide d'un ou de plusieurs bâtons fouleurs. Le bâton fouleur doit pouvoir faire descendre le marc par portions successives jusqu'au fond de la cuve et par des mouvements rapides d'abaissement et d'élévation. Pour abaisser le marc dans ses mouvements de descente, il faut que le bâton fouleur (grav. 30) offre une succession de surfaces larges et plates, et, pour que dans ses mouvements ascensionnels il ne remonte pas le marc, il faut que le bâton n'offre au marc aucun point d'appui. Le bâton fouleur que j'ai employé avec le plus grand succès, A B, gravure 30, a 2 mètres de long et 4 centimètres de diamètre ; il est fait d'un bois léger, tel que marceau, vordre, bourdaine, saule,

troisième, quatrième et cinquième presse, les vins obtenus au pressoir par les pressions successives correspondantes.

et il présente six renflements de 10 à 12 centimètres de diamètre en C C C C C C, qu'on réduit à 4 centimètres de diamètre, c'est-à-dire au diamètre du bâton, en D D D D D D.

Ces renflements peuvent être dégagés d'un même morceau de bois ou être formés de rondelles coniques, tournées, enfilées et clouées sur le bâton central. On conçoit que le marc sera contraint de descendre par les surfaces plates C C C, et qu'il glissera sur les plans inclinés D D D. Le fouleur muni de ce bâton, et assis sur un madrier qu'il aura mis en travers de la cuve, enfonce verticalement et successivement le bâton dans tous les points de la surface du marc; avant de se servir du grand bâton fouleur, il peut employer un petit bâton de 1 mètre à 1 mètre 20 centimètres, ou bien donner un coup de pied, à pieds et jambes nus, bien lavés préalablement; le grand bâton fouleur achève admirablement, jusqu'au fond de la cuve, l'opération du foulage commencée par le piétinement de l'homme.

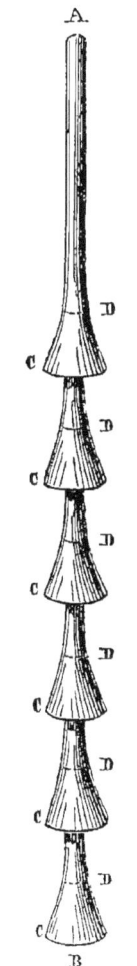

Grav. 50. — Bâton fouleur.

Moment de la décuvaison des vins rouges. — La confection des vins rouges à la cuve est exactement limitée par la cessation de la chaleur très-apparente et du bouillonnement très-sensible. Lorsque l'oreille, appliquée à la cuve, n'entend plus bouillir, lorsque la main, plongée dans le marc, ne sent plus de chaleur, le vin de *cuve*, dit *vin rouge*, dit

17.

vin à *haute fermentation*, est fait et parfait, quelle que soit sa couleur; il faut donc décuver au plus vite, si l'on ne veut pas que les vins rouges deviennent des vins de *macération*, vins bleus ou noirs.

On a dit et répété partout que le meilleur indice du moment convenable pour la décuvaison des vins rouges était la constatation, par le gleucomètre ou par la distillation, de la transformation de tous les sucres du moût en alcool; il n'en est rien : il reste du sucre dans les moûts, il reste du sucre dans les marcs de vin rouge après un mois, six mois et plus de cuvaison; qu'il reste peu ou beaucoup de sucre à convertir, ce sucre appartient désormais à la fermentation latente. Aussitôt que la fermentation apparente a cessé, la décuvaison doit donc avoir lieu, quand même la moitié de l'alcool ne serait pas encore produite, car en l'absence de chaleur et de dégagement abondant d'acide carbonique, les pepins, les pellicules et les rafles ne cèdent plus au vin que des produits de macération

§ 4. — VINS ROSÉS, OU VINS MIXTES ENTRE LES VINS BLANCS ET LES VINS ROUGES.

Pour ne pas diviser l'attention des lecteurs par la description de phénomènes incomplets, j'ai dû exposer sans interruption toutes les phases de la haute fermentation, caractérisant plus spécialement la préparation des vins rouges, poussée jusqu'à sa terminaison; mais le moment est venu de dire qu'avant de produire les vins rouges, la cuvaison donne naissance à des vins qui n'ont plus le caractère stimulant et diffusible des vins blancs, et qui n'ont pas encore la dureté et l'austérité des vins rouges. Ces vins sont à la fois agréables et salutaires; je les désignerai sous le nom de *vins rosés*, comprenant désormais sous cette seule dénomination, qui les représente mieux, tous les vins baptisés des noms bizarres de vins gris, œil-de-perdrix, pelure d'oignon, paillets, etc.

Qu'est-ce que les vins rosés? — Les vins rosés sont les vins tirés de la cuve après vingt-quatre ou quarante-huit heures de cuvaison, selon que la fermentation est plus ou moins active, par suite d'une maturité plus ou moins grande des raisins et d'une température atmosphérique plus ou moins élevée.

Causes de la rareté des vins rosés. — Les vins rosés (et je n'entends parler ici en aucune façon des vins blancs colorés en rose, vins qui n'ont rien de commun avec les vrais vins rosés) sont peu répandus et peu connus dans le commerce; les propriétaires de vignes, riches et hospitaliers, tirent à peu près seuls des vins rosés pour leur cave et leur consommation intérieure. Pour l'agrément et la santé, ces propriétaires préfèrent en général ces vins rosés aux vins blancs, aux vins rouges et surtout aux vins de macération. Mon expérience m'a prouvé qu'ils ont raison; mais le commerce et les consommateurs, surtout lorsqu'ils sont éloignés et étrangers aux vignobles, ne s'attachent qu'aux extrêmes. Ils n'admettent guère que deux nuances tranchées, celle des vins blancs ou celle des vins rouges; c'est regrettable, car ils se privent de ce qu'il y a de meilleur en vins de grande et salutaire consommation.

Qualités et durée des vins rosés. — Les vins rosés sont généralement excellents à boire dès la seconde année, et, si on les conserve, ils se bonifient aussi bien et aussi longtemps que les vins blancs et les vins rouges. Les principes conservateurs des vins sont exclusivement l'alcool et le sucre; la matière colorante, le tanin, les acides et les sels végétaux, l'albumine, le gluten, etc., en sont les éléments compromettants et périssables. Les vins rosés possèdent moins de ces matières que les vins rouges et que les vins de macération.

On tire les vins rosés avant tout foulage à la cuve, et la douceur que leur communiquent les vins de presse non foulés ajoute à leur agrément et à leur solidité.

Confection et tirage des vins rosés. — *Procédé ordinaire.* — En général, les propriétaires se contentent, pour tirer leur vin rosé, de *suivre à l'oreille* le développement de la fermentation, et de choisir, pour le tirage, le moment où la fermentation vient de s'établir franchement dans toute la cuve et se manifeste par une ébullition et une chaleur générales. Ils joignent le plus souvent à cet indice celui qui leur est fourni par la dégustation : douze heures ou même vingt-quatre heures après le commencement de la fermentation, le vin est souvent encore trop doux pour être tiré ; souvent aussi, après vingt-quatre ou quarante-huit heures de cuvaison, il est trop dur : trop doux signifie que le moût contient encore trop de sucre et pas assez d'alcool, de tanin, de matière colorante ; trop dur veut dire que le moût contient trop d'alcool, de tanin, de matière colorante et pas assez de sucre. Le vrai moment du tirage indiqué par la dégustation est celui où le vin donne les mêmes sensations que donnerait un punch léger ou fort, c'est-à-dire une proportion de principes sucrés et de principes spiritueux dont l'ensemble plaît au palais. Tout le monde comprend cette nuance de saveur, et rien n'est plus facile que de l'apprécier ; elle se manifeste toujours dans le cours d'une bonne cuvaison, d'une cuvaison régulière, mais elle ne dure qu'un moment, et c'est ce moment qu'il faut saisir. Pour ne pas manquer l'occasion, le propriétaire doit multiplier ses dégustations d'heure en heure quand la fermentation est très-active ; de deux heures en deux heures quand elle est plus lente ; à cet effet, un trou de vrille est pratiqué à la réunion du tiers inférieur et des deux tiers supérieurs de la cuve, et ce trou doit pouvoir être fermé et ouvert par une bonne broche en bois solide et *bien en main*. Tant que la saveur du vin tiré s'améliore, on peut attendre; dès que le doute peut exister sur l'amélioration possible du vin placé dans la cuve, on doit le tirer et *faire le marc*, c'est-à-dire faire toutes les opérations qui se rattachent au pressurage. On doit procéder à la répartition du vin de goutte et des vins de presse dans les tonneaux comme on a procédé à cette répartition pour les vins blancs et les vins rouges.

Si l'on a eu soin, avant de mettre les raisins en cuve, de constater exactement et d'inscrire le degré gleucométrique de leur moût, on reconnaîtra que la dégustation la plus favorable du vin correspond presque toujours à la réduction apparente de la moitié du principe sucré, c'est-à-dire que le gleucomètre marque alors la moitié des degrés du moût și l'on pèse le vin ramené à 12° de température par l'immersion préalable de l'éprouvette qui le contient dans l'eau fraîche d'un bon puits; je dis la réduction apparente du sucre, car le chiffre qui indique la moitié des degrés que marque le gleucomètre plongé dans le liquide contenant de l'alcool correspond à une proportion de sucre plus élevée que celle que ce chiffre exprime.

Procédé Sampayo. — Je dois parler ici avec quelques détails d'une autre méthode pour faire les vins rosés : elle a été plus usitée autrefois en Champagne qu'elle ne l'est aujourd'hui, et elle se rapporte à une pratique connue sous le nom de procédé Sampayo, pour augmenter artificiellement la maturité et le sucre des raisins : c'est toute une théorie qui n'a pas été assez étudiée et qui mérite la plus grande attention.

Les raisins cueillis avec soin et transportés directement dans des récipients de la contenance d'un hectolitre y sont

laissés simplement couverts d'une toile, sans être ni égrappés,
ni foulés, ni froissés en aucune façon ; souvent on les met
avec précaution dans des tonneaux de deux hectolitres jusqu'à ce que ces tonneaux soient bien remplis de grappes entières. Les raisins restent dans cet état pendant 8 à 12 jours
sans fermenter d'une façon notable, mais achevant leur maturité, s'affaissant et se préparant à donner un moût plus
riche et plus parfait. Après huit à douze jours, et même davantage si les raisins *se comportent* bien, c'est-à-dire s'ils
ne moisissent pas et ne fermentent pas, on les foule rapidement, on verse le contenu des récipients dans une cuve, et
dès que la fermentation se manifeste par l'ébullition, on se
hâte de tirer le jus et de soumettre le marc au pressoir. On
obtient ainsi des vins rosés plus riches et plus fins que ceux
qu'on obtient par le foulage et la cuvaison immédiate.

M. de Sampayo a aussi appliqué à la confection des vins
rouges le procédé de réunion des raisins en tas après la
vendange et avant le foulage et la cuvaison, et il a également obtenu des vins plus riches et de meilleure qualité.
Cela est facile à comprendre, puisque cette pratique est en
quelque sorte le début de celle qu'on suit pour la confection des vins de liqueur; les deux procédés présentent au
moins une analogie, c'est que dans les deux cas le temps
détermine le développement naturel du sucre dans les raisins séparés de leur cep. Ce sucre se développe-t-il réellement en si peu de temps? On peut le présumer si l'on considère le travail qui s'opère dans tous les fruits, pommes,
poires, nèfles, etc., déposés verts ou non complétement
mûrs dans un fruitier. J'ai commencé, à ce point de vue,
l'étude de ces questions, mais mes expériences n'ont pas été
assez nombreuses pour qu'il me soit permis de rien affirmer à cet égard. J'ai laissé des raisins non tassés séjourner
dans des tonneaux pendant 8 et 12 jours, et je n'ai pu con-

stater au gleucomètre la moindre augmentation du sucre
de leurs moûts; mais, comme le degré de sucre de ces
moûts restait le même, et qu'ils avaient une légère odeur
vineuse, j'en ai conclu qu'une partie de sucre était déjà
transformée en alcool. Pour bien constater ce fait, il eût
fallu faire une opération de distillation que je n'ai pas eu
le temps de faire.

Quoi qu'il en soit, j'appelle sur le procédé Sampayo l'attention des chimistes œnophiles et des viticulteurs instruits
avec d'autant plus d'insistance, que, s'il était démontré que
les raisins, mis en masse plus ou moins grande sans être
écrasés, *font leur sucre* en 4, 8 ou 12 jours d'attente, les
conditions de la cuvaison des vins rosés et des vins rouges
pourraient en être profondément modifiées, c'est-à-dire
qu'au lieu d'être égrappés et écrasés préalablement, les raisins devraient être mis à la cuve aussi intacts que possible.

Des deux procédés pour faire les vins rosés, le premier
est toujours le plus simple et le plus rapide, surtout s'il ne
s'agit que de tirer d'une cuve de vin rouge quelques tonneaux de vin rosé. Je répéterai donc à ceux qui font des
vins rouges le conseil que je leur ai donné pour les vins
blancs : ne faites pas seulement trois ou quatre hectolitres
de vins blancs, mais n'hésitez pas à faire, en outre, trois
ou quatre hectolitres de vins rosés; quelle que soit la grossièreté ou la finesse des vins rouges ou des vins de macération que vous avez l'habitude de faire, vous gagnerez plus
que vous ne pouvez le prévoir à les goûter et à les faire
goûter sous la forme de vins rosés.

§ 5. — VINS DE MACÉRATION (VINS BLEUS, VINS NOIRS).

**Le contact des jus et des marcs au delà de la durée
de la fermentation apparente constitue la macération.** —
Aussitôt que la fermentation tumultueuse de la cuve s'a-

paise, aussitôt que l'acide carbonique cesse de se faire entendre à sa sortie du liquide, aussitôt que la chaleur baisse, le vin rouge est fait. Il possède tous les éléments de ses qualités futures, et le vigneron est trop heureux si le vin n'a pas déjà *dépensé* trop de sucre, s'il n'a pas tué son parfum de raisin, s'il n'a pas usé en 24 ou 48 heures la moitié de sa jeunesse et de sa vie pour s'emparer de cette couleur trompeuse qui n'a jamais été qu'une qualité pour l'œil et une qualité de convention; l'odorat, le goût, l'estomac, les muscles et les nerfs n'ont rien à attendre d'elle, mais surtout rien de bon. Le vin ne peut rien emprunter désormais aux pepins, aux pellicules et aux rafles que des excès de tanin, de sels, d'amidon, de matières azotées et surtout de matière colorante qui constituent des défauts et des vices dont il devra se débarrasser, s'il le peut jamais, au prix d'un temps et d'un capital énormes. Le vin macéré ne deviendra bon que lorsqu'il aura déposé la matière colorante, le tanin, les sels, etc., dont il s'est chargé sans limites et sans raison.

Les bons vins ne doivent jamais subir de macération. — La macération doit donc être absolument proscrite pour les bons vins, même pour l'admirable vin de l'Ermitage, qui sera payé le double de sa valeur actuelle aussitôt qu'il sera préparé sans macération. J'ai vu tuer les meilleurs vins rouges par cette funeste pratique de la macération qu'on applique de plus en plus, dans une double conviction, doublement erronée, que le vin macéré est un plus grand vin et qu'on peut le conserver plus longtemps.

Le vin est un liquide organique et vivant. — Les vins blancs, rosés, rouges et noirs, tous les vins, en un mot, sont des liquides organisés et vivants qui ont leur enfance, leur jeunesse, leur virilité, leur vieillesse et leur décrépitude. Ils végètent sans cesse en eux-mêmes et le cours de leur existence est borné à l'accomplissement d'une certaine somme de travail dont la dernière fin est la réduction de leurs parties en eau, en acides, en sels, en éléments minéraux enfin; arrivés à ce point, les vins n'existent plus, ils sont morts.

Le sucre et l'alcool sont les principes de la vie et de la durée du vin. — La vie du vin commence par la fermentation apparente et elle se continue par la fermentation latente. Les deux principes de sa vie, les deux éléments de sa durée et de sa conservation sont le sucre et l'alcool; le sucre, en se transformant, nourrit le vin, l'alcool le soutient à mesure qu'il est formé. Tous les autres éléments organiques et inorganiques dissous dans son eau végétale y sont conservés par le sucre et l'alcool comme les fruits sont conservés par le sirop ou par l'eau-de-vie; ce ne sont point les fruits qui conservent le sucre et l'eau-de-vie, ce sont ces mêmes fruits au contraire qui, à la longue, décomposent les deux éléments de leur première conservation. Le sucre et l'alcool sont en réalité les seuls principes de la vie et de la durée des vins, les autres substances en sont les antagonistes certains, la matière colorante surtout, véritable protée qu'un rayon de soleil suffit à transformer. Le tanin n'est pas sujet à moins de transformations; mais, s'il est en faible proportion, il a au moins le mérite de fixer la saveur du vin et de neutraliser l'albumine quand elle est en excès; mais, aussitôt que le tanin dépasse les limites de cette double utilité, il devient une des causes les plus actives de la décomposition des vins; j'en dirai autant de l'excès du ferment.

La matière colorante, le tanin, le ferment, sont les antagonistes de la vie du vin. — Sans doute certains vins macérés et chargés en excès de substances étrangères au sucre et à l'alcool se conservent très-longtemps et finissent par devenir très-bons; mais ces vins sont tellement riches en sucre et en alcool qu'ils conservent la matière colorante, le tanin, etc., comme l'eau-de-vie conserverait le grain du cassis; mais prenez des jus ou de l'eau sucrée à 10 pour 100 de sucre réductible, ou à 5 pour 100 d'alcool; faites prendre à ce liquide, au moyen d'une fermentation et d'une macération prolongées pendant un ou deux mois, toute la matière colorante des marcs de raisins noirs, tout leur tanin et toutes les autres substances accessoires du vin, faites ensuite avec soin le vin qui en résultera, et après six mois, un an, faites voyager ce vin, ou exposez-le au soleil, en six semaines il sera tourné et décomposé; ou bien gardez-le en cave, sans le faire voyager, et au bout d'une année il sera tourné et décomposé. Faites macérer des marcs dans de l'eau sucrée à 20 pour 100, et mieux à 30 pour 100 de sucre ou à 15 pour 100 d'alcool pur, et le vin pourra être conservé en état parfait; c'est donc le sucre et l'alcool qui conservent les substances étrangères à leur constitution, et ce ne sont pas ces substances qui conservent le sucre et l'alcool.

L'expérience directe le démontre nettement, la matière colorante, le tanin, les acides et les sels en excès ne donnent au vin rouge ni solidité ni durée; leur présence dans un vin solide et durable indique simplement que ce vin a assez de sucre et d'alcool pour la supporter sans périr. Mais ce vin ne sera potable et ne deviendra délicat que quand il aura déposé tout son excès de matière colorante, tout son excès de tanin, tout son excès de sels, soit aux parois et au fond des tonneaux, soit aux parois des bouteilles; donc la présence de ces substances est essentiellement nuisible au sens du goût, à l'estomac et à l'organisation en général, et par conséquent essentiellement opposée aux qualités du vin.

La macération tue les vins. — Ce n'est pas tout : j'ai dit que le vin était un liquide organisé et vivant, et je dis que la fermentation tumultueuse et la macération prolongée le tuent en transformant tout à coup en principes immédiats fixes tous les principes végétaux, dont le travail modéré et successif forme sa vie, sa durée et ses qualités. Un vin dont tout le sucre est réduit ainsi devient une plate conserve de matière colorante, d'acides et de tanin à l'eau-de-vie sans sucre. J'ai constaté ce fait dans maintes circonstances, et je le constate encore tous les jours en goûtant des vins de fins pineaux bien mûrs, qu'on a égrappés avec soin, qu'on a cuvés avec solennité, qu'on a soignés dans leurs tonneaux avec amour, qu'on a soutirés et remplis avec assiduité et qu'on a vendus 400 fr. et 500 fr. les deux hectolitres, parce qu'ils sont purs de tout mélange, parce qu'ils sont loyaux. Eh bien, ce vin limpide, d'un beau rouge noir, vous vous apprêtez à l'admirer, à le savourer par le goût et par l'odorat, vous l'agitez dans votre bouche, vous l'avalez et vous n'avez rien senti qu'une liqueur fade et plate; ce vin a été tué par quinze jours de cuve, ce vin est mort.

J'ai vu tuer ainsi une magnifique cuvée de raisins noirs de Bouzy (Champagne) en 1846. La vendange était incomparable; les grappes, d'une maturité complète, se présentaient toutes avec leur velouté sans un grain douteux; cette récolte a été égrappée, passée à la fouloire Lomeni et mise en cuve. Après douze heures, la fermentation était lancée; après cinq jours elle était terminée; dès le second jour, le vin avait la saveur et le parfum d'un punch parfait. Il eût été facile d'en faire un vin rosé au-dessus de toute estimation; au cinquième jour cette cuvée aurait produit encore un vin rouge admirable; mais on laissa macérer ce vin dix-sept jours *pour en faire un grand vin!* Ce vin était noir et fort, mais il était lourd à l'estomac, plat au goût et à l'odo-

rat, il était tué. Il fut pourtant vanté à cause de son origine
incontestablement loyale et supérieure, il fut poussé et
placé partout, servi même à l'Empereur comme le type des
vins rouges de la Champagne, que l'Empereur demandait
à apprécier; mais l'Empereur, après l'avoir dégusté en con-
naisseur, déclara que la Champagne produisait de bons vins
blancs, mais de pauvres vins rouges. L'Empereur avait
frappé juste sur ce vin, mais il eût jugé autrement une
bouteille de Bouzy rouge prise dans la cave d'un simple
vigneron de Bouzy; le vin rouge de Bouzy, tiré aussitôt
après la fermentation tumultueuse, est délicieux.

**Le plus petit vin vivant vaut mieux que le plus grand
vin mort.** — Pour bien juger d'un vin de grand crû ou de
fins cépages tué par la fermentation ou la macération, il
faut goûter en même temps un vin blanc ou un vin rosé
de la même provenance et de la même année; on comprend
alors ce que c'est que la mort du vin, et l'on sent que le
plus petit vin vivant vaut mieux pour le goût et pour la
santé que le plus grand vin mort.

**La valeur des vins morts ne réside plus que dans la
quantité de sucre et d'alcool qu'ils contiennent.** — Presque toutes les macérations (excepté celle des vins très-
sucrés et des vins de liqueurs) font des vins morts; et les
vins, comme les hommes morts, ne diffèrent entre eux que
par le poids et par les proportions de leurs tissus. C'est
par cette raison qu'on a pu prouver que l'eau sucrée à 25
pour 100 donnait un vin aussi bon, plus solide et plus transportable par la deuxième ou troisième macération des
marcs de raisins noirs, que le pur jus à 15 pour 100 de
sucre qui était sorti de prime abord de ces raisins. En effet
c'est là une conserve des produits de la rafle, de la pellicule et du pepin, meilleure que celle du vin tué, puisqu'elle
renferme plus de principes conservateurs, puisque des

deux cadavres de vin le premier est le mieux embaumé.

Pourquoi l'on fait des vins de macération. — Puisque la macération tue le vin, puisque la matière colorante, le tanin, les sels que la macération dissout en excès, loin de concourir à la conservation du vin, contribuent sans cesse à le décomposer; puisque ces substances, loin d'ajouter aux qualités du vin, les détruisent ou les masquent à tel point qu'on ne peut reconnaître ces qualités qu'après que le tanin, la matière colorante et les sels en ont été éliminés par un travail long et dangereux, pourquoi fait-on beaucoup de vins de macération?

Quelques-uns de ces vins sont faits dans l'ignorance la plus complète des vraies qualités du vin et des moyens de les obtenir, et par la superstition et l'idolâtrie de la couleur; mais la plupart des vins de macération sont produits pour rendre de la couleur aux vins qui n'en ont pas, et comme cette couleur n'est très-abondante et ne se soutient bien que dans les vins qui ont beaucoup d'alcool, on achète à la fois leur couleur et leur alcool pour les mélanger aux vins qui manquent à la fois d'alcool et de couleur. On les mélange avec des petits vins blancs pour faire des vins rouges, on les mélange avec les vins faibles de Bordeaux, de Touraine, de Bourgogne, de basse Champagne, etc., etc., en sorte que ces vins de macération ont une immense clientèle, non de consommateurs directs, mais de fabricants et de marchands de vins coupés.

Coupages des vins vivants par les vins morts. — Ces coupages, s'ils résultent de mélanges de vins purs, naturels et macérés le moins possible, peuvent fournir des boissons d'usage ordinaire assez agréables et suffisamment saines, surtout si les vins purs très-colorés sont associés aux vins blancs, qui eux sont toujours pleins de vie. Elles valent certainement mieux que les vins remontés par les glucoses, par les cassonades, les mélasses et même par les sucres de betterave ou par les alcools qui résultent de la distillation de ces vins; elles valent même mieux que les vins purs tués par la macération. Malheureusement les sucres inférieurs en qualité au sucre du raisin viennent trop souvent aujourd'hui joindre leur funeste influence à celle de la macération à outrance.

§ 6. — SUCRAGE DES VINS. — VINS ARTIFICIELS.

J'ai supposé jusqu'ici la fermentation des vins blancs, rosés, rouges et noirs s'accomplissant normalement sous les conditions d'une bonne maturité des raisins et d'une saison suffisamment chaude; souvent l'une des deux conditions fait défaut, parfois elles manquent toutes les deux.

Avant tout il faut, d'une part, que le jus du raisin contienne du sucre et qu'il en contienne une certaine proportion pour entrer en fermentation, soit à l'état de moût pur pour faire les vins blancs, soit à l'état de moût mélangé aux grains, aux pellicules et aux rafles pour faire les vins rouges, et d'autre part il faut qu'il en contienne assez pour constituer un vin de bonne durée et de bonne vente.

Moûts pauvres en sucre. — Il est des années malheureuses où, dans les meilleurs vignobles et avec les raisins provenant des meilleurs cépages, le moût atteint à peine 6 degrés au gleucomètre, ce qui donnerait un vin renfermant environ 5 pour 100 d'alcool. Ce moût, tout pauvre qu'il soit, fermenterait parfaitement s'il était placé dans des conditions de température intérieure et extérieure convenables, et il produirait un vin très-léger, très-acide (car les acides du moût sont d'autant plus abondants que le sucre est en moindre proportion), de peu de durée (de un à trois ans), très-sain, mais peu agréable à boire, et ne pouvant ni être transporté ni être vendu au loin.

Dans cette situation de mauvaise maturité, le moût provenant de fins cépages est-il supérieur au moût des cépages grossiers, dont le taux gleucométrique est également de 6 degrés dans la bonne maturité moyenne de leurs raisins?

Le moût pauvre des fins cépages est de meilleure qualité que le moût normal des cépages grossiers. — La réponse n'est pas douteuse; le moût des fins cépages demeuré pauvre par défaut de maturité conserve tous ses éléments de finesse relative à l'égard des cépages grossiers devenus aussi riches en sucre que lui.

Dans les diverses transformations organiques ou chimiques que subissent les substances nutritives fournies à l'homme par les végétaux, ces substances conservent le caractère spécial de leur matière originelle et leurs rapports de qualités ou de défauts relativement à notre organisation. Ainsi les *sous-acides* qui forment les sucres des fruits, les sucres des fruits qui en forment les vins, les vins qui en forment les esprits, les esprits qui en forment les vinaigres, différeront toujours entre eux de toute la différence d'un fruit à l'autre; ainsi les sous-acides de la cerise, de la prune, de la pomme, de la poire et du raisin, les sucres de la cerise, de la prune, de la pomme, de la poire et du raisin, les vins de la cerise, de la prune, de la pomme, de la poire et du raisin, les eaux-de-vie de la cerise, de la prune, de la pomme, de la poire et du raisin, et les vinaigres ou suracides de ces eaux-de-vies conserveront toujours, dans tous ces états divers, leurs bonnes ou leurs mauvaises qualités relatives; il en sera de même pour les produits des diverses espèces de ces genres de fruits.

Je suis donc persuadé qu'à richesse égale de sucre et à maturité différente, le moût des fins cépages garde toute sa supériorité sur celui des cépages grossiers.

Qualité et proportion du sucre à ajouter aux moûts

pauvres. — Cette solution amène une autre question : Peut-on, doit-on ajouter au moût des fins cépages et même au moût des gros cépages la richesse en sucre qui leur fait défaut? Oui, à une condition, et dans une centaine mesure.

La condition absolue est que le sucre ajouté sera supérieur ou au moins égal en qualité bienfaisante au sucre du raisin.

La mesure est : 1° que la quantité de sucre pur ajoutée dans les mauvaises années ne dépasse pas le degré que le cépage et le climat auraient donné dans une année ordinaire et moyenne pour la qualité naturelle du vin; 2° que cette quantité ajoutée dans les années ordinaires ne dépasse pas le degré du moût dans les bonnes années, et reste au-dessous du degré que le moût atteint dans les années de qualité exceptionnelle; 3° que dans les années exceptionnelles on ne fasse aucune addition de sucre pour élever le degré de sucre et de spirituosité du vin.

Par exemple, les raisins des fins cépages donnent des moûts qui marquent au gleucomètre 6° dans les mauvaises années, 10° dans les bonnes années et 14° dans les années tout à fait exceptionnelles ; on ne devrait donc pas ajouter à 6° de sucre plus de 3° pour conserver une certaine harmonie et un équilibre convenable entre le sucre et les autres éléments du vin, à 8° plus de 2°, et à 10° plus de 1°. Le moût remonté de 8° de sucre lorsqu'il n'en possède naturellement que 6° ne fera jamais un bon ni un grand vin, il fera un vin malfaisant et monstrueux.

Le bon vin, le meilleur vin n'est pas un vin *fort*, un vin *spiritueux*; c'est un vin *harmonieux* où l'alcool est dissimulé par une saveur agréable, accompagnée d'un parfum léger et délicat. Dans les vins de Champagne, de Bourgogne, de Bordeaux, vraiment supérieurs, l'alcool ne doit jamais apparaître, il ne doit pas même pouvoir être soup-

çonné sous la fraîcheur de plusieurs de ces vins, sous le
velouté des autres, dans le bouquet de tous.

Comment donc pourrait-on espérer obtenir du bon vin
en portant à quatorze degrés un moût de pauvre année qui
n'aurait eu que six degrés ? Où trouver le parfum divin, où
trouver la féerique saveur qui vont faire passer inaperçus
quatorze degrés d'esprit ? Sans doute le moût est de noble
provenance, il a des qualités, mais de frêles qualités ; c'est
un cadet de famille, un peu criard, un peu aigre, bien
mièvre et bien faible, qui peut avoir certaines vertus, certains agréments, mais qui ferait mauvaise figure le casque
en tête et la cuirasse au dos.

Quant aux moûts de gamai, de gouais et d'autres cépages
grossiers, s'ils ne marquent que trois, quatre ou cinq degrés
de sucre, ils ne pourront recevoir raisonnablement par addition de sucre que deux, trois et quatre degrés, puisque leur
richesse d'année exceptionnelle ne dépasse pas huit degrés.

Le sucre même le plus parfait, ajouté au vin au delà de
ce qui est nécessaire pour ne pas perdre ce vin, pour le
conserver de cinq à dix ans, pour le rendre transportable,
ne doit point être regardé comme améliorant le bon vin,
comme rendant bon le vin mauvais. Toute addition exagé-
rée de sucre est une détérioration de vin pour les vrais gourmets et pour tous ceux qui cherchent dans l'usage du vin
autre chose que la lourde et brutale ivresse.

**Il est contraire à l'intérêt de la propriété et du com-
merce de ramener tous les vins à un type commun par
le sucre.** — Mais s'il n'est pas avantageux au vin en lui-
même d'être chargé de sucre et d'alcool au delà de l'équilibre de ses éléments naturels, au delà de ses forces, cela
est encore bien moins avantageux au propriétaire et même
au marchand de vin.

Ramenez tous les vins à un type unique, fût-il excellent ;

18

que chaque crû cesse d'avoir son cachet, que le vin de chaque année ressemble au vin de toutes les autres années, et le commerce de vins perd toute son activité, tout son intérêt. Ce sont les petits vins qui font le prix des grands vins; ce sont les diversités qui font les assortiments; ce sont les vins des mauvaises années qui élèvent les prix des vins des bonnes et des grandes années.

Plus les vins sont légers, plus on en boit : transformez tous vos vins en vins d'entremets, et vous réduirez la consommation au millième; faites tous vos vins en vins de liqueur (vous le pouvez avec le sucre), et vous n'obtiendrez plus que le cent millième de la consommation.

La loi doit proscrire les vins artificiels, ou exiger la désignation ostensible de leur composition. — Vignerons et propriétaires de vignes, marchands de vins et consommateurs, réunissez-vous en tous pays, pour crier haro contre tout homme qui prétend faire de grands vins avec du sucre et des verjus; contre celui qui, avec les mêmes vignes et les mêmes cépages que les vôtres, prétend faire sortir de ses cuves de grands vins quand vous n'en faites que de bons, de bons vins quand vous n'en faites que de petits, et cela au moyen des sucrages; celui-là se trompe lui-même ou vous trompe tous et vous fait du tort à tous. Protestez surtout de toute votre énergie contre celui qui fait le vin de toutes pièces avec de l'eau sucrée mélangée à des verjus ou macérée sur des marcs de raisins; celui-là trompe sur la marchandise; celui-là vole comme le marchand qui vendrait du calicot pour de la toile, à moins qu'il n'inscrive sur ses pièces de vin : Vin fait avec du sucre, de l'eau et des marcs de raisin; ou bien : Vin fait avec un quart, un tiers, moitié de jus de raisin, et trois quarts, deux tiers, moitié d'eau et de sucre de canne, de betterave, de fécule, etc. Avec l'étiquette sincère sur son produit, chacun est libre et doit rester libre de vendre telle substance qu'il lui plaît de fabriquer, pouryu qu'elle n'offre rien de vénéneux ou de dangereux pour la santé.

Cette simple prescription d'un article de loi qui est de toute justice et que vous devez tous solliciter de la législature, avec les règlements de police nécessaires pour en assurer l'exécution, préservera les vignerons, les propriétaires, les marchands et les consommateurs de vin, des fraudes, des excès et des maux dont la fabrique des *vins de sucre* vous menace.

Autre chose est de faire du vin avec du sucre ou de soutenir un vin trop faible pour se constituer, pour se nourrir, pour être conservé et expédié; déjà la loi avait implicitement consacré en quelque sorte la nécessité de ce secours à donner au vin en permettant d'y ajouter en franchise de droit 5 pour 100 d'alcool pur; l'addition du sucre dans le moût n'est pour ainsi dire que la même opération, mais dans des conditions bien plus favorables à la qualité et à la solidité des vins. Le sucre en quantité modérée s'assimile au vin par la fermentation, il s'y transforme doucement à l'état d'alcool d'un faible degré, et n'y prend aucun des inconvénients inhérents aux principes immédiats chimiques et par conséquent aux alcools concentrés, c'est-à-dire l'inconvénient des saveurs et des odeurs fixes, et surtout l'inconvénient de n'être plus alimentaire.

Proportion du sucre de canne qu'il est possible d'ajouter au moût. — Je l'ai déjà dit et je le répète ici avec insistance, le seul sucre capable d'améliorer les vins fins, le seul qu'il soit permis d'y ajouter dans les moindres proportions possibles comme aide et comme soutien *est le sucre pur de canne,* celui dont l'eau-de-vie obtenue directement et sans défécation ni rectification est appelée *rhum;* l'alcool de ce sucre est plus stomachique et plus heureusement stimulant du système nerveux que tous les autres alcools.

Il faut de 1,500 à 1,600 grammes de ce sucre par hectolitre pour élever le chiffre gleucométrique du moût de un degré, et jamais on ne doit, pour faire du vin vraiment *harmonieux* et bon, y ajouter plus de trois degrés, c'est-à-dire plus de quatre kilogrammes et demi de sucre par hectolitre lorsque le moût marque six à sept degrés, et jamais plus de deux kilogrammes lorsque le moût marque de lui-même neuf à dix degrés; s'il marque davantage, on ne doit rien ajouter.

En 1846 les moûts de bons raisins de Champagne marquaient treize degrés; les vins purs produits par ces moûts n'ont pas donné toutes les qualités d'usage qu'on pouvait en attendre; ils étaient trop capiteux, trop chauds pour être agréables, mais ils avaient toujours une grande valeur d'alcool et de parfum pour enrichir les vins trop faibles des récoltes suivantes.

La désacidification des moûts est une faute. — Dans les années de maturité incomplète il faut bien se garder de neutraliser les sous-acides végétaux par aucun procédé chimique ; rien n'aplatit davantage les moûts pauvres ou riches pour vins ordinaires, pour vins de liqueur et pour vins cuits que leur traitement par la chaux ou le carbonate de chaux. La désacidification est une opération d'autant plus malheureuse qu'en enlevant aux vins un élément indispensable elle les prive d'une amélioration ultérieure des plus importantes, car avec le temps les sous-acides se transforment et contribuent à la richesse et à la qualité du vin.

§ 7. — TEMPÉRATURE ARTIFICIELLE A DONNER AUX MOUTS ET A L'AIR
POUR FAVORISER LA FERMENTATION.

Lorsque les moûts ont une richesse convenable, soit naturellement, soit par addition de 3 à 4 pour 100 de sucre de canne, c'est-à-dire lorsqu'ils marquent de 9 à 11 degrés au gleucomètre, ils possèdent la base d'une fermentation très-bonne, ils ont de plus tout le ferment nécessaire pour la déterminer; mais cette double condition ne suffirait pas si la température de la masse liquide et celle de l'atmosphère ambiante étaient au-dessous de 10 degrés de chaleur, et la fermentation marcherait lentement et mal si cette température ne s'élevait pas au-dessus de 15 degrés; 25 degrés constituent la température la plus stimulante de la fermentation.

L'échauffement artificiel de l'atmosphère suffit pour échauffer les vins blancs. — Une atmosphère entretenue à 20° ou 25° de chaleur par un fourneau, un poêle ou un calorifère dans le local où sont rangés les vaisseaux à vins blancs suffit à échauffer en 24 ou 48 heures les moûts les plus froids et à déterminer leur fermentation, parce que les vaisseaux vinaires sont petits et que l'absence de matières étrangères au jus pur permet d'attendre tout le temps nécessaire pour que la chaleur pénètre dans toute la masse du vin.

Il faut échauffer directement les moûts des vins rouges. — Les cuves à vin rouge contenant de 40 à 50 hectolitres ne s'échaufferaient qu'après un temps qui varierait de 3 à 6 jours, et, pendant les 3 à 6 jours qui précéderaient ainsi la fermentation, une macération fâcheuse aurait nécessairement lieu : de plus les vinées, cuveries ou cuviers ne sont généralement pas disposés pour être facilement chauffés et pour rester longtemps chauds. Il serait donc important de trouver un moyen sûr et prompt de porter la masse du moût, formant la cuvée, à plus de 15° de chaleur, et, s'il se peut, à 20° ou à 25°.

L'échauffement produit en plaçant sur le feu une par-

18.

tle des moûts est mauvais. — Pour obtenir que la masse du moût soit chauffée de 15 à 25 degrés, on a en général recours à un moyen que je condamne absolument, on chauffe une partie des moûts à 50 degrés, à 75 degrés et à 100 degrés. Outre que ce moyen est difficile, dispendieux et à peu près impraticable dans de grandes vendanges, il est en outre des plus nuisibles à la constitution naturelle et à la vie future des vins; le moût chauffé et surtout bouilli, réduit et de plus désacidifié, est un élément mort pour le vin; l'addition de sucre de canne vaut mieux, parce que ce sucre laisse au moût tous ses éléments vivants.

Quant à la chaleur apportée à la cuve, elle est proportionnellement faible, et surtout elle ne peut être soutenue : un hectolitre bouillant porte à 20° de chaleur neuf autres hectolitres n'ayant que 10°, en sorte qu'il faut porter à l'ébullition 4 à 5 hectolitres de moût pour échauffer convenablement une cuvée de 40 à 50 hectolitres; mais cette chaleur ne se maintiendra à ce degré qu'un temps très-court, quelles que soient les enveloppes et couvertures en étoffe ou en paillasson dont on protége la cuve, et si, dans ce temps très-court, la fermentation ne se détermine pas ou se détermine lentement, c'est à recommencer, et de réchauffement en réchauffement on arrive à manquer la cuvaison ou bien à obtenir une cuvaison détestable. J'ai éprouvé par moi-même et j'ai vu chez mes voisins les difficultés et les tristes effets de l'échauffement et des réchauffements des cuves au moyen de chaudronnées de moût, et je crois rendre un vrai service en engageant tous les viticulteurs à pourvoir leurs cuves du tube en U dont j'ai parlé (page 247), tube pouvant être parcouru soit par la vapeur d'un alambic ou d'un générateur *ad hoc,* ou bien par l'eau chaude d'un thermosiphon.

Le meilleur échauffement est produit par la vapeur

ou par l'eau circulant dans un tube. — Au moyen de l'eau chaude ou de la vapeur on élève graduellement et promptement toute la masse liquide à la température de 15°, de 20° et de 25°; on maintient cette température jusqu'à ce que la fermentation soit parfaitement établie, et au besoin pendant toute la fermentation; 75 litres d'eau vaporisée élèvent de 10 degrés la température de 50 hectolitres de moût, et, la cuve étant couverte d'une toile ou de paillassons, 25 litres d'eau vaporisée la maintiennent à cette température pendant 24 heures, ce qui est suffisant; en sorte qu'avec un petit générateur d'un hectolitre et demi on peut mettre en fermentation une cuvée de 50 hectolitres par jour, et suffire aux besoins d'une vendange de dix hectares de récolte moyenne opérée en dix jours.

La circulation de l'eau chaude opérée dans le tube en U rampant sur le fond de la cuve et mise en mouvement par un thermosiphon adapté aux deux extrémités du tube extérieures à la cuve, chauffe le moût plus lentement, mais d'une façon facile à graduer. Chacun du reste peut chauffer ses cuves avec facilité, si la précaution d'un tube traversant la cuve sur ou vers son fond, directement ou en faisant des zigzags ou des circuits, a été prise préalablement au remplissage de la cuve.

L'air en contact avec le haut de la cuve doit être échauffé pour déterminer la fermentation. — Il ne suffit point que le liquide intérieur à la cuve soit au degré voulu pour que la fermentation marche vite et bien, il faut encore que, l'air superposé, la surface du marc ou du liquide ne soit pas froid ; c'est pour rendre et conserver cet air chaud qu'il convient alors de tenir la cuve couverte de toile ou de paillassons ou de planches juxtaposées. L'espace que j'ai recommandé de ménager au-dessus de la cuvée, espace qui est occupé par l'air pur encore, et sans mélange d'acide carbonique, s'échauffe par le contact du moût, et ce moyen de chauffage suffit pour que tout marche bien.

La nécessité de mettre de l'air *chaud* en contact avec le moût pour déterminer une vive fermentation a été démontrée par une foule de faits pratiques ; voici un de ces faits. Lorsqu'on met le vin de Champagne en bouteilles, afin qu'il y achève sa fermentation dont le produit, le gaz acide carbonique, y sera retenu, on a bien soin de faire le tirage dans un lieu chaud ou chauffé à 20 degrés environ, afin que l'air qu'on laisse dans la bouteille sous un volume de 15 à 20 centimètres cubes ait cette même température. Sans cette précaution, et si l'air enfermé dans la bouteille était au-dessous de 10 degrés, la fermentation s'établirait mal et la mousse serait manquée.

Tirage des cuves ou décuvaison. Transport des mares au pressoir. — Lorsque la cuvaison des vins rosés, rouges ou noirs est terminée, on procède au tirage de la cuve et au remplissage des tonneanx rangés dans les celliers ou dans les caves, ou simplement dans la vinée, à proximité des cuves. Lorsque le vin de goutte est tiré et réparti dans les ton-neaux, on décale la cuve sur le devant, et on l'incline un peu en avant pour égoutter les derniers jus et pour faciliter le chargement des mares ; la cuve doit être bien consolidée dans sa nouvelle position ; sans désemparer, on établit à l'extérieur de la cuve un petit échafaudage en planches sur deux tréteaux pour y poser trois, ou au moins deux hottes étanches ; on charge de marc ces hottes tenues chacune par un porteur, les brassières de la hotte étant tournées du côté du porteur, et le ventre de la hotte touchant à la cuve. Deux hommes descendent dans la cuve armés de larges bêches ou de pelles en bois ; ils enlèvent le marc en fortes bêchées, et en chargent les hottes, que les porteurs vont vider dans ou sur le pressoir, et qu'ils rapportent ensuite tout près de la cuve pour qu'elles soient remplies de nouveau. Ce mouvement de va-et-vient a lieu rapidement jusqu'à ce que la cuve soit vide.

Dans les années où le vin est bon, cette opération ainsi que celle du tirage de la cuve, du remplissage des tonneaux et du pressurage, a lieu avec une grande vivacité et une gaieté folle, excitées par les riches émanations du vin qui remplissent l'atmosphère. Les pressureurs porte-hotte s'arrangent de façon que le plus naïf d'entre eux, but ordinaire de tous leurs brocards, de toutes leurs facéties, qui sont rarement dépourvues d'esprit, se trouve disposé dans le rang pour recevoir la dernière hottée de marc. Les chargeurs à la cuve ont, de leur côté, mis à part le fagot de sarment protecteur de l'orifice intérieur de la fontaine, et surtout la lourde pierre qui le maintient à sa place, et au moment où le plastron se retourne et passe ses bras dans les brassières ou bretelles de sa hotte, les chargeurs ajoutent lestement à sa charge le fagot et la pierre sans que la victime puisse s'en apercevoir. Le malheureux porteur a peine à enlever sa hotte, il hésite, il maugrée, il est disposé à contrôler sa charge ; mais les chargeurs l'accablent de railleries, ce n'est pas sa hotte qui est trop chargée, c'est lui qui n'est pas plus fort qu'une femme, c'est lui qui n'a pas de moelle dans les os ; on voit bien qu'il a déjà bu trop de vin doux ; attaqué dans sa vanité, le patient se roidit, il enlève sa hotte, et, tremblant sous son poids, il gagne le pressoir, où l'attendent toutes les huées des pressureurs et tout le dépit de la mystification.

Qu'il s'agisse de vins blancs, de vins rosés, de vins rouges ou de vins de macération, il convient de remplir, avec les vins de toutes les presses, les tonneaux qui contiennent les vins de goutte. Tous ces vins doivent rester en lieu chaud ou tempéré jusqu'à ce que leur fermentation active soit terminée, c'est-à-dire jusqu'au moment où, quoique bien remplis, ils ne jettent plus d'écume et ne laissent plus échapper de bulles de gaz par la bonde ; on range alors les tonneaux dans les celliers ou dans les caves.

§ 8. — CONDITIONS GÉNÉRALES DE LA VIE DES VINS.

Le vin étant né et formé par le premier travail que j'ai décrit, il va désormais parcourir toutes les phases de sa vie intime ; il va *se faire*, c'est-à-dire arriver à sa perfection en passant par des périodes plus ou moins longues et plus ou moins apparentes, puis il s'affaiblira peu à peu, dans ses diverses qualités, jusqu'à ce qu'il arrive à les perdre toutes et à ne plus être du vin.

Quatre conditions générales précipitent ou ralentissent les périodes ascendantes ou descendantes de l'existence des vins : la *température*, la *masse*, la *lumière* et le *mouvement*.

Action du froid sur les vins. — Les vins exposés au froid sans congélation (depuis 10 degrés au-dessus de zéro jusqu'à 5 degrés au-dessous) marchent très-lentement dans leurs périodes ; plus ils sont refroidis, plus ils demeurent stationnaires ; s'ils s'améliorent par le froid, ce n'est point par un travail actif, c'est parce que le froid diminue la solubilité de certains éléments qu'ils contiennent en excès et qui se précipitent à mesure que la température s'abaisse. Les vins s'épurent par le froid, et deviennent d'une grande limpidité par cette épuration et par l'absence de tout travail ; aussi peut-on appliquer avec avantage l'action du froid sur les vins pour, après quelques jours de refroidissement, procéder à leur soutirage et à leur décantation. Sous l'influence du froid, le vin ne souffre point du contact de l'air.

Je ne parlerai point de la congélation des vins et de leur soutirage pendant la congélation ; c'est là un moyen de concentration de la spirituosité qui n'a rien de bon parce qu'il détruit dans le vin toute proportion et tout équilibre de ses éléments ; c'est un procédé que je suis loin de recommander, car, si le vin est mauvais, ce procédé ne le rendra pas bon, et si le vin est bon, ce procédé le changera complétement et en compromettra la valeur et l'existence.

Action de la chaleur sur les vins. — A mesure que la température s'élève au-dessus de 10 degrés dans l'intérieur des vins et dans le milieu ambiant, leur activité intérieure se développe davantage ; ainsi les vins exposés à 15, 20, 30 degrés et plus, arrivent plus vite à leur maturité s'ils sont jeunes, à leur vieillesse s'ils sont mûrs et à leur décrépitude s'ils sont vieux, qu'ils n'y arriveraient à une température de 10 degrés et au-dessous. L'œnologue ou l'œnophile intelligent conclura de cette vérité, résultant de la généralité des faits, qu'il doit garantir de la chaleur et surtout d'une chaleur élevée les vins arrivés à leur point de maturité ou même approchant de ce point, et qu'il devra tenir ses vins vieux dans les lieux les plus froids possible. Par contre, s'il est pressé de faire mûrir ses vins, il comprendra qu'il peut arriver plus vite à son but en les tenant dans des lieux chauds qu'en les confinant dans des caves très-froides; plus ses vins seront jeunes, plus ils seront chargés de sucre et d'alcool, plus ils gagneront et moins ils courront de risques s'ils sont soumis à une température de 15 et 30 degrés de chaleur. Par exemple, les vins de liqueur, qui ne sont mûrs qu'à 30 ou 40 ans, mûriront en 15 ou 20 ans à 20 degrés de chaleur et en 5 ou 10 ans à 30 degrés de chaleur; un vin de Bordeaux ou de l'Ermitage, qui, à 10 degrés, se fait en 8 ou 10 ans dans une cave ou un cellier, se fera certainement en 4 ou 5 ans à 15 ou 20 degrés, et en 2 ou 3 ans, à 25 ou 30 degrés de chaleur.

La chaleur comprise entre 40° et 90° est désorganisatrice

pour un grand nombre de vins, de vins rouges surtout et de vins de macération, mais non pour tous les vins; et, quand un vin résiste à ces hautes températures, on observe qu'à 25° la marche de la fermentation semble être plus active que lorsque la température est au-dessus de 35°. Le vin suit évidemment la loi qui préside à l'activité intérieure des végétaux, laquelle commence de 10° à 15°, s'exalte à 20°, 30° et jusqu'à 40°, puis diminue à partir de ce degré pour s'éteindre à 100° comme elle s'éteint à zéro. Comme chacun le sait, le vin, en avril et en août, éprouve, dans les vaisseaux où il est renfermé, des mouvements intimes correspondants aux deux séves de la vigne et des arbres en général.

Cent degrés suspendent toute action de fermentation apparente ou latente en fixant certains éléments azotés et en ôtant au ferment et à l'air leur influence ordinaire, lorsque les vins sont enfermés dans des vases imperméables et hermétiquement clos, comme dans des bouteilles bien bouchées. Sous l'influence de la chaleur de l'ébullition comme d'un froid au-dessous de zéro, le vin s'arrête là où il en est arrivé des périodes de sa vie. Le froid ou la chaleur extrêmes font sur le vin l'effet qu'on obtient sur toutes les matières organisées : 1° par la chaleur dans le procédé Appert; 2° par la congélation. La conservation de ces matières se prolonge jusqu'à ce qu'on soumette de nouveau ces matières à l'influence de l'air dans le premier cas ou de la chaleur dans le second cas.

Procédé pour conserver les vins avec une partie de leur sucre. — Par le procédé Appert, on peut garder au point de leur fermentation où on les juge le plus agréables les vins légers, les vins blancs avec une partie de leur moût non réduit, ceci est incontestable. Par opposition à ce procédé à chaud, j'ai ouï dire, à Sillery, qu'en tirant le vin de ce pays en bouteilles, au mois de décembre, par un froid vif de gelée et en laissant peu ou point d'air dans les bouteilles bien bouchées, puis tenues en cave très-fraîche, on obtenait le vin de Sillery sec : vin qu'on ne sait plus faire aujourd'hui et qu'en conséquence le commerce consciencieux ne se charge plus de fournir. Il pouvait y avoir beaucoup de vrai dans cette tradition que j'ai recueillie de vingt bouches, pendant les sept ans que j'ai habité ce pays. J'ai commencé des expériences dans ce sens, mais le temps m'a manqué pour les mener à fin.

Influence de la masse sur les vins. — Plus un vin quelconque présente de masse, c'est-à-dire plus les vaisseaux qu'il remplit sont grands, plus la marche des diverses périodes de son existence est rapide ; plus les vaisseaux vinaires sont petits, plus le vin se conserve stationnaire dans l'état où il y a été renfermé.

Les vaisseaux vinaires sont les *cuves fermées*, les *foudres*, les *citernes*, dont la contenance peut varier et varie en effet de plusieurs milliers d'hectolitres jusqu'à 10 hectolitres seulement ; les *pipes* ou gros *muids* d'une contenance de 10 hectolitres et au-dessous jusqu'à 2 hectolitres et demi ; la *pièce* ou *barrique*, qui contient de 250 à 200 litres ; la *feuillette* ou *demi-pièce*, qui en contient de 125 à 100 litres ; le *quartaut* ou *quart*, qui en contient de 60 à 50 ; le *baril*, qui affecte toutes les contenances, depuis 50 litres jusqu'à 1 litre ; enfin la *bouteille*, qui contient 8 décilitres, et la *demi-bouteille*, qui doit contenir 4 décilitres. Le litre est la mesure légale, la mesure de vente et de débit des vins, mais il n'a encore été que bien rarement employé comme vaisseau vinaire pour garder les vins.

Nécessité d'avoir des vaisseaux vinaires d'une capacité uniforme et du type légal. — Il est très-fâcheux et très-regrettable que des vaisseaux vinaires d'une capacité uni-

19

forme et du type légal dans leurs diverses grandeurs ne soient pas adoptés dans tous les vignobles de France. Il en résulterait de grandes facilités de commerce, de grands avantages économiques; celui, par exemple, de faire servir les mêmes vaisseaux pendant plusieurs années sans être obligé de les refaire selon la mode locale, après les avoir rachetés vides, et de grands avantages d'observations relativement au traitement et à la conservation des vins. Le *demi-litre* et le *litre* se substitueraient parfaitement à la demi-bouteille et à la bouteille; le *baril* comporterait toutes les grandeurs jusqu'à 50 litres; le *quartaut* contiendrait 50 litres; la *feuillette* 100 litres; la *pièce* 200 litres; le *muid* 300, la *pipe* 500 et le *tonneau* 1,000 litres. Quant aux cuves fermées, aux foudres et aux citernes, ce sont des réservoirs immobiliers qui n'ont rien de commun avec les mesures légales.

Toutefois leur capacité doit être parfaitement connue et inscrite, car elle influera énormément sur le travail des vins qu'on y versera.

Les grands vaisseaux sont dangereux pour les vins légers. — Très-peu de vins peuvent séjourner longtemps dans les grands vases sans s'y détériorer et s'y perdre. Il n'y a que les vins très-riches en sucre et en esprit, les vins très-forts qui gagnent et se conservent dans les grands vaisseaux; j'entends toutefois à la température ordinaire et moyenne des caves, celliers ou vinées, où ces réservoirs sont habituellement installés, car à une température toujours égale et très-froide, le vin travaillerait très-lentement dans les grands vaisseaux; de même qu'il travaillerait très-vite dans une bouteille placée dans une température très-chaude et variable de 20 à 40 degrés, par exemple.

Toutes circonstances de température variable ou constante, de lumière ou d'obscurité, de repos ou de mouvement et de pression atmosphérique étant égales, plus les vaisseaux dans lesquels un même vin sera contenu seront grands, plus les périodes de sa vie s'accompliront vite; et réciproquement, plus ces vaisseaux seront petits, plus ce vin aura de longévité, plus il stationnera longtemps dans sa jeunesse, dans sa maturité et dans sa vieillesse.

Les conséquences de cette loi sont faciles à déduire pour la conduite, l'amélioration et la conservation des vins.

Un grand propriétaire de vignes en Bourgogne me faisait part dernièrement de son intention de construire des citernes enduites de ciment hydraulique pour y conserver ses vins. Je n'hésitai pas à lui conseiller de n'en rien faire, parce que la plupart des vins de Bourgogne, et des meilleurs, ne résisteraient pas à trois ans de citernes, de cuves, de foudres, contenant seulement 50 hectolitres, à plus forte raison 100, à plus forte raison 1,000 hectolitres. Le vin y serait tué avant la fin de toute spéculation. C'est une expérience faite; j'en ai vu bien des exemples dans le cours de ma vie. J'ai vu construire les citernes de MM. Douge, mes cousins, à Gyé-sur-Seine, mon pays; j'ai vu les foudres achetés et rangés par dix et par cent en Bourgogne et en Champagne, et j'ai constaté la marche des vins fins et légers dans ces grands vaisseaux. Ils s'y font tous avec une rapidité prodigieuse, et cette rapidité est telle parfois, qu'on n'a pas le temps de la modérer. J'ai vu perdre ainsi de grandes quantités de vins, sous le singulier prétexte de ne pas acheter de tonneaux dans les années d'abondance où les tonneaux ont un prix élevé; c'est là une idée paradoxale qui a fait perdre beaucoup d'argent à une foule de propriétaires de vignes. Je conçois qu'on achète ou qu'on crée un grand matériel fixe en vaisseaux vinaires dans les vignobles où l'on vend le vin en bouteilles, comme en Champagne; mais partout où l'on vend le vin à la pièce, chaque récolte nécessite des pièces nouvelles, achetées tôt ou tard pour expédier ou livrer cette récolte. L'emmagasinage du vin dans les foudres n'est donc que transitoire; pour le remisage momentané, et pour ne pas payer la futaille à un prix plus élevé que celui des années de mauvaise récolte, on achète un foudre en bon chêne, qui, bien confectionné et bien cerclé en fer, coûte en place et sur chantier 10 francs par hectolitre de sa capacité. Un foudre de 50 hectolitres coûte donc 500 francs; son entretien, ses rinçages, abreuvages, etc., et sa détérioration, dépassent par an 10 pour 100 de sa valeur primitive, soit 50 francs.

Les 50 hectolitres représentent 22 muids de 220 litres qui, si la récolte est faible, valent 6 francs, et si la récolte est abondante peuvent valoir 12 francs. Il y a donc dans les années d'abondance un bénéfice de 82 francs par 50 hectolitres de vin, soit 1 franc 54 c. par hectolitre à mettre le vin en foudre au lieu de le mettre en tonneaux; mais, pour une année où les foudres serviront à une spéculation, ils seront quatre ans sans servir, et, pendant quatre ans les frais d'entretien et de détérioration d'un pareil matériel se renouvellent chaque année de façon à dépasser tout le bénéfice.

En réalité l'usage des grands vaisseaux, considérés simplement comme réservoirs à vin, constitue le propriétaire en perte considérable, outre la perte des vins, à laquelle il est gravement exposé. Les grands vaisseaux ne permettent ni des collages, ni des soutirages faciles; ils ne permettent ni changement de lieu ni changements de température; ils sont incommodes et dangereux sous tous les rapports. A moins donc de raisons pratiques, qui touchent à la confection des vins et à la marche de leurs périodes d'amélioration, les vins fins ne doivent être conservés ni dans des citernes ni dans des cuves en maçonnerie ou en bois fermées, ni dans des foudres; ils doivent être faits et conservés, autant que possible, dans les vaisseaux vinaires dans lesquels ils sont habituellement livrés et expédiés.

Maladies par voie d'assimilation, loi d'Ampère. — Les vins, comme les végétaux et les animaux, sont sujets à des maladies qui se propagent par voie de contiguïté et de continuité, et par une loi que le célèbre Ampère a essayé bien des fois de nous faire comprendre dans ses cours du Collége de France, loi qui existe réellement et qu'il appelait loi d'assimilation. « Lorsqu'une certaine quantité d'eau, nous disait-il, contient en dissolution les éléments de plusieurs sels cristallisables, si l'on introduit dans cette eau le cristal tout formé d'un des sels dont cette eau contient les éléments, il se forme dans tout le vase une foule de cristaux analogues et de même composition que celui qui a été introduit dans l'eau mère, et aucun autre cristal ne s'y dépose : j'explique, ajoutait-il, la petite vérole, la rougeole, etc., par une semblable influence; un bouton spécifique étant primitivement formé, les fluides en circulation forment, sous son influence, une foule de boutons semblables. » M. Ampère appuyait d'ailleurs sa loi par un grand nombre d'exemples tirés du règne minéral, du règne végétal et du règne animal : cette loi trouverait dans les vins mille faits confirmatifs. Que des circonstances spéciales transforment en vinaigre un point, si petit qu'il soit, de la masse du vin, soit au contact de l'air de la bonde, soit au contact de l'air à l'insertion d'un robinet, la loi d'assimilation ne tarde pas à s'appliquer, et de proche en proche le vin s'acétifie dans toute sa masse. On conçoit qu'un pareil accident est peu de chose s'il n'attaque qu'une bouteille, une feuillette, ou même une pièce de vin; mais, s'il s'étend à un foudre de 50, de 100 hectolitres et plus, la perte devient très-importante.

Les vins moyens en sucre et en esprit se font si vite dans

les grands vaisseaux, qu'ils ne peuvent y être placés même
depuis la vendange jusqu'à la fin du premier hiver, si leur
destination ultérieure nécessite que ces vins conservent une
certaine proportion de sucre non fermenté. Ainsi en Champagne, le vin blanc, ayant été placé en cuve ou en foudre
après la vendange, ne donnerait pas de mousse ou du moins
de mousse suffisante, lorsqu'il serait mis en bouteilles après
l'hiver, comme cela se fait ordinairement : le vin de Chablis, au contraire, qui doit être très-sec et n'offrir aucune
apparence de mousse, peut sans inconvénient passer les
premiers mois de sa vie en grand vaisseau; mais, comme il
s'y fait vite et qu'il est également délicat, aussitôt qu'il approche de sa maturité, il doit être mis en petits tonneaux,
c'est-à-dire en feuillettes.

La Champagne fait entièrement ses vins blancs en tonneaux de deux hectolitres; les tonneaux d'un hectolitre vaudraient encore mieux; mais les caves creusées dans la craie
sont si fraîches et si bonnes, que le sucre des vins s'y
conserve bien, même dans des tonneaux de deux hectolitres.

**Moment où il faut diminuer la masse des vins en les
mettant dans des vases plus petits.** — Si les conditions des
vins qu'on produit nécessitent l'emploi de grands vaisseaux
et leur dépôt dans des locaux tempérés, chauds ou très-
chauds, pour que les vins parviennent plus promptement
au degré de qualité qu'on désire, une fois ce degré proche
ou obtenu tout à fait, le moment est venu de diviser la
masse de vin dans de plus petits vaisseaux, placés ou descendus en celliers ou en caves à températures plus stables
et plus fraîches. Alors le travail intime se fait plus doucement et plus lentement, aussi le vin ne s'améliore-t-il qu'à
la longue; mais ce n'est que quand on juge que le vin a atteint sa quasi-perfection (j'excepte le vin mousseux) qu'il

doit être mis en bouteilles et dans un lieu où la température soit constante et très-fraîche.

La bouteille conserve aux vins leurs qualités plutôt quelle ne leur donne des qualités. — C'est une erreur de croire que la bouteille est le vase où le vin acquiert le plus de qualités : la bouteille est spécialement destinée à conserver le vin avec toutes ses qualités, et à l'y conserver bon le plus longtemps possible. En effet, il y travaille très-lentement, il s'y perfectionne peu à peu, mais très-peu, si ce n'est quand il a été mis trop jeune en cellule; mais alors la grande différence qu'on peut remarquer ne peut être que le produit d'un séjour de plusieurs années en bouteilles.

Quand on a mis du vin trop jeune en bouteilles et qu'on est impatient d'en faire usage, en plaçant les bouteilles entreillées et couchées dans un lieu moins frais, tel qu'un appartement au lieu d'une cave, on obtiendra en un an une amélioration qui pourrait se faire attendre cinq à six années.

Je pourrais donner encore beaucoup d'autres indications relatives à l'influence de la masse des vins, combinées avec la température pour hâter ou retarder les diverses périodes de la vie des vins; mais j'en ai dit assez pour éveiller l'attention et pour provoquer les bonnes applications des viticulteurs et des œnophiles à la production des meilleurs vins possibles.

Influence de la lumière sur les vins. — La lumière directe du soleil active le travail des vins et surtout des vins colorés. Son influence est des moins favorables; elle altère plutôt qu'elle ne favorise la bonne composition des vins; elle transforme et détruit surtout la matière colorante, et la matière colorante, ainsi modifiée, réagit à son tour sur les autres éléments de façon à faire *tourner* le vin, soit à l'aigre, soit à l'amer, soit à l'eau.

Ce n'est donc pas sans utilité, quoique peut-être cela soit dû au hasard, que les vins sont mis dans des bouteilles en verre très-coloré et peu transparent. Ce n'est pas sans utilité qu'à la fraîcheur des caves et des celliers s'est trouvée naturellement réunie une quasi-obscurité.

Toutefois la lumière n'est nuisible que quand elle agit dans toute la puissance du jour, et surtout quand elle est directe : une demi-lumière, une lumière réfléchie ou polarisée, la lumière de la lune et celle de nos moyens d'éclairage artificiels, ne sont pas assez puissants pour produire un effet sensible.

J'ai éclairé des caves, les plus vastes du monde, je crois, par d'immenses réflecteurs en fer-blanc empruntant la lumière diffuse du ciel, au moyen de puits verticaux, et la réfléchissant à angle droit dans l'axe des arceaux ; cette lumière de double diffusion, et pour ainsi dire polarisée, n'a pas semblé, depuis quinze ans, modifier en quoi que ce soit dans ces caves le régime des vins en bouteilles qu'elles renferment, bien que ces caves soient largement éclairées.

Influence du mouvement sur les vins. — Les voyages et les transports agissent sur les vins comme la chaleur, la masse et la lumière, c'est-à-dire en activant les périodes de leur existence. On fait voyager les vins forts en esprit et en sucre, les vins de liqueur, par exemple, dans les pays les plus lointains et sous les climats les plus divers, afin de hâter leur maturité, et, en réalité, on obtient de ces voyages des effets merveilleux sur les analogues des vins de Porto et de Madère. Les hautes températures des tropiques sont pour la plus forte part dans les améliorations obtenues, mais le mouvement n'y est point étranger.

Toutefois, si les transports lointains sont favorables aux vins forts et jeunes, ils sont destructeurs des vins vieux et faibles : pour qu'un vin supporte les voyages, il faut qu'il ait naturellement beaucoup de sucre non réduit ou beaucoup d'esprit. Et si des vins précieux par leurs qualités doivent être expédiés au loin, il est indispensable de leur ajouter ce qui leur manque sous ce rapport en esprit ou en sucre, et quelquefois en ces deux sortes de soutiens, l'un pour la nourriture, l'autre pour la conservation. Un vin qui ne contient pas 12 pour 100 d'alcool absolu et 6 pour 100 de sucre au moins passe difficilement la ligne, même en bouteilles. Lorsque le vin est en tonneaux, il doit être jeune et contenir 20 pour 100 d'esprit fait ou à faire par une quantité correspondante de sucre. Pour voyager en Europe ou pour être expédiés directement en Amérique, les vins de Bordeaux, de Bourgogne et de Champagne, à 10 ou 12 pour 100 d'esprit et 2 à 4 de sucre, se comportent très-bien s'ils sont jeunes ou en bouteilles.

L'influence directe et isolée du mouvement se montre bien évidemment dans les transports des vins aussitôt qu'ils ont en apparence terminé leur fermentation sensible. Alors qu'une pièce de vin ne donne plus aucun signe extérieur de fermentation, si on la charge sur voiture pour la transporter à quelques kilomètres ou seulement sur brouette pour la conduire à quelques centaines de mètres, l'acide carbonique s'en dégage de nouveau, et souvent en telle abondance, qu'il ferait sauter le fond de la pièce par la tension énorme qu'il exerce, si l'on n'avait soin de pratiquer au-dessus de la pièce, près de la bonde fermée, un petit trou dans lequel on met ordinairement trois ou quatre brins de paille avec leurs épis en dehors pour laisser souffler le vin. Un petit tube en fer-blanc, de 4 à 5 millimètres de diamètre et de 12 à 15 centimètres de longueur, planté à frottement et solidement dans le petit trou à côté de la bonde, vaut mieux que les brins de paille pour un transport un peu long.

Influence du bruit sur les vins. — Un autre genre de mouvement qui affecte la vie des vins, c'est le mouvement de vibration ou de trépidation. Le vin ne dure pas long-temps et se conduit mal dans les caves placées près des routes fréquentées et surtout pavées; il est tué rapidement dans les caves des villes, et surtout dans les rues sans cesse parcourues par des voitures très-rapides ou très-lourdes; les ébranlements vibratoires du sol font vieillir les vins jeunes et tourner les vins vieux; enfin, les caves placées sous les ateliers à marteaux et à chocs fréquents et forts ne sont jamais bonnes. Les sons musicaux activent également la marche des vins : la plupart des vins vieux tourneraient dans une cave transformée en salle d'orchestre.

Ainsi le vin placé dans un lieu frais, en petits vases, sans lumière, sans bruit et dans un repos parfait, est dans les meilleures conditions possibles pour vivre lentement et longtemps.

Effets produits sur le vin par l'électricité, l'ozone, l'hy-grométrie, la pression atmosphérique. — L'*électricité* a une grande influence sur les vins. Pendant les orages, la casse plus considérable des bouteilles de champagne, au plus profond des caves, prouve cette action. L'*ozone*, ou l'état vivifiant de l'atmosphère, état qui correspond aux temps de séve, met les vins en travail; l'*hygrométrie*, ou l'état d'humidité de l'air, semble avoir une influence directe sur les bouteilles pleines de vin, car, aussitôt que le temps doit devenir pluvieux, toutes les bouteilles de champagne rangées dans les caves sont couvertes d'humidité. C'est là un phénomène qu'il n'est pas facile d'expliquer, bien qu'il sem-ble très-simple au premier abord, parce qu'on suppose l'at-mosphère de la cave plus chaude et plus saturée de vapeur d'eau ; mais la température de l'air de la cave reste identi-quement la même; par conséquent, l'atmosphère conserve le même rapport avec les bouteilles. Si les bouteilles ne sont pas plus froides que l'atmosphère, elles ne peuvent pas en précipiter l'humidité. La bouteille se refroidit-elle donc par un arrêt du travail intime du vin qu'elle contient? La vie du vin se ralentit-elle quand le baromètre baisse ou quand le temps va changer défavorablement? Je ne vois pas d'autre hypothèse plausible pour expliquer la puissance hygrométrique des bouteilles pleines de vin; les physiciens me comprendront si j'ajoute que les bouteilles vides ne présentent pas le phénomène hygrométrique. Pour trancher la question, il faudrait observer des bouteilles pleines d'eau entreillées à côté des bouteilles de vin. Enfin la pression barométrique ou la pression artificielle a une grande influence sur la vie des vins; plus le baromètre est élevé, plus les vins sont limpides; ils se troublent même d'une façon apparente quand le baromètre est très-bas.

Sous une pression artificielle de trois ou quatre atmosphères les vins se dépouillent mieux et déposent plus qu'à l'air libre ; c'est un fait acquis pour les vins de Champagne ; peut-être de cette heureuse influence de la pression tirera-t-on des applications utiles aux autres vins.

§ 9. — RÉSUMÉ DES PRÉCEPTES APPLICABLES A LA CONDUITE DES VINS.

Je devais exposer les influences principales des modificateurs généraux de la vie des vins avant de donner les dernières indications sur les soins à leur donner après la première fermentation ; aussi bien cet exposé ne me laisse plus que quelques mots à dire à cet égard. Il faut :

Remplir très-exactement tous les vaisseaux vinaires, d'abord tous les deux ou trois jours, puis toutes les semaines, puis tous les mois, puis quatre fois par an, toujours avec le même vin ou du vin de même nature ;

Soutirer au moins une fois sur première lie, sans collage, par un froid sec, pendant le premier et le deuxième hiver; soumettre autant que possible les vins à un froid qui varie de cinq degrés au-dessus à cinq degrés au-dessous de zéro, et faire le soutirage à cette température;

Ne coller que les vins qui ne sont pas naturellement limpides avant les soutirages;

Coller et soutirer à *clair-fin* les vins à mettre en bouteilles, à livrer ou à expédier.

Mettre en petits fûts les vins restés dans de grands vaisseaux lorsque ces vins approchent de l'état où ils pourraient commencer à être bus, et placer les petits fûts dans les locaux les plus frais et les plus calmes;

Ne mettre les pièces en bouteilles que lorsque les vins qu'elles contiennent sont très-bons à boire, afin de pouvoir garder les vins longtemps bons, et de pouvoir attendre qu'ils devienent encore meilleurs;

Ranger les bouteilles dans les parties des caves les plus froides et les mieux préservées de lumière, de mouvement et de bruit; mettre à chaque tas de bouteilles une étiquette en porcelaine, en verre, en ardoise ou en plomb, portant un numéro ou une lettre d'ordre correspondant à un livre spécial où sont inscrits la provenance, l'âge et l'époque de la mise en bouteilles de chaque vin, ainsi que le nombre des bouteilles de chaque espèce.

Telles sont les règles les plus générales à observer dans le régime des vins.

Si l'on possède un tonneau de vin vieux, sans qu'on ait du vin analogue pour le remplir, et que le vin ne soit pas encore assez fait pour qu'on puisse le mettre en bouteilles, on a recours à un procédé ingénieux que M. de Monny de Mornay conseille dans son livre du *Vigneron*. On remplit le tonneau de cailloux ou de galets de silicate de chaux ou de pierres qui ne bouillonnent pas lorsqu'on jette dessus du vinaigre ou d'autres acides ; mais on ne place ces cailloux dans le tonneau qu'après les avoir fait bouillir à grande eau, les avoir rincés à l'eau froide et séchés.

Si le vin, après un an ou deux de séjour dans la bouteille, a produit un dépôt de lie molle très-abondant, il convient de décanter ce vin avec précaution. A cet effet, on emploie un petit tube en fer-blanc long de 25 centimètres, et légère-ment courbé ; on introduit ce tube au fond et contre la paroi supérieure de la bouteille, de façon à y faire entrer librement l'air à mesure qu'on incline le vase pour verser doucement le liquide qu'il contient. Ce décantage ne doit être pratiqué qu'en cas d'absolue nécessité, et ne doit être suivi d'aucun autre décantage. Si l'opération a été pratiquée par un froid de gelée, c'est-à-dire au-dessous de zéro, elle n'altère en rien les qualités du vin.

Pour compléter la préparation des vins, il me reste à parler des vins de liqueur et des vins mousseux.

§ 10. — VINS DE LIQUEUR.

Les vins de liqueur sont plus particulièrement produits dans l'extrême midi des vignobles de France ; mais ils pourraient, à la rigueur, être produits partout où l'on cul-tive la vigne. Il suffit, pour obtenir de tout raisin un vin de liqueur, de faire évaporer l'eau de son jus jusqu'à ce que ce jus marque au moins 20 degrés au gleucomètre, c'est-à-dire qu'il puisse arriver par une fermentation plus ou moins lente à contenir environ 20 pour 100 d'esprit ou 15, 16 et 18 degrés en esprit, et le surplus en sucre non réduit.

On peut obtenir ce résultat par trois méthodes princi-pales :

La première méthode, qui n'est applicable que dans les

pays chauds, consiste à laisser évaporer directement l'eau
par la dessiccation du raisin à la vigne. On obtient cette dessiccation soit en laissant simplement le raisin attaché au cep,
soit en lui tordant la queue, soit en le détachant et le laissant se dessécher au pied du cep.

Dans quelques circonstances favorables, deux ou trois
jours suffisent pour obtenir la dessiccation partielle des
grains, dessiccation qui suffit pour réaliser la richesse
cherchée dans le moût ; généralement, six à huit jours sont
nécessaires pour atteindre le but qu'on se propose.

Ainsi concentrés dans leur jus, les raisins sont recueillis
et apportés à la maison, où l'on sépare les grains les plus
flétris de ceux qui le sont moins ; on foule et l'on écrase à
part les uns et les autres ; les grains les plus juteux produisent un moût liquide qui sert à délayer l'espèce de bouil-
lie fournie par les grains les plus desséchés. Le mélange des
deux moûts étant opéré, on soumet le tout à l'action de la
presse, et le liquide obtenu est la base des vins de liqueur.

Le second procédé consiste à récolter les raisins au plus
haut degré de maturité et à leur faire subir l'évaporation
désirée, soit sur des claies à l'air libre, soit à couvert, soit
dans des séchoirs ou étuves disposés à cet effet ; on conçoit
que ce second procédé peut être employé en tous pays et
sous tous les climats. Aussitôt que la dessiccation arrive à
la concentration voulue, ce dont on peut s'assurer au
moyen du jus obtenu de quelques grappes et mesuré au
gleucomètre, on égrappe les raisins, on écrase les grains
avec soin et on les soumet au pressoir.

Ces deux procédés produisent les vins de liqueur les plus
naturels et les meilleurs, à la condition expresse qu'on
n'emploie à leur confection que les raisins des cépages les
plus fins et de nature à produire les vins les plus parfaits
dans ce genre.

Le troisième procédé, le moins bon des trois, est malheureusement le plus employé ; il consiste à concentrer le moût des raisins par l'ébullition prolongée dans de vastes chaudières, jusqu'à ce qu'il ait acquis une densité plus grande que celle qui serait nécessaire : par exemple, 30° au lieu de 20° ; on le laisse refroidir, et on le mélange avec une quantité de jus non réduit, qui descend le degré du vin cuit au point voulu de 20° au gleucomètre. Si l'on procède ainsi que je le dis et surtout si l'on se garde bien de désacidifier le moût par le marbre et la craie; si l'on s'abstient d'employer le plâtre, en un mot si l'on se contente de concentrer le moût par évaporation, on peut espérer obtenir encore un bon vin de liqueur ; mais la désacidification aplatit et tue toute espèce de vin.

On peut obtenir encore des vins de liqueur colorés et de grande qualité en faisant fermenter une partie des moûts de raisins noirs avec leur pellicule, et en ajoutant, après le tirage de ce moût, la liqueur préparée, soit avec les grains de raisin desséchés et écrasés à part, soit par l'évaporation des moûts à la chaudière.

Plus les vins de liqueur sont ainsi chargés d'éléments sucrés, plus leur fermentation est lente, et moins ils parcourent rapidement leurs diverses phases pour arriver à leur perfection; aussi peuvent-ils être tenus en grands vaisseaux et doivent-ils être conservés dans des locaux secs et chauds. C'est à ces vins surtout qu'il convient d'appliquer le système des grandes étuves, pour les amener le plus vite possible à leur perfection.

§ 11. — DES VINS MOUSSEUX.

Bien que je me sois occupé des vins mousseux en général et des vins de Champagne en particulier pendant un grand nombre d'années; bien que j'aie mis tout mon plaisir et

employé tous les efforts de mon intelligence à concourir aux
progrès de cette grande industrie toute française, je n'en
dois dire ici que quelques mots à titre de complément indispensable du coup d'œil rapide et superficiel que je viens
de jeter sur les diverses parties de la vinification.

Aussi bien la plupart des vins de France perdraient beaucoup à être convertis en vins mousseux : les vins mousseux
de la Champagne sont une des grandes richesses nationales,
et cette richesse est d'autant plus estimable qu'elle est due
à une sagacité d'observation, à un esprit de progrès, à une
investigation scientifique extraordinaires, mais surtout à un
respect de la tradition bien rare aujourd'hui dans la viticulture et la vinification.

**Causes de la supériorité des vins mousseux de Cham-
pagne.** — Le choix des cépages a toujours été l'objet de la
plus vive sollicitude du viticulteur champenois, les plus fins
cépages garnissent ses vignes. *Les gros noirs et les gros
blancs* en sont sévèrement proscrits, voilà pourquoi l'univers entier veut des vins de Champagne comme il veut des
vins de haut Médoc, comme il voudra toujours des vins des
pays de France où la religion du cépage passe avant tout
autre considération. Demain la haute Champagne cesserait
de produire les vins mousseux pour ne donner que des
vins secs, qu'elle n'en produirait point assez pour suffire aux
demandes, comme Sauterne, comme Montrachet, comme
le joli Chàblis, comme vingt autres crus de franc et bon
aloi.

Mais l'agrément et le luxe de la mousse des vins, ajoutés
à cette première et solide base, est un produit industriel
qui a sa valeur et qui mérite un salaire spécial. Ce produit
est également le fruit de l'observation traditionnelle et du
progrès scientifique, et, sous ce double privilége de ses fins
cépages et de ses pratiques progressives fondées sur une

longue expérience, la haute Champagne méritera et gardera toujours le sceptre des vins mousseux.

Falsifications. — Ce n'est pas que les œnophiles champenois ne comptent parmi eux quelques faux frères, quelques exploiteurs émérites qui font le vin de Champagne avec des vins et des raisins achetés hors du beau département de la Marne, et qui même ajoutent à ces vins de nombreux hectolitres d'eau sucrée ; mais cette tromperie sur la marchandise, ces falsifications très-exceptionnelles, sont encore plus rares en Champagne que dans la plupart des autres crus dont la grande réputation est toujours exploitée par l'audace de la spéculation. Tous ces abus cesseront aussitôt qu'une loi sévère, sans être oppressive pour l'industrie, ni restrictive pour l'honnête liberté, exigera que chaque producteur affiche les éléments de sa fabrication, et que chaque produit vendu porte avec lui son signalement et sa composition exacte, comme la loi qui exige un état civil pour chaque individu résidant et un passeport pour celui qui voyage.

Traitement des raisins. — Tous les raisins peuvent, dans tous les terrains et dans tous les climats, produire des vins mousseux. En Champagne, les raisins noirs, presque tous appartenant au genre pineau, sont préférés, pour faire les meilleurs vins mousseux, aux raisins blancs, qui pourtant appartiennent aussi au même genre.

Pour faire les vins mousseux, les raisins doivent être récoltés avec soin, triés, écrasés et mis au pressoir avant toute fermentation. Les jus sont mis en tonneaux directement ou préalablement débourbés dans des cuves. Leur fermentation s'effectue dans des pièces de 2 hectolitres et dans des locaux à 15° ou 20° de chaleur, doucement, lentement, en huit ou quinze jours, plus ou moins, suivant que la température ambiante est élevée ou basse. Le point essentiel à

observer pour la descente des vins en caves fraîches à 10°
ou 12° de chaleur, c'est que les vins conservent à peu près
la moitié de leur sucre (non converti en esprit et en acide
carbonique) au moment où l'on arrête leur fermentation
active et sensible pour la transformer, par le froid, en fermentation lente et latente.

Jusqu'ici l'on voit que le premier traitement des vins
destinés à être mousseux ne diffère pas du traitement de la
plupart des vins blancs ordinaires. Il ne commence à s'en
distinguer que par la nécessité où l'on est de mettre les vins
blancs qu'on veut rendre mousseux à l'abri d'une première
fermentation trop complète en les remisant au frais assez à
temps pour qu'ils gardent une quantité notable du sucre de
leur moût.

Cette faculté de garder leur sucre et de pouvoir être ar-
rêtés dans leur travail de première fermentation est loin
d'être aussi prononcée dans tous les vins que dans les vins
de Champagne ; aussi beaucoup de vins blancs, à mesure
qu'on approche du Midi surtout, sont-ils très-difficiles à
traiter *naturellement* en vins mousseux. Les vins de Champagne gardent leur sucre avec une telle opiniâtreté, qu'il
est très-difficile de les obtenir secs, même après deux ou
trois années d'attente ; à chaque séve ils travaillent un peu
de leur sucre et deviennent *crémants* ou un peu mousseux
s'ils sont tenus en bouteilles bien bouchées. Les vins de la
Champagne ont donc une véritable prédestination pour la
grande industrie dont ils sont les fondateurs et les domina-
teurs légitimes.

Le sucre restant dans les vins se réduit encore pendant
l'hiver, par la fermentation insensible, d'une quantité plus
ou moins considérable dont il faut se rendre un compte fré-
quent et exact si l'on veut obtenir un vin mousseux *naturel*,
c'est-à-dire sans addition de sucre, car la mousse dépend

exclusivement de la quantité de sucre restant dans le vin au moment où on le met en bouteilles.

Le vin mousseux mis en bouteilles doit contenir une juste proportion de sucre. — Si le vin ne contient plus assez de sucre lorsqu'il est mis en bouteilles, la mousse est manquée; s'il en contient trop, la mousse est violente et casse les bouteilles dans des proportions ruineuses, ou bien elle chasse le liquide à côté des bouchons et vide en partie les bouteilles qui, dans cet état, sont appelées *recouleuses*.

La première condition pour faire les vins mousseux est donc d'avoir à sa disposition un moyen pratique, simple et sûr de connaître la quantité de sucre existant dans les vins qu'on veut avoir mousseux, au moment où on doit les mettre en bouteilles.

Rapports du sucre au poids et au volume de gaz acide carbonique. — Le sucre du raisin et la plupart des autres sucres sont décomposés par la fermentation en deux parties presque égales en poids, à quelques centièmes près, en acide carbonique et en alcool. L'alcool, qui est un liquide à la température ordinaire, reste naturellement et sans effort mêlé à l'eau du vin ; mais l'acide carbonique, qui est un gaz très-élastique, s'échappe immédiatement du liquide dans l'atmosphère si le liquide n'est pas enfermé hermétiquement, et il ne reste dans le vin et ne s'y dissout qu'en proportion de la pression qui s'oppose à sa sortie et à son expansion. C'est donc l'acide carbonique seul qui rend le vin mousseux et forme la mousse en dilatant et en soulevant le vin en une infinité de bulles dans l'effort qu'il fait et dans l'activité expansive qu'il développe pour se séparer de ce vin.

Mais, si l'acide carbonique rend seul le vin mousseux, le sucre seul fournit au vin l'acide carbonique, et ce gaz représente presque la moitié du poids du sucre; or le poids de l'acide carbonique, représentant les 49 centièmes du poids du sucre, donne un volume de gaz de plus de 530 centimètres cubes pour chaque gramme d'acide; d'où il suit que deux grammes de sucre, donnant 98 centigrammes d'acide carbonique, fournissent plus d'un demi-litre de ce gaz; quatre grammes de sucre produiraient un litre de gaz, et vingt grammes en produiraient cinq litres; d'où il suit que, si vingt grammes de sucre étaient réduits en alcool et en acide carbonique dans un litre de vin herméti- quement fermé, le vase contiendrait cinq litres de gaz, qui, suivant la loi de Mariotte, feraient un effort de cinq atmo- sphères pour briser le vase, faire sauter son bouchon. C'est à peu près ce qui a lieu dans les bouteilles de vins mous- seux, où la grande mousse suppose une tension de gaz acide carbonique de quatre à cinq atmosphères.

Tension du gaz dans les bouteilles. — Si le volume d'acide carbonique retenu dans le vin ou libre dans le haut du goulot (partie vide du goulot de la bouteille qu'on ap- pelle la *chambre*), ou bien réuni sur le flanc de la bouteille quand elle est couchée (partie vide de vin qu'on appelle la *bulle*), ne comportait pas une pression intérieure de quatre atmosphères, la mousse du vin serait faible ou manquée. Si cette pression dépassait six atmosphères, peu de bouteilles, parmi celles des meilleures verreries, résisteraient long- temps à cette pression sans éclater, et peu de bouchons, si bien choisis et si vigoureusement appliqués et maintenus qu'ils soient, suffiraient à empêcher la sortie du liquide.

Quantité de sucre à laisser dans le vin pour obtenir une bonne mousse. — Pour ne pas manquer la *mousse*, et pour ne pas avoir une trop grande *casse* ou trop de recou- leuses, il faut donc mettre en bouteilles un vin qui ne con- tienne par hectolitre pas plus et pas moins de 2 kilogr. de sucre non décomposé; pas plus et pas moins de 20 grammes par litre ; pas plus et pas moins de 16 grammes par bouteille de 80 centilitres.

Il importe donc de pouvoir bien préciser et bien choisir le moment où le sucre, restant *naturellement* dans le vin, se trouve exactement limité à la proportion nécessaire pour qu'on obtienne la bonne mousse et qu'on évite la casse et les recouleuses.

Voici comment il faut procéder pour atteindre le but et ne pas le dépasser.

Étude du sucre restant à décomposer dans le vin. — Je suppose qu'après la vendange on ait descendu en caves fraîches et calmes et en vaisseaux de deux hectolitres seulement le vin blanc destiné à être *tiré* (mis en bouteilles, c'est le mot consacré ; *tirer* un vin, faire un *tirage*, veut dire, en Champagne, mettre en bouteilles une quantité notable de vin), et qu'on l'ait descendu lorsqu'il avait encore la moitié de son sucre à décomposer. Je suppose que le moût de ce vin primitivement pesé marquait 11 degrés au gleucomètre, ce qui comporterait environ 16 kilogrammes de sucre par hectolitre, en admettant 1 degré pour la représentation des sels et des acides ; il resterait donc 8 kilogrammes de sucre à décomposer par hectolitre au moment de la descente en cave ; de ces 8 kilogrammes la moitié à peine serait décomposée au 1er janvier qui suit la vendange, et à cette époque 4 kilogrammes de sucre au moins par hectolitre resteront à réduire : cette quantité est encore double de celle qui convient pour la mise en bouteilles. On peut donc attendre jusqu'à cette époque sans se préoccuper de l'état des vins, si ce n'est pour les remplir régulièrement et les soutirer au solstice d'hiver ; mais, à partir de la première quinzaine de janvier, il faut procéder chaque semaine à l'appréciation de la quantité de sucre qui reste à décomposer dans chaque *cuvée*.

Cuvées de Champagne. — En Champagne, on appelle cuvée les mélanges et coupages signalés comme les plus avantageux par la tradition et la dégustation entre tous les vins des divers contrées de la Champagne; ces contrées diffèrent entre elles par des sites opposés, tels que les vignes dites de *la montagne de Reims*, au nord, et les vignes dites *de la Marne*, au sud, entre des expositions au levant, comme *Vertus*, *Oger*, *Lemenil*, etc., et des expositions au couchant, comme *Groves*, *Cuits*, etc., entre des crus où la maturité est plus complète, comme Bouzy, et des crus où cette maturité est moins avancée, comme Verzenay, et quelquefois, hélas! entre des crus étrangers à la Champagne et les crus qui lui appartiennent; en un mot, la cuvée est un coupage de vins de différentes provenances qui, par leur mélange, opéré après la fermentation première et séparée de chacun des composants, ne forme plus qu'un tout parfaitement homogène après le mélange; on fait ainsi des cuvées de 2,000, de 100,000 et de 250,000 bouteilles. C'est un grand art que celui de bien faire les cuvées; on manque une cuvée, on réussit des cuvées; il est bien rare qu'un habile négociant en vins de Champagne ne soit pas présent et ne préside pas lui-même à la confection de ses cuvées; il est toujours passé écriture très-minutieuse et très-exacte de la composition de chaque cuvée... sauf les cas d'adultération, qui toutefois sont représentés par des signes de convention, comme les opérations fictives sur les carnets des agents de change; car le succès ou l'insuccès d'une cuvée, sa bonne ou mauvaise tenue ultérieure, son appréciation sur les marchés, consignés aux archives d'une maison, sont un enseignement traditionnel des plus précieux pour la famille.

Procédé pour apprécier la quantité de sucre qui reste dans les vins. — Quoi qu'il en soit, les cuvées diffèrent entre elles dans leur quantité de sucre et dans la marche plus ou moins rapide de sa transformation, voilà pourquoi j'ai dit qu'à partir de la première quinzaine de janvier il fallait procéder, chaque semaine, à l'examen de l'avancement de chaque cuvée; le meilleur procédé d'appréciation est le suivant.

On pèse exactement 750 grammes de vin et on les met dans une capsule de porcelaine tarée à l'avance; on place cette capsule sur un feu très-doux, ou mieux encore on l'installe sur un bain-marie et l'on procède à l'évaporation du vin jusqu'à ce qu'il soit réduit au sixième, c'est-à-dire à 125 grammes. On verse alors avec précaution ce résidu dans une éprouvette à pied en verre, et on laisse refroidir jusqu'à 12 à 15 degrés au-dessus de zéro; à ce moment on descend un gleucomètre dans le liquide, et si le gleucomètre marque 12 degrés, le moment est venu de tirer la cuvée. Le tirage est encore bon à 11 degrés; il est moins favorable à 10 degrés, mais il produit encore une bonne mousse; à moins de 10 degrés si l'on veut tirer, il faut avoir recours à un moyen artificiel, il faut ajouter du sucre, nous verrons plus loin dans quelle proportion; mais au-dessus de 12°, il ne faut pas mettre le vin en bouteilles, quel que soit l'avancement de la saison. On peut faire les tirages depuis janvier jusqu'en juin.

On doit mettre les vins en bouteilles aussitôt qu'ils ne marquent plus que 11° à 12° gleucométriques. — Quelle que soit l'époque de l'hiver ou du printemps où le liquide d'une cuvée réduite au sixième par l'évaporation ne marque plus que onze à douze degrés gleucométriques, on peut procéder au tirage et à la mise en bouteilles de toute la cuvée. Toutefois il ne faut pas oublier, s'il fait froid, que la mousse ne sera bien faite que si le tirage est opéré sous une température artificielle et constante de vingt degrés au-dessus de zéro, non-seulement pour que l'oxygène de l'air enfermé sous le bouchon, dans la chambre ou dans la bulle de la bouteille, soit absorbé rapidement par le ferment, mais encore pour que les bouteilles, entreillées ou mises en tas dans le même local chauffé, puissent recevoir une impulsion qui détermine promptement la formation de la mousse.

Signal de la formation de la mousse. — Le signal de la formation de la mousse est donné par la détonation et la fracture de plusieurs bouteilles dans les tas : ce phénomène se manifeste en général dès le troisième jour qui suit la mise en bouteilles. Lorsqu'on est ainsi assuré que la *mousse est prise*, on se hâte de descendre les bouteilles en cave ou dans un lieu calme et très-frais : la casse des bouteilles, qui continuerait si elles restaient exposées plus longtemps à la chaleur, diminue aussitôt et cesse tout à fait au frais si les bouteilles sont *neuves* et d'une *bonne* verrerie.

Les bouteilles à vins mousseux doivent être neuves. — Je dis *neuves*, parce que sous la pression intérieure de quatre atmosphères prolongée pendant la période d'un tirage (séjournant en cave deux ans environ), le verre de la bouteille perd sa cohésion et la bouteille qui a servi à un tirage de vin de Champagne ne peut plus en supporter un autre sans se briser. C'est là un fait bien établi et qui a été vérifié sous mes yeux par une dure expérience : sur un tirage fait exprès, de trois mille bouteilles excellentes ayant subi un premier tirage et risquées dans un deuxième tirage, 14 ou 17 bouteilles seulement ont résisté à la pression.

Le verre des bouteilles doit être très-cohérent. — Je dis que la bouteille doit être de *bonne* verrerie, parce que la ténacité du verre, sa résistance à l'arrachement, varient selon les matériaux mis en fusion dans les creusets. Des personnes dont l'opinion fait autorité pensent que l'énorme ténacité des verres à bouteilles tient à la grande proportion d'oxyde de fer vitrifié que ce verre contient. Il peut en être ainsi ; mais je pense, d'après mes observations, que la cohésion moindre du verre a pour cause l'emploi trop abondant des verres cassés ajoutés à la fonte, la deuxième fusion des silicates n'ayant jamais la cohésion de la première fusion. C'est pour cela, selon moi, que les verreries de Sèvres et de Bercy, qui refondent énormément de verres cassés recueillis à Paris, n'ont jamais pu fournir des bouteilles qui résistassent suffisamment aux efforts des vins mousseux.

Une fermentation lente évite la fracture des bouteilles. — Il ne suffit pas, pour éviter la fracture des bouteilles, que les vins qui les remplissent ne contiennent que 16 grammes de sucre à convertir en alcool et en acide carbonique, il faut encore que cet acide carbonique ne se forme pas rapidement et tumultueusement, il faut qu'il se forme lentement et que le vin ait le temps de le dissoudre. L'eau dissout environ son volume d'acide carbonique à la pression simple de l'atmosphère, l'alcool en dissout à peu près trois fois son volume à cette même pression ; ce qui fait qu'un vin à 10 degrés d'alcool dissout environ une fois et un cinquième de son volume de gaz acide carbonique ; mais la faculté qu'ont les liquides de dissoudre le gaz augmente proportionnellement à la pression, par conséquent sous quatre atmosphères de pression le vin dissout quatre fois et quatre cinquièmes de son volume de gaz acide carbonique, d'où il suit que la pression active ne résulte que de la réaction de l'atmosphère gazeuse contenue dans la chambre ou dans la bulle de la bouteille.

Pour que cette pression ne soit pas disproportionnée dans la chambre ou dans la bulle, il faut que le gaz formé ait le temps de se dissoudre dans le liquide. Ce temps lui manque si la décomposition du sucre est rapide : c'est ce qui fait que

20

la casse commence dès le troisième ou le quatrième jour du tirage en lieu chaud. A ce moment le quart du sucre à décomposer n'est pas décomposé; mais le peu de gaz qui s'est formé s'est rassemblé dans la bulle et y a exercé une pression momentanée de 8, de 12 et de 15 atmosphères, qui fait éclater des bouteilles qui n'auraient point cassé en lieu frais, parce que l'acide carbonique s'y serait développé lentement et s'y serait dissous dans le vin à mesure que ce gaz s'est développé.

Tout ce qui active le développement de la fermentation aussitôt qu'elle est commencée de façon à assurer sa continuation doit être évité : la chaleur, les chocs, le bruit, les sons pouvant vibrer à l'unisson des bouteilles. On peut, pour ainsi dire, augmenter la casse à volonté en rendant la fermentation active et tumultueuse, et la diminuer par des influences contraires indépendamment du plus ou du moins de sucre à transformer en esprit et en acide carbonique.

La présence des acides dans le vin diminue de beaucoup aussi la solubilité du gaz et précipite d'une façon remarquable sa sortie du liquide.

Addition de sucre pour assurer la mousse. — Je n'ai parlé jusqu'ici que du vin rendu naturellement mousseux par son propre sucre, et c'est sans contredit le meilleur de tous. Malheureusement le vin mousseux est rarement, pour ne pas dire jamais, fait ainsi : soit que le moût ne soit pas primitivement assez riche pour fournir à sa première constitution et pour réserver ensuite assez de sucre pour sa mousse en bouteilles, soit que par la négligence ou l'insouciance des fabricants on ait laissé décomposer la quantité de sucre nécessaire pour la formation de la mousse; le fait est qu'à l'époque du tirage, il ne reste généralement plus assez de sucre dans le vin pour le rendre mousseux. Voici donc comment on constate ce déficit et comment on doit y pourvoir.

On procède à la réduction de 750 grammes du vin à mettre en tirage, comme je l'ai dit précédemment, et l'on descend le gleucomètre dans le liquide réduit au sixième mis dans l'éprouvette à pied et refroidi.

Si le gleucomètre ne marque que 5°, le vin mis en bouteilles ne donnerait aucun signe de mousse; *il crémerait* (*crémer*, mousser un peu) légèrement à 6°, un peu plus à 7°, et augmenterait ainsi de puissance mousseuse jusqu'à 12° : c'est à ce degré que la mousse atteint sa plus grande énergie pratique. Il faut donc ajouter au vin pour chaque degré en moins et par hectolitre les quantités de sucre suivantes :

Pour	5° du gleucomètre,	2 kil.	000	de sucre pur et sec.
—	6°	—	1	714	—
—	7°	—	1	425	—
—	8°	—	1	143	—
—	9°	—	0	859	—
—	10°	—	0	572	—
—	11°	—	0	286	—
—	12°	—	0	000	—

Liqueur à vin. — On ajoute rarement le sucre aux vins sans l'avoir préalablement dissous dans un vin blanc de bonne qualité et généralement vieux; on fait ainsi un sirop en proportions définies qu'on appelle *liqueur à vin;* la liqueur à vin doit contenir 500 grammes de sucre par bouteille, c'est-à-dire par 8 décilitres.

Mode de sucrage. — La confection de la liqueur à vin est, comme les cuvées, l'objet des soins les plus minutieux des œnophiles champenois; les uns la font à chaud, les autres à froid; c'était naguère encore à qui d'entre eux achèterait pour sa liqueur les sucres candis les plus beaux et les plus chers, cristallisés en gros cristaux; et c'était presque une honte pour une maison d'employer à sa liqueur des sucres candis frisés, c'est-à-dire à petits cristaux ou un peu jaunis par la cuisson. Cette rivalité et surtout cette recherche des sucres les plus dispendieux et les moins bons prouvait deux choses également à l'honneur du commerce de la Champagne : la première, que ce commerce ne reculait et ne recule en effet devant aucune dépense (et il en est bien justement récompensé) pour faire les vins les plus parfaits possible; la seconde, c'est qu'il acceptait toutes les inspirations de la science et qu'il était prêt, comme il l'est encore, à la suivre dans toutes ses voies, fussent-elles erronées comme celle-ci.

Emploi de sucres candis et de sucres en pain. — Dès la fin du dix-huitième siècle, la cristallisation fut proclamée la perfection de chaque produit, le dernier terme de sa condensation et de sa pureté; chacun faisait cristalliser, se plaisait à *nourrir*, c'est-à-dire à faire grossir des cristaux; on faisait des guirlandes et des temples en cristaux; le cristal et le *goniomètre* [1] devaient perfectionner le monde. Il était tout naturel que les fabricants de vins de Champagne portassent leur attention sur les magnifiques cristaux du sucre et qu'ils crussent, en les employant, apporter à leur vin le dernier degré de finesse, d'autant plus que ces cristaux coûtaient fort cher. Ce n'est que beaucoup plus tard et même dans ces derniers temps qu'ils ont pu constater que les sucres candis contenaient beaucoup d'eau de cristallisation et qu'ils donnaient, à poids égal, moins de matière sucrée que les sucres en pain ; que la cuisson développait dans les sucres candis un élément gommeux, donnant à la liqueur, et, par extension, au vin, une saveur

---

[1] Instrument d'optique très-compliqué, destiné à mesurer les angles de cristaux.

visqueuse et fade que n'ont point les sucres ordinaires; enfin ils ont reconnu aussi que le sucre de betterave produit des cristaux bien plus beaux que le sucre de canne. Or l'égalité et la parité complète des deux sucres était encore, jusque dans ces derniers temps, une assertion scientifique, mais la science elle-même ne tardera pas à reconnaître que c'est là une grave erreur.

Aujourd'hui donc les sucres de canne en pain bien épurés, bien blancs et bien secs, sont généralement préférés aux sucres candis, quoique moins chers, pour la confection des liqueurs à vin, et j'avoue que j'ai concouru de toutes mes forces à déterminer ce changement. C'est à mes yeux une grande amélioration, sanctionnée d'ailleurs par de nombreuses épreuves et par l'assentiment des vrais gourmets, c'est-à-dire des amateurs qui recherchent les meilleurs vins et les payent à tout prix.

La liqueur à vin ne doit pas être faite à chaud. — La confection des liqueurs à vin par l'action de la chaleur est une pratique détestable, dont on reconnaît les mauvais effets à la première dégustation.

Toutes les liqueurs à vin doivent être faites à froid; rien n'est plus facile que d'obtenir la dissolution des sucres blancs dans les vins vieux qui doivent servir de base à la liqueur; il suffit pour cela de placer les pains de sucre dans des tonneaux debout ou dans des cuves, et de verser dessus par portions les vins qui doivent les dissoudre. Le sucre s'y fond rapidement, sauf certaines parties des pains trop denses et trop imperméables; on réserve pure une partie de la proportion du vin destiné à la liqueur, on y réunit les morceaux de sucre plus rebelles à la fusion, et ils s'y dissolvent avec un peu plus de temps, c'est-à-dire en deux ou trois jours au lieu de vingt-quatre heures.

Ce qui a fait recourir à la chaleur pour préparer les liqueurs, c'est sans doute la résistance énorme des sucres candis à la dissolution à froid; il ne fallait pas moins de huit jours de rotation imprimée à une pièce de liqueur pour y dissoudre la quantité voulue de sucre candi.

On évite d'ajouter de la liqueur à vin au moment du tirage en mettant directement le sucre dans les moûts trop faibles au moment de la fermentation; la quantité à ajouter alors est simplement celle qui est nécessaire pour compléter 9 à 11 degrés gleucométriques, c'est-à-dire 1,500 grammes de sucre environ par degré manquant à la richesse naturelle du moût.

Le sucre pur de canne doit seul être employé. — Si le sucre pur de canne doit être seul employé pour enrichir tous les vins pauvres en général, à plus forte raison doit-il être soigneusement choisi parmi les qualités les plus parfaites, les plus pures des sucres coloniaux, pour remonter les moûts à vins mousseux, pour faire la liqueur à vin de tirage et pour faire les liqueurs de dégorgement et d'expédition dont je parlerai plus loin; quant à la liqueur à vin, elle doit être pure lorsqu'on l'ajoute et ne doit contenir ni alun, ni acide tartrique, ni tanin. Ces substances, plus qu'inutiles si le vin a été fait avec le concours des rafles, ont été introduites pour éviter le trouble et la graisse des vins; on croyait même que les sucres en pain ne pouvaient engendrer que des vins troubles, c'était là encore une des raisons qui leur faisaient préférer les sucres candis. Tout cela est parfaitement erroné : dès que les vins sont assez riches en sucre et en alcool, ils s'éclaircissent parfaitement, ne prennent point la graisse et ne sont malades que de vieillesse.

Atelier de tirage de vins mousseux. — Soit que les vins destinés à devenir mousseux aient été enrichis dans leur moût, soit qu'ils arrivent naturellement au taux de la mousse, soit que ce taux soit complété par la liqueur à vin versée et mélangée dans chaque pièce au moment du tirage, l'atelier de tirage doit être installé dans un local chaud ou chauffé à 20°. Chaque pièce y est amenée à l'avance, et les bouteilles sont emplies au robinet directement ou par l'intermédiaire d'une caisse à plusieurs tubes d'emplissage, à bascule et à contre-poids, qui remplit les bouteilles jusqu'au point voulu et toutes au même niveau; la caisse s'alimente à la pièce par un robinet avec flotteur à boule. Dans chaque bouteille emplie on doit laisser un vide de six à sept centimètres pour la place du bouchon et pour la chambre à air.

Remplissage des bouteilles. — Un ou deux enfants placent les bouteilles vides au robinet et portent les bouteilles pleines au *boucheur*.

Bouchage. — Le boucheur enfonce au moyen d'une mécanique un bouchon de liége bien choisi, bien nettoyé, bien ramolli par la chaleur et trempé dans la liqueur à vin pour faciliter son glissement. Un grand nombre de machines ont été imaginées pour faire entrer le bouchon, qui n'a pas pas moins de 50 millimètres de hauteur sur 50 millimètres de diamètre, et qui doit pénétrer de 20 millimètres au moins dans le goulot de la bouteille, qui n'a que 18 à 20 millimètres de diamètre. On voit par le rapport du bouchon à la bouteille que le problème du bouchage n'est pas facile à résoudre; il a été parfaitement résolu par l'invention de plusieurs machines arrivant toutes au même résultat, celui de permettre le bouchage de mille bouteilles et plus par jour.

Ficelage. — Lorsque la bouteille est bouchée, le boucheur passe la bouteille au *ficeleur* qui serre vigoureusement la tête du bouchon contre la bague de la bouteille au moyen de deux nœuds de ficelle huilée serrés en croix.

Pose du fil de fer. — Le ficeleur passe la bouteille au

metteur de fil, qui place un ou deux fils de fer vigou-reusement serrés sous la bague de la bouteille et sur le bouchon.

Calottage des bouchons. — Avant de mettre la deuxième ficelle, il est bon de coiffer le bouchon d'une calotte en fer-blanc légèrement concave et portant deux rainures en croix pour recevoir la pression de la seconde ficelle et surtout du fil de fer. Cette calotte, qui n'a pas plus de 20 à 24 milli-mètres de diamètre, est découpée à l'emporte-pièce dans des feuilles de fer-blanc, et étampée au balancier de façon à recevoir d'un seul coup, entre sa matrice et son mandrin, une concavité de six millimètres de flèche, et deux ou trois rainures profondes de deux à trois millimètres en creux sur sa convexité pour recevoir la ficelle et les fils de fer. Si la calotte n'a que deux rainures, elles se croisent à angle droit sur sa convexité ; si elle en a trois, les trois rainures divi-sent la circonférence de la calotte en parties égales.

Cette addition d'une calotte en fer-blanc au bouchage des vins mousseux est très-peu coûteuse et rend des services positifs. Lorsqu'elle n'existe pas, le bouchon, poussé par la pression intérieure à la bouteille, est souvent coupé sous la résistance des ficelles et du fil de fer et sort ainsi en partie du goulot, ce qui entraîne des pertes de gaz et de liquide. Rien de pareil ne peut arriver lorsque la tête du bouchon presse contre une large surface que ne peuvent diviser le fil de fer et la ficelle qui la maintiennent.

A qualités égales de bouchons et de liens, la présence ou l'absence de la calotte peut être estimée, tant aux caves que dans les expéditions, par une différence de plus de 10 pour 100 de recouleuses à l'avantage de la calotte.

Entreillage des bouteilles. — Ainsi bouchées, les bou-teilles sont entreillées, c'est-à-dire disposées par lits séparés en murailles régulières, par des lattes, sur double rang, tête bêche ; tous les fonds d'un rang en dehors, et tous les goulots en dedans (le rang supérieur en sens inverse), les bouteilles à peu près horizontales.

Aussitôt que, par la formation du dépôt ou par la casse de quelques bouteilles, on est averti que le travail de la mousse est décidé, on descend les bouteilles en cave ou en local à température constante de 10° de chaleur, où on les entreille de nouveau, et où elles restent dix-huit mois au moins et deux ans, et plus, selon les besoins du commerce.

Pendant ce séjour en cave et cette attente que le dépôt, résultat du travail insensible, soit complet, la casse se manifeste énergiquement à la séve de mai et de juin, moins à la séve d'août, moins encore à la séve du printemps de l'année suivante; plus ou moins aussi pendant les orages, sous l'influence électrique et sous certaines constitutions atmosphériques. L'intensité de la casse était telle, il y a peu d'années encore, dans certaines circonstances, dans certaines caves et dans certains tirages, que la perte s'élevait parfois au delà de 50 pour 100 des bouteilles ; on ignorait alors les principales conditions de la production de la mousse. Aujourd'hui les pertes ne dépassent guère 9 à 10 pour 100 dans les circonstances les plus fâcheuses, et ne restent guère au-dessous de 2 pour 100 dans les meilleures conditions. La moyenne des pertes occasionnées par la casse est de 5 à 6 pour 100 ; si cette perte est dépassée, celui qui la subit doit s'en prendre ou à sa négligence, ou à son ignorance.

Désentreillage. — Mise sur pointe. — Remuage des bouteilles, etc. — Après un an, un an et demi ou deux ans, quand le dépôt est bien formé et que les vins sont bien limpides dans les bouteilles, on peut les préparer pour l'expédition. On désentreille les bouteilles et on les met sur pointe, c'est-à-dire qu'on les place le goulot en bas, passant à travers les trous de grandes planches en chêne disposées en

tablettes le long des murs des caves, ou soutenues en étagères par quatre pieds. Les trous sont assez grands pour
que les bouteilles y soient placées d'abord très-obliques,
puis plus verticales, puis tout à fait verticales. En leur donnant ces diverses positions, l'ouvrier qu'on appelle le
remueur, prenant chaque bouteille par le fond sans la soulever, lui imprime un ou deux mouvements d'oscillation rota-
toire sur son axe ; ces positions et ces mouvements ont pour
but et pour résultat d'amener le dépôt du flanc de la bouteille, où il s'est formé, au bas du goulot sur le bouchon, et
de l'y amener peu à peu sans troubler le vin. Le plus souvent
en six semaines deux mois, le dépôt est complétement arrivé
au point d'où il doit être chassé par le crachement du vin,
qui résulte de l'enlèvement rapide du bouchon et l'ouverture momentanée de la bouteille. Mais il arrive aussi parfois
que le dépôt est gras, et plus ou moins adhérent à la place
où il s'est déposé ; cet accident laisse une tache qu'on appelle
masque, et rend nécessaires des manœuvres violentes des
bouteilles, des remaniements et parfois des décantages complets, opérations qui sont toutes exécutées, soit manuelle-
ment, soit par des procédés mécaniques très-ingénieux,
mais qu'il serait trop long de décrire ici.

Inconvénient de l'ancien entreillage. — *Entreillage nouveau.* — L'intensité de la casse est encore augmentée par le
mode d'entreillage ; qu'on se figure une bouteille de Champagne éclatant tout à coup comme une bombe au milieu
d'un tas de 5,000 à 4,000 bouteilles placées horizontalement les unes sur les autres, et l'on comprendra que l'explosion d'une seule bouteille peut faire casser six, dix, vingt
bouteilles : l'effet de l'explosion d'une bouteille dans ces
tas est souvent inoffensif pour les voisines, parce que la
bouteille lance directement son fond hors du tas, elle se
décute, comme disent les cavistes; mais souvent aussi elle

éclate par le ventre et fait des ravages considérables : des tas entiers tombent en ruine et se détruisent par les brèches formées par la casse simultanée de plusieurs bouteilles. Non-seulement le contact du vase qui fait explosion entraîne la casse des bouteilles voisines, mais encore les vibrations sonores étendent leur effet très-loin, et plusieurs bouteilles, à distance, répondent à l'explosion première par une explosion, comme des échos successifs. Pour éviter ces désastres, j'ai imaginé un autre mode d'entreillage, qui isole chacune des bouteilles, quoiqu'elles soient groupées par cent dans une étagère en sapin imprégnée de sulfate de cuivre. Dans cette étagère, qu'on appelle *table-tas*, les bouteilles sont inclinées à 45°; elles y sont placées au moment du tirage, pour n'en plus sortir qu'au moment de l'expédition, pour subir le dégorgement et l'opération. Dans cette situation de la bouteille, le dépôt se fait de lui-même près du bouchon, et les roulements des tables-tas à la brouette tiennent lieu de remuage. Ainsi, les tables-tas évitent l'entreillage, la mise sur pointe, le remuage, le masque, et réduisent la casse à une minime proportion. Ce mode d'entreillage, appliqué en grand depuis plus de dix ans, donne les meilleurs résultats possibles.

Dégorgement des bouteilles. — Les bouteilles prises avec soin, le fond en l'air et le goulot en bas, sont portées au *dégorgeur* qui, les tenant dans la même position, à l'aide de la main et de l'avant-bras gauche, casse rapidement de la main droite les liens du bouchon avec un crochet à déboucher les vins de Champagne, et tire prestement le bouchon : la bouteille crache son dépôt, et le dégorgeur la retourne rapidement, le goulot en haut, de façon qu'il en puisse sortir à peine cinq à six centimètres de vin. Il essuie le haut du goulot avec une éponge, remet un petit bouchon provisoire, et passe la bouteille ainsi dégorgée à l'*égaliseur*.

Le gaz acide carbonique est retenu par affinité dans le vin de Champagne. — Avant de suivre la bouteille dégorgée dans les mains de l'égaliseur, du *doseur*, du *boucheur*, du *ficeleur*, du *poseur de fil de fer*, etc., il importe d'examiner pourquoi l'acide carbonique reste en presque totalité dans la bouteille ouverte. En effet, pendant tout le temps que le dégorgeur essuie le goulot, pendant que l'égaliseur ajoute ou retranche du liquide, pendant que le doseur y verse une mesure de liqueur, la bouteille de vin reste ouverte; ce temps, quoique court, suffirait pour qu'une bouteille d'eau de Seltz perdît les trois quarts de son gaz, tandis que le vin mousseux, le vin de Champagne plus que tout autre, conserve les quatre cinquièmes au moins de son gaz, et pourtant, le pouvoir dissolvant de l'eau pour l'acide carbonique étant de 100, le pouvoir dissolvant du vin n'est que de 120, et cette différence n'explique pas la rétention dans le vin de trois ou quatre fois son volume de gaz acide carbonique pouvant produire trois ou quatre atmosphères de pression aussitôt que la bouteille est refermée.

Il y a donc dans le vin de Champagne une force de cohésion, une attraction au contact de l'acide carbonique qui contre-balance trois atmosphères de tension; mais le vin ordinaire ne jouit pas de cette puissance, car beaucoup d'industriels, à Paris et ailleurs, traitent les vins blancs non mousseux comme on traite l'eau pour en faire l'eau de Seltz; ils ajoutent à de petits vins blancs de Touraine, de Lorraine et autres lieux, les liqueurs et esprits qu'ils jugent nécessaires pour obtenir l'imitation désirée, puis ils les chargent d'acide carbonique extrait des carbonates de chaux, des marbres ou de la craie; ces vins sont alors *grands mousseux*, ils font sauter le bouchon avec éclat, mais l'acide carbonique s'en échappe immédiatement dans la proportion de trois quarts de son volume, comme ce gaz s'échappe de l'eau de Seltz, en sorte que la falsification est facile à reconnaître. Plus un vin mousseux est naturel et provenant de fins cépages, plus son acide carbonique est adhérent au liquide, plus sa mousse est à bulles fines; moins il est acide, plus il garde sa mousse. En versant des acides dans le vin chargé d'acide carbonique, le gaz s'en dégage rapidement, comme si l'acide nouveau le remplaçait dans une sorte de combinaison; les pointes, les angles vifs des rayures, l'électricité, la chaleur, les chocs, les sons, dégagent aussi l'acide carbonique du vin. Toutefois il n'y a pas combinaison entre le gaz et le vin, car le vin de Champagne n'admet pas et ne conduit pas les vibrations sonores, ce qui prouve que le liquide gazeux est un mélange sans homogénéité. Chacun peut s'en assurer en emplissant deux verres, l'un d'eau ou de vin ordinaire, l'autre de bon vin mousseux saturé de son gaz; le premier verre frappé avec la lame d'un couteau rend un son clair et prolongé, l'autre rend un son mat et immédiatement étouffé, comme si le verre était bourré de laine ou d'édredon.

Le vin mousseux refroidi garde tout son gaz, l'eau de Seltz refroidie n'en garde que son volume si les bouteilles sont débouchées; plus un vin mousseux garde longtemps son gaz, plus il est naturel et fin d'origine; un bon vin mousseux, laissé trois heures débouché, la bouteille étant à moitié vide, doit, si on la rebouche avec soin, faire sauter le lendemain son bouchon avec un demi-éclat.

Ce que je viens de dire explique comment le dégorgeur peut ouvrir la bouteille sans autre inconvénient que la perte du gaz contenu dans la *chambre* et quelques centimètres cubes de plus, surtout si le dégorgeur opère en cave très-fraîche. La bouteille contient environ 3,200 centimètres cubes de gaz, et il ne s'en échappe pas 200 dans le dégorgement et les autres opérations.

21

Égalisage. — *Opération du vin.* — *Liqueur d'expédition.* — *Dégustation.* — L'*égaliseur* est chargé de réparer
dans chaque bouteille l'inégalité de sortie du vin au dégorgement, soit en remettant du vin dans la bouteille, soit en
en retirant assez de vin pour que toutes les bouteilles présentent un vide égal; mais le plus souvent il retire une certaine quantité de vin, parce qu'à ce moment le doseur va
ajouter au vin une liqueur dont la composition varie selon
le goût des habitants des contrées auxquelles le vin est
destiné. Cette liqueur est appelée *liqueur d'expédition*, et
son addition au vin, en plus ou moins grande proportion,
est appelée l'*opération du vin*. Un vin est dit *opéré* ou *non
opéré*, suivant qu'il a reçu ou n'a pas reçu sa liqueur d'expédition. On opère les vins à 2, à 5, à 10 et à 20 pour 100
de liqueur; 1 ou 2 pour 100 de liqueur en plus ou en
moins suffisent pour qu'un vin plaise ou ne plaise pas à tel
pays, pour qu'il soit trouvé trop sec ou trop doux : aussi la
proportion et la variété de liqueur d'expédition à ajouter
au vin de tirage (on appelle vin de tirage le vin qui n'est
pas opéré) est-elle l'objet de la sollicitude des fabricants de
vins de Champagne; ils dégustent et font déguster par leurs
hommes de confiance les vins de tirage ; on délibère, on
décide, puis on opère cinq, dix, vingt bouteilles de vin de
tirage avec différentes liqueurs et à différents taux. On les
agite, on les laisse reposer et puis on les redéguste et on les
fait redéguster avec soin. Les bouteilles, à cet effet, sont
rangées dans un cabinet secret, dans le *sanctum sanctorum*,
avec un nombre infini de verres. Chaque bouteille porte un
numéro correspondant à des notes secrètes, et, lorsque les
bonnes nuances de saveur ont été trouvées pour la Russie,
l'Allemagne, l'Angleterre, l'Amérique, l'Australie, les Indes,
la Chine et le Japon, la variété et la quantité de liqueur à
ajouter aux vins de tirage sont enfin déterminées : toutefois

certains négociants ne se contentent pas de leur propre
appréciation à cet égard, ils font intervenir leurs agents
étrangers, soit en les mandant pour déguster le vin qu'on
doit leur expédier, soit en leur envoyant les échantillons
opérés et numérotés.

La liqueur d'expédition doit être faite, comme la liqueur
à vin, avec des sucres blancs des colonies parfaitement raf-
finés, dissous à froid dans des vins blancs des meilleures
années précédentes, dans la proportion de 150 kilogrammes
de sucre pour 125 litres de vin. La liqueur doit être filtrée
avec un soin extrême au moyen de papier gris et d'un
feutre; pour les bons vins, pour les vrais vins, la liqueur
ne devrait pas être autre chose, mais on y ajoute de l'eau-
de-vie, de l'alcool, pour faire des vins forts, du porto pour
faire les vins rosés, du xérès, du madère, etc., etc. Ces
additions et d'autres, pour plaire aux différents pays et aux
différentes classes de buveurs, sont l'habileté et le secret
de chaque fabricant : le mauvais vin n'y gagne rien et le
bon vin y perd toujours; il y perd tout au moins son cachet
original, sa saveur et son bouquet propres; le vin mousseux
devient ainsi un protée qui se perd lui-même par ses artifices; puisqu'il porte un masque, chaque vin a le droit de
se déguiser de même, et le public ne peut être blâmé de ne
pouvoir les distinguer les uns des autres. Il est urgent que
la loi protége tous les vins mousseux, même ceux qui sont
fabriqués comme on fabrique l'eau de Seltz, mais il n'est
pas moins urgent qu'elle défende tous les masques et
qu'elle exige le signalement exact sur l'étiquette et sur la
facture.

Quoi qu'il en soit, la liqueur est placée à côté du doseur,
dans un grand vase de faïence ou de porcelaine; une mesure en fer-blanc, correspondant à la dose fixée par le chef
dégustateur, lui est remise aussi. Il verse une mesure dans

chaque bouteille au moyen d'un entonnoir à douille re-
courbée qui fait couler la liqueur le long des parois de la
bouteille, pour éviter le dégagement de gaz que provoque-
rait la chute de la liqueur au milieu du liquide. Il va sans
dire que l'égaliseur a été prévenu du vide qu'il devait faire
dans chaque bouteille, vide qui sera bientôt comblé par la
proportion de liqueur qu'on ajoute.

Recoulage. — Non-seulement on ajoute de la liqueur au
vin d'expédition, mais lorsque le vin de tirage est le produit d'années petites ou médiocres, on y ajoute aussi une
proportion de vin de grande année, mis en réserve à cet
effet; on appelle cette addition *recoulage*. On recoule, par
exemple, le petit vin de tirage de 1847 à 10, à 15, à 20
pour 100, avec le grand vin de tirage de 1846. C'est par
ces recoulages que les vins de Champagne peuvent être
présentés chaque année et sur toutes les places du monde
avec des qualités très-peu différentes les unes des autres et
généralement d'un ensemble très-acceptable : aussi les
grandes et riches maisons de commerce achètent-elles à
tout prix la plus grande quantité possible des vins de
grandes années : c'est là leur trésor, leur essence, pour
enrichir et parfumer les vins des petites années. Une maison dépourvue de vins vieux de première qualité, dans une
série d'années médiocres, est une maison démontée, perdue
pour le grand commerce.

On voit mieux encore, à cette occasion, que la production des vins de Champagne est une industrie, un art et une
science à la fois. On le comprendrait bien davantage si
j'avais le temps d'énumérer et de décrire tous ses éléments
et tous ses détails, d'énumérer et de décrire tout ce qui se
rattache aux filtrages des liqueurs et aux moyens et machines employés pour les doser et les mettre en bouteilles
sans le contact de l'air, tout ce qui se rapporte aux bou-

chons, à leur choix, à leur préparation, à leur application;
tout ce qui se rapporte à la pose des ficelles, des capsules,
des fils de fer; au secouage des bouteilles pleines, au rinçage des bouteilles vides, à l'essai des vins d'expédition à
l'air libre ou en bouteilles fermées par les étuves, etc.
Plusieurs volumes suffiraient à peine pour faire connaître
tous les procédés ingénieux, toutes les merveilleuses machines, toutes les inventions et observations relatives aux
vins de Champagne; mais je dois me borner ici à donner
une idée vraie de l'industrie dans sa plus grande simplicité pratique, renvoyant à l'ouvrage de M. Maumené pour
plus ample informé théorique et pratique.

Après l'opération du recoulage, la liqueur d'expédition
est mise dans chaque bouteille, et, aussitôt la liqueur in-
troduite, la bouteille est passée au boucheur, qui secoue la
bouteille bouchée pour mélanger la liqueur, en la passant
au ficeleur.

Bouchage, calotage et ficellement du bouchon. — Les
bouchons d'expédition doivent être neufs, de premier choix,
bien lavés au vin et ramollis à la vapeur ; ils sont tenus
tièdes à la portée du boucheur, qui les trempe dans la liqueur au moment où il les engage dans la machine à boucher. Le bouchon pour l'expédition doit être un peu moins
enfoncé que pour le tirage. Le ficeleur met ensuite une ficelle, une calotte (la calotte diffère de la capsule en ce que
la capsule consiste dans une enveloppe générale du bouchon et de la bague de la bouteille, tandis que la calotte ne
fait qu'appuyer et recouvrir la tête du bouchon), une seconde ficelle sur la calotte; puis le poseur de fil applique
solidement un ou deux fils de fer pour terminer le bouchage.

Feuille d'étain. — *Étiquette*. — *Enveloppe*. — Les bouteilles ainsi préparées sont lavées et essuyées avec soin par

des femmes, qui enveloppent d'une feuille d'étain le bouchon et le goulot de la bouteille jusqu'au-dessous du niveau
de la chambre à air ; elles collent ensuite une étiquette sur
le flanc de la bouteille, roulant la bouteille tout entière
dans une feuille de papier gris, rose, bleu ou de tout autre
couleur, et elles la livrent aux emballeurs, qui l'entourent
artistement d'une corde de paille et la mettent en caisse ou
en panier.

Paniers et caisses. — Les paniers et les caisses sont ensuite pesés, marqués et rangés pour l'expédition ; toutes
ces opérations sont désignées et notées dans les plus grands
détails sur les livres, avec dates et numéros d'ordre.

Pour donner une idée de l'importance du commerce des
vins de Champagne par un seul fait, je dirai que, dans une
seule année, j'ai vu fabriquer pour 75,000 fr. de caisses,
sans compter les paniers pour les expéditions d'une seule
maison, et que les caisses et les paniers n'entrent pas pour
plus d'un cinquantième dans la valeur des expéditions.

Mode de vente des produits de la vigne en Champagne.
— Malgré tout l'intérêt que mérite cette grande industrie
des vins mousseux, elle ne se rattache que comme une
branche importante à la question générale des vins de
France, et je ne devais m'y arrêter que pour la faire comprendre dans ses difficultés : le court exposé qui précède
suffira pour montrer qu'elle s'écarte de la simplicité des
rapports de la viticulture et de la vinification, et qu'il n'est
pas facile au premier viticulteur venu de l'annexer à son
exploitation. En Champagne, la plupart des propriétaires
vendent leurs raisins en nature aux fabricants de vins
mousseux ; s'ils ne vendent pas leurs raisins, ils vendent
leurs vins en pièces, et ce n'est que rarement, et quand le
vin est bon et à trop bas prix, qu'ils se risquent à faire un
tirage. Faire un tirage, pour les propriétaires, c'est mettre

en bouteille chez eux et à leurs frais leurs vins en pièces pour leur faire prendre et garder la mousse. Au bout d'un an ou deux, ou plus, suivant que le moment leur paraît plus favorable pour obtenir un bon prix de leur tirage, ils font goûter et apprécier l'état et la qualité de leur vin par des courtiers gourmets, qui le proposent à l'industrie : les négociants font transporter ces vins dans leurs établissements et les *opèrent* pour l'expédition. Ainsi, même en Champagne, les propriétaires n'acceptent pas le tracas et les chances de l'opération industrielle des vins mousseux, et je comprends leur prudence ; à plus forte raison n'engagerais-je pas les propriétaires des autres vignobles à entrer légèrement dans une voie industrielle qui mène trop souvent à la ruine par des opérations et des calculs erronés.

Je termine ici l'exposé général de la préparation des vins de France; il me reste à parler de l'emploi des lies, bas vins, résidus de vins ou vins éventés, et de l'emploi des marcs de vins blancs et de vins rouges.

§ 12. — EMPLOI DES BAS VINS, RÉSIDUS DES VINS ET DES MARCS.

Distillation des bas vins et boissons de marcs. — Les lies proprement dites, recueillies des vins fermentés, doivent être lavées à deux eaux successives, et leurs eaux de lavage peuvent être jointes aux vins éventés pour être distillés ensemble et fournir leur alcool en eau-de-vie ou en esprit du commerce.

Dans les grands établissements ruraux, tous les marcs, mais les marcs de vins blancs mieux encore que ceux de vins rouges, recueillis et enfermés dans des tonneaux, des cuves ou des foudres, et garantis par une fermeture convenable, peuvent fournir une boisson très-saine et très-fortifiante à consommer dans l'année. Si l'on verse dans les vases où ils sont gardés de l'eau pure dans la proportion de la moitié des jus que les marcs ont produits, et qu'on laisse les marcs macérer dix à vingt jours dans cette quantité d'eau, cette eau prendra les sels, le tanin et la matière colorante des marcs, et se chargera encore de 4 à 5 pour 100 d'esprit. En ajoutant à l'eau 10 pour 100 de sucre, on peut doubler sa proportion et obtenir une boisson encore meilleure par la fermentation plus active qu'elle éprouvera ; mais ces produits, fussent-ils chargés de plus de sucre et d'esprit, doivent être consommés sur place ou vendus dans le voisinage pour ce qu'ils sont : pour entretenir les forces et l'activité des ouvriers des champs, et même pour les nourrir, ils valent certainement mieux que l'eau ; ils constituent même une boisson plus salutaire que la bière, plus salutaire que le cidre, mais ils ne constituent pas le vin et ne peuvent être vendus comme tels sans tromperie.

Distillation des eaux de lavage des marcs. — Pour retirer l'alcool contenu dans les marcs n'ayant pas fourni de boissons, et même les dernières portions d'esprit restant dans les marcs ayant fourni des boissons, la méthode la plus convenable consiste à emplir d'eau chaude les vases où les marcs sont contenus, après l'époque où ils se sont échauffés à sec, puis refroidis. Lorsque l'eau chaude ajoutée s'est refroidie à son tour, on la soutire comme on soutirerait le vin, et cette eau, passée aux appareils continus de distillation, donne des eaux-de-vie et des esprits de bon goût. L'appareil le meilleur et à plus bas prix est l'appareil du docteur Chambardelle, de la Rochelle ; le plus petit numéro de ces appareils coûte 300 francs et donne, avec un très-petit foyer, 200 litres d'eau-de-vie par jour.

Les derniers résidus des marcs servent à faire des mottes à brûler ou à nourrir des volailles, ou bien on les mêle aux composts de terre et de fumier d'étable pour l'entretien des vignes.

§ 13. — MALADIE DES VINS.

Je ne parle des maladies des vins que pour dire que c'est là une question peu importante et qui ne se rapporte qu'à de rares exceptions, tout à fait étrangères à la production générale et au grand commerce des vins.

Les vins bien faits ne sont jamais malades. — Je partage entièrement sur ce point l'opinion du comte Odart, et j'ai vu par moi-même que les vins *purs* bien faits, provenant de bons raisins bien mûrs, mis en bonnes futailles et en bonnes caves, ne sont jamais malades que de caducité, maladie qu'on ne guérit pas. J'ai vu que les vins médiocres ou mauvais, ou même les bons vins placés dans des conditions qui ont déterminé leur fermentation muqueuse, acétique ou putride, étaient privés des éléments qui les nourrissent, c'est-à-dire de sucre et d'esprit, et qu'ils ne revenaient jamais à l'état de vins loyaux et marchands ; leur traitement et leur guérison n'est donc qu'une affaire d'économie domestique, car l'hygiène publique, autant que la conscience et la probité, doivent proscrire la vente des vins viciés et vicieux comme celle des animaux malsains.

Traitement préventif de la graisse. — Ce qui vaut mieux que de guérir, dit M. Monny de Mornay, c'est de prévenir le mal. Ce précepte a été appliqué avec un grand bonheur dans la Champagne, dont les vins blancs légers et délicats étaient souvent atteints de viscosité ou de la maladie appelée graisse. Cette maladie a disparu par l'emploi du tanin à la dose de 15 à 20 grammes par hectolitre, ajoutée en solution alcoolique trois ou quatre semaines avant la mise en bouteilles. Le tanin neutralise ainsi et précipite la matière

21.

azotée en excès, excès qui produit la viscosité du vin. Cette médication préventive a été conseillée par M. François, habile chimiste, qui a rendu d'immenses services à l'industrie des vins mousseux de Champagne ; il avait constaté que les vins affectés de la graisse redevenaient secs et limpides par l'addition du tanin, et il en a tiré cette conséquence aussi simple que vraie, que l'addition du tanin préviendrait la maladie. On obtiendrait le même résultat pour tous les vins blancs (les seuls vins qui soient atteints de cette maladie) en leur rendant, après le pressurage, une partie de leurs rafles immergées dans le liquide pendant tout le temps de sa fermentation apparente, et cette pratique vaudrait mieux pour eux que l'emploi du tanin ou de la noix de galle : 1° parce que le tanin extrait de la rafle par le vin n'est pas identique à celui qui est extrait de la noix de galle ; 2° parce qu'il est plus naturel au vin, moins sensible au goût et moins dur à l'estomac ; j'exprime ici l'opinion de M. Maumené, opinion que je partage entièrement.

On pourra toujours soutenir de même par des moyens préventifs très-simples et très-naturels les vins qui menacent de tourner, d'être atteints de la pousse, du besaigre et même de l'amer, en leur rendant, en proportion de leur faiblesse et de leur pauvreté, après les avoir collés et soutirés, ce qui leur fait défaut, le sucre et l'esprit, soit en nature, soit en les coupant avec des vins plus jeunes et plus riches.

Quant aux soufrages, mutages ou méchages, bien qu'ils aient la faculté incontestable de suspendre momentanément toute fermentation, toute action de décomposition vineuse, je ne puis les conseiller, car ils tuent le vin et lui donnent souvent un mauvais goût ; j'admets encore moins l'emploi de l'alun, du lait et de tout autre matière minérale, végétale ou animale étrangère au vin. Toutefois l'agitation de la bonne huile d'olive avec le vin lui enlève parfois son mauvais goût sans lui nuire en quoi que ce soit.

§ 14. — DE LA DÉGUSTATION ET DE L'APPRÉCIATION DES VINS.

Le vin, dans son appréciation, est sujet à deux juridictions, l'une toute sensuelle, l'autre toute physiologique.

L'appréciation sensuelle du vin se rapporte à trois de nos organes sensoriaux : l'œil, les fosses nasales à l'avant et à l'arrière, la bouche également à sa partie antérieure et à sa partie postérieure.

Le vin jugé par la vue. — Le vin plait à l'œil par sa limpidité et par sa couleur; qu'il soit rouge, rose, jaune ou blanc, il doit toujours être d'une limpidité parfaite et d'une couleur franche; aucun des tons du bon vin n'est faux, même dans une extrême vieillesse; si l'on ne doit, si l'on ne peut décider qu'un vin est bon quand il est séduisant à la vue, on peut toujours dire qu'il n'est pas bon, ou du moins qu'il n'est pas dans le meilleur état, si sa transparence et sa nuance sont douteuses. La franchise de la couleur et de la limpidité sont des signes favorables, ce ne sont pas des qualités, mais les apparences contraires accusent des défauts réels dans le vin.

Le vin jugé par l'odorat. — Les deux bouquets du vin. — Le vin se révèle par deux sortes d'odeurs ou bouquets à l'odorat extérieur, c'est-à-dire à l'exercice du sens par aspiration de l'air. La première est l'odeur générale et commune, quoique spéciale à tous les vins; elle est d'autant plus forte que le vin est plus nouveau, mais elle est toujours inhérente au bon vin, et elle le caractérise, quelque vieux qu'il soit. Ce premier bouquet des vins paraît résider dans l'expansion de l'esprit, tenant en dissolution une huile essentielle plus ou moins fugace, plus ou moins forte, plus

ou moins caractéristique de chaque espèce de vin; ce bouquet est un signe de qualité réelle du vin; il est généralement très-fort et très-expansible pendant les premières années; il se concentre, s'affine et s'atténue à mesure que le
vin vieillit. La seconde sorte d'arome se développe au contraire avec l'âge et semblerait devoir être attribuée à la
réaction des acides vineux sur l'esprit, réaction qui détermine certaines combinaisons éthérées; ce bouquet, pour
être plus ou moins agréable, n'indique pas moins pour
cela une décomposition peu favorable à la salubrité et à la
durée du vin; aucun vin ne tire sa réputation de cette seconde sorte de bouquet, et le bouquet si connu et si justement apprécié des vins fins de Bordeaux appartient nettement à la première sorte, à la seule qu'on doive généralement considérer.

**Les vins ne sont pas faits principalement pour plaire
à la vue et à l'odorat.** — L'arome comme la couleur est
un signe favorable ou défavorable, agréable ou désagréable,
mais le vin est une boisson alimentaire avant tout; il est
très-bon et très-heureux que la vue et l'odorat en soient
flattés en passant, mais il serait puéril et même ridicule
d'exalter outre mesure la satisfaction de la vue et de l'o-
dorat, et de prétendre fonder la supériorité du vin presque exclusivement sur l'agrément de ces deux organes et
quelquefois de l'un d'eux seulement. Je fais cette réflexion
avec intention : j'ai vu beaucoup de gens solliciter leurs
hôtes avec une insistance fâcheuse à regarder, à mirer, et
surtout à flairer leurs vins et même les verres vides pendant presque toute la durée d'un repas, au risque de les
faire mourir de soif. Le véritable amateur, le gourmet sait
très-bien regarder et odorer le vin, mais il sait aussi que
ces deux temps doivent être immédiatement suivis de l'introduction du liquide dans l'avant-bouche. La couleur et

l'odeur sont deux notes introductives d'un thème gastronomique; si elles sont seules, elles n'ont plus de valeur relative et le thème n'est pas bien compris.

**Le vin jugé par le goût, c'est-à-dire par la bouche,
l'avant-bouche et l'arrière-bouche.** — Avant de parler de
l'impression du vin sur le sens du goût, je dois dire que ce
sens est le seul dans l'organisation animale qui ait un double appareil de perception, l'un à la pointe et sur les bords
de la langue, l'autre à la base de cet organe et au voile du
palais. Le premier perçoit les saveurs acides ou électro-
positives par les deux nerfs linguaux et l'autre perçoit les
saveurs alcalines ou électro-négatives par les deux nerfs
glosso-pharyngiens; les saveurs perçues par l'avant-bouche, dans les boissons comme dans les aliments, ne sont
pas les mêmes que celles que perçoit l'arrière-bouche; un
sel alcalin, par exemple, donne à l'avant-bouche des saveurs acides, stiptiques, salées, sucrées, etc., et donne
ses saveurs basiques, amères, savonneuses, à l'arrière-
bouche. (J'ai établi ces faits par des expériences directes
en 1829 avec M. le docteur Admyrauld et par des expériences sur les animaux, en 1833, avec M. le docteur Ca-
zalis.)

Dégustation proprement dite. — Le vin introduit dans
l'avant-bouche, fait sentir aux bords antérieurs et à la
pointe de la langue toutes ses saveurs acides, sucrées, stiptiques. Toutes ces nuances réunies ensemble doivent plaire
à l'organe en ne laissant dominer ni l'acide, ni le sucre,
ni l'astringence : On fait ensuite passer le vin à l'arrière-
bouche où on le retient par un léger mouvement de gar-
garisme; c'est là où la faiblesse ou bien la force alcooliques se font sentir, c'est là que le goût de terroir, la fa-
deur des sels, l'amer, les goûts de fût ou de bouchon, sont
appréciés. Si l'ensemble des saveurs plaît à l'arrière-bouche

par l'absence de toute impression désagréable, il faut, pour achever la dégustation du vin, non pas rejeter le vin en le crachant, mais l'avaler, car aussitôt que le vin a franchi la base de la langue, le voile du palais et ses piliers, une odeur très-prononcée remonte du pharynx dans les fosses nasales et y porte des révélations nouvelles et plus puissantes que par le flair extérieur sur les qualités ou les défauts du bouquet du vin; de plus le dernier contact du vin avec les muqueuses du pharynx et de la base de la langue laisse une longue impression de saveurs dont la sensation désagréable a été désignée sous le nom collectif de *déboire*.

Le bon et le mauvais vin jugé par les sens. — Si donc un vin est d'une limpidité parfaite et d'une franche couleur, si son odeur est agréable, si l'ensemble des saveurs acides, sucrées et astringentes plaît à l'avant-bouche par une fusion qui semble former une saveur unique comme plusieurs notes d'un accord parfait ; si à cette première impression harmonieuse l'arrière-bouche ajoute la sensation de chaleur et celle de la richesse vineuse sans que l'alcool y soit caractérisé, si enfin la déglutition couronne l'ensemble par un bouquet naturel sans être suivie d'aucun déboire, le vin est sensuellement bon. Il est imparfait s'il pèche en un seul point, et il est d'autant moins bon que ses acides, son sucre et ses sels s'isolent et se distinguent plus à la pointe de la langue; que sa froideur et sa platitude, ses huiles essentielles, ses goûts de terroir ou de fût, et surtout la prédominance isolée de l'esprit, se manifestent plus à la base, que son arrière-bouquet est moins plaisant et que son déboire est plus désagréablement durable.

Difficulté de s'entendre sur les saveurs. — Dans cette explication de la dégustation, je m'efforce d'être clair et je sens que je ne le suis pas encore assez ; il sera impossible de s'entendre sur les saveurs tant que la science n'aura pas fondé des signes ou des mots représentatifs de leur ton, de leur timbre et de leurs rapports d'harmonie ; la science des saveurs est encore tout entière à fonder ; jusque-là les chefs de cuisine et les habiles compositeurs de festins resteront des génies isolés ou des empiriques ; quant aux gourmands et aux gourmets, ils approuvent ou ils critiquent, mais ils ne composent pas.

Ce serait une collection curieuse que celle qui réunirait toutes les expressions dont les gourmets, les marchands de vin, les commis voyageurs, les amateurs et les gens à la suite, gens les plus nombreux, se servent pour exprimer les sensations qu'ils éprouvent en dégustant les vins. J'ai connu un voyageur anglais qui n'aimait un vin que quand il faisait *la queue de paon dans la bouche* ; chacun connaît l'expression de l'Auvergnat, buvant un verre de vin vieux et généreux ; c'est *une aune de velours qui descend dans le gosier.*

Effets physiologiques des vins. — Les effets physiologiques du vin présentent moins d'incertitude pour son appréciation.

Ce sont l'estomac, les muscles, le cœur et la tête qui sont les juges suprêmes du vin.

Qu'un vin ait flatté vos yeux, votre odorat extérieur, votre avant-bouche et votre arrière-bouche, *en y faisant la queue de paon,* qu'il ait réjoui votre odorat intérieur et soit descendu dans votre pharynx et dans votre œsophage *comme une aune de velours,* si vous payez ces sensualités fugitives par une digestion de plomb, par une tension épigastrique, par une prostration musculaire, par une lourdeur de tête et un malaise général de plusieurs heures, certes vous aurez le droit, chèrement acheté, de déclarer que le vin qui produit de pareils effets n'est pas bon.

Si l'amphytrion de nombreux convives voit surgir parmi eux d'âpres querelles et quelquefois pis à la fin du repas, si

au lieu d'une gaieté vive et franche, au lieu des saillies spi-
rituelles et des accès de bienveillance universelle que produisent les bons vins, un sombre silence ou de lourdes et
grossières plaisanteries sont toutes les manifestations de ses
hôtes, cet amphytrion peut affirmer que ses vins ne valent
rien et il doit s'empresser d'en chercher de meilleurs s'il
tient à voir briller à sa table l'esprit, la cordialité, la confiance et la gaieté toute française qui doivent animer ses
convives pendant de longues soirées.

Les cénacles sont les temples où se consacre l'association
des hommes, les cènes sont les actes fondamentaux de la
société, actes dont les mets sont la lettre et dont les vins
forment l'esprit.

Les boissons n'agissent pas seulement sur l'individu, elles
réagissent sur les familles, sur les tribus, sur les nations;
et je suis profondément convaincu que les vins de France
sont la cause première de la franchise, de la générosité et de
la valeur du caractère français, incontestablement supérieur à celui de toutes les autres nations.

Jamais les habitants d'un pays à bière n'auront la vivacité d'esprit et la gaieté des habitants d'un pays à vin,
jamais les habitants d'un pays à cidre n'auront la franchise
des gens d'un pays vignoble ; ce n'est donc point l'alcool
qui constitue la valeur et la bonté du vin puisque la bière et
le cidre peuvent en contenir tout autant et quelquefois plus.
Le bon vin n'est point un vin plus ou moins spiritueux.
Tout vin naturel, fort ou faible en esprit, est un bon vin,
s'il conserve sa vie organique et s'il la manifeste par une
franche odeur, par un concert de tous ses éléments dans une
saveur harmonieuse au goût, par une digestion facile, une
augmentation sensible des forces musculaires et par une activité plus grande du corps et de l'esprit. Que la saveur du
vin soit fraîche, piquante et légère ; qu'elle soit douce, onc-

tueuse et riche ; qu'elle soit âpre, chaude et austère, le vin
est bon s'il soutient et augmente les forces corporelles et
intellectuelles sans fatiguer les organes digestifs.

**Le vin est bon relativement et non absolument. — Il
faut faire avant tout de bons vins d'ordinaire.** — Sous le
rapport sensuel, mais surtout sous le rapport physiologique,
le bon vin n'est pas bon absolument parlant ; un bon vin
est bon pour l'usage qu'on veut et qu'on peut en faire ; un
excellent vin de liqueur ou de dessert devient un vin détestable et impossible pour boisson ordinaire, abondante, alimentaire. Ce n'est donc pas sans raison qu'on distingue les
vins en vins d'ordinaire, vins d'entremets et vins de dessert
qu'on pourrait aussi distinguer en vins de petits, de moyens
et de grands verres, relativement à la quantité proportionnelle qu'on en peut et qu'on en doit absorber.

Une bonne brioche est toujours bonne si l'on doit en
manger peu et rarement ; mais, pour manger toujours et en
grande quantité, le pain est infiniment meilleur et sera préféré par tout le monde.

Je payerais plus cher une pièce de vin de Mâcon, de Chablis ou de Bordeaux léger, qu'une pièce du meilleur vin de
Lunel si je devais en faire ma boisson ordinaire et exclusive, et je pense que tout le monde ferait comme moi.
Il est donc plus important de faire de bons vins d'ordinaire que de faire de bons vins d'entremets, il est plus
important de faire de bons vins d'entretremets que de bons
vins de liqueur, et cette préséance touche à l'intérêt de
la consommation intérieure et extérieure de la France, à
l'intérêt du producteur et du consommateur autant qu'à
l'intérêt de l'hygiène publique.

Le bon vin ordinaire, le vin alimentaire, car le vin est un
aliment positif et excellent, n'est point un vin fort en esprit, ce n'est pas même un vin de grande année : c'est un

vin de fins cépages, ne dépassant pas dix pour cent d'esprit, et pouvant même n'en contenir que six pour cent. Sur vingt années de production, quinze au moins peuvent produire naturellement les bons vins d'ordinaire : ces vins sont parfaits comme boisson hygiénique dès la seconde année, et peuvent durer quatre à cinq ans : ils deviennent mauvais et sont repoussés de la grande consommation si on les élève artificiellement à la puissance alcoolique des vins d'entremets, c'est-à-dire de 10° à 14° d'alcool.

On trouvera des débouchés infinis pour les vins légers, naturels et vivants si la lumière se fait à l'égard des véritables qualités sensuelles et hygiéniques des vins, et surtout si les producteurs et les marchands cessent de faire consister la qualité dans la richesse alcoolique. Ils se trompent eux-mêmes en établissant et en propageant cette fausse opinion, car les instincts organiques ne restent pas longtemps dupes ; on se laisse d'abord persuader, on achète ces vins forts une première fois, mais leur pesanteur et leurs tristes effets organiques éveillent bientôt de justes défiances, et l'on cherche ailleurs les qualités que ces mêmes vins auraient eues s'ils étaient restés à leur degré naturel.

Le vin qui contient de l'alcool au delà de ses forces ne s'assimile pas : il enivre brutalement, à la façon des eaux-de-vie, mais des eaux-de-vie noyées dans une masse de liquide, et par conséquent privées de la puissante stimulation qui les fait digérer par une réaction des organes digestifs proportionnée à leur force.

Avec les voies de communication actuelles, les bons vins d'ordinaire peuvent être consommés dans l'univers entier, et, dans vingt ans d'ici, huit millions d'hectares de vignes ajoutés aux deux millions d'hectares qui existent déjà en France, ne feront pas descendre ces vins au-dessous de 50 fr. l'hectolitre, prix qui assure aux planteurs des vignes de notre fortuné pays un présent et un avenir magnifiques : mais ce prix rémunérateur ne sera atteint et maintenu qu'à la condition expresse qu'ils cultiveront les meilleurs et les plus fins cépages.

Avec les fins cépages les grandes années produiront naturellement les bons vins d'entremets : quant aux vins de liqueur et aux vins mousseux, précieuses spécialités de notre Midi et de notre Champagne, ils ne pourront que gagner à être faits avec de fins cépages, et l'accroissement de la production de ces vins sera certainement proportionnelle au mouvement général des vins de France.

CHAPITRE V

COUP D'ŒIL SUR LA CRÉATION D'UN VENDANGEOIR.

---

§ 1. — RAPPORTS DES BATIMENTS ET DU MOBILIER D'EXPLOITATION
A L'ÉTENDUE D'UN VIGNOBLE.

La production moyenne d'un hectare de vigne bien planté, bien cultivé et bien entretenu en fins cépages est ordinairement de 100 hectolitres de raisin, c'est-à-dire à peu près de 40 hectolitres de vin fait.

Nous avons vu déjà qu'il fallait une bande de 40 vendangeurs, de 8 porteurs et d'un conducteur pour en opérer la récolte en un jour, plus 2 voituriers et 2 déchargeurs pour transporter et déposer cette récolte au vendangeoir : nous supposerons que le transport est fait au moyen de récipients d'un hectolitre, et le mobilier correspondant à l'opération consistera dans 50 paniers, 50 ciseaux, 100 récipients, 2 chevaux et 2 voitures, par hectare et par jour de vendange.

Nous avons dit que la durée de la vendange devait être calculée sur dix jours, par conséquent le matériel de chaque jour sert à l'exploitation de dix hectares. Pour exploiter 100 hectares en dix jours, il faut donc par jour 400 vendangeurs, 80 porteurs, 10 conducteurs, 20 voituriers et 20 déchargeurs : il faut 500 paniers, 500 ciseaux, 1,000 récipients, 20 chevaux et 20 voitures.

Le personnel de la vendange est rarement fourni par la population du vendangeoir seul, car ce personnel, pour 100 hectares, comporte de 530 à 540 individus, dont 130 à 140 hommes forts, et 400 femmes, enfants et vieillards; soit de 110 à 140 familles : tandis que la bonne culture de la vigne, faite complétement à la main, n'a besoin, pour 100 hectares, que de 200 paires de bras, c'est-à-dire 100 hommes et 100 femmes, occupés et rémunérés pendant une grande partie de l'année : ce personnel se trouve ordinairement dans 50 à 60 familles, qui suffisent à la parfaite culture de 100 hectares, et le renfort nécessaire à la vendange arrive de l'extérieur quand le vignoble n'est pas mêlé à l'agriculture proprement dite. C'est la culture des céréales et des fourrages, des pommes de terre, des betteraves, des colzas, des choux, des légumes, etc., qui fournit à la vendange ses bras complémentaires, et réciproquement les vignerons de beaucoup de pays s'en vont aider à la moisson, à la fenaison et à certaines autres opérations de culture. Un vignoble modèle devrait pouvoir louer ou vendre (à payer par intérêts et amortissement annuels) de un à deux hectares de terre à chaque famille de vigneron; louer ou vendre aux mêmes conditions, à chaque famille, une maison et un jardin. Avec la certitude d'être logés, d'avoir un travail rétribué toute l'année, et un terrain à cultiver pour eux-mêmes, les ouvriers accourraient bientôt et formeraient des familles stables : j'ai vu ce fait s'accomplir chez moi sur mon appel d'ouvriers, sans que j'eusse prévu d'abord cette heureuse conséquence de mon entreprise viticole.

Je parle à la fois ici du personnel, du mobilier et de la récolte, parce que le plan des bâtiments à construire doit varier selon le nombre de familles qu'on veut y loger.

C'est surtout d'après le nombre de tonneaux nécessaires à chaque récolte qu'il faut déterminer l'étendue du bâtiment d'exploitation. — Que l'on ait vendangé pour faire des vins blancs ou des vins rouges, ou des variétés quelconques de ces vins, il faut que ces vins soient mis en tonneaux soit après avoir passé au pressoir, soit après avoir passé à la cuve; si donc chaque hectare produit chaque année 40 hectolitres de vin, il faut s'être approvisionné, avant la vendange, de vaisseaux vinaires vides, en nombre suffisant et de capacité convenable pour contenir autant de fois 40 hectolitres qu'on aura d'hectares de vignes à vendanger; soit 5 pipes de 8 hectolitres ou 16 muids de 250 litres, ou bien encore 20 pièces de 2 hectolitres, ou enfin 36 feuillettes de 112 litres, etc.

Je choisis la pièce de 2 hectolitres pour base de mes calculs, en faisant observer que les emplacements nécessaires pour emmagasiner, manœuvrer, ranger les vaisseaux vinaires, peuvent occuper moins d'espace à mesure que le type des vaisseaux vinaires employés est plus grand; en d'autres termes il faut plus de surface pour les vins mis en feuillettes que pour les vins tirés en pipes.

Non-seulement les muids ou feuillettes occupent plus d'espace que les grands vaisseaux vinaires et les autres grands meubles d'exploitation, tels que foudres, cuves et pressoirs, mais ils occupent leur place en *magasins*, en *celliers* et en *caves*, et les celliers et caves doivent souvent recevoir et garder les tonneaux pleins de la récolte de plusieurs années successives.

C'est donc sur la récolte d'un vignoble et par suite sur la quantité et la capacité des futailles qui doivent en rece-

voir le vin et conserver ce vin une ou plusieurs années,
qu'il faut baser principalement les dispositions et la surface
des bâtiments destinés à une exploitation de vignes d'une
étendue déterminée.

Je prends la pièce de deux hectolitres pour base et pour
type, parce qu'elle réunit tous les avantages possibles.
D'abord sa contenance est exprimée par un nombre rond et
parfaitement adapté au système métrique : l'espace qu'elle
occupe, de $0^m.70$ en diamètre extérieur sur $0^m.80$ de longueur de bout en bout, permet de la caser facilement; son
poids de 215 kilogrammes environ, lorsqu'elle est pleine,
n'offre aucune difficulté aux manœuvres de déplacement,
de chargement, de transport et de déchargement; sa construction comporte l'emploi de mérins (lames de chêne
fendu au coutre en forêt) très-ordinaires et de cercles peu
coûteux; en un mot elle joint à sa capacité légale les avantages d'être au moindre prix possible, d'être très-solide et
très-facile à ranger et à manœuvrer.

Un hectare de vigne suppose donc l'approvisionnement
préalable à la vendange de 20 pièces vides de 2 hectolitres,
neuves ou remises à neuf, et 100 hectares de vignes nécessitent un approvisionnement de 2,000 pièces pareilles. Ces
pièces doivent être remisées à l'abri du soleil, de la sécheresse ou d'une humidité excessive, en attendant la vendange. Elles doivent être *gerbées* en fossés, c'est-à-dire
superposées à 4 ou 5 rangs de hauteur, le rang supérieur
logé dans les dépressions du rang inférieur, un rang contre
chaque muraille et par deux rangs dans l'intervalle (chaque
double rang séparé des autres rangs par une allée qui permette de voir et de prendre chaque pièce par une extrémité) :
elles occuperont ainsi $2^m.50$ à $3^m.$ de hauteur sur $35^m.$ à
$50^m.$ de longueur, et sur $11^m.$ de largeur. L'espace ainsi
occupé par les pièces doit comprendre seulement le cin-

quième ou le quart au plus d'un emplacement qui devra
servir tout à la fois à leur rebattage, à leur rinçage et à leur
abreuvage par les tonneliers, en un mot, là où les tonneaux
sont remisés ils doivent pouvoir être préparés et au besoin
même rangés sur chantiers et sur un seul rang de hauteur
pour y recevoir les vins et y laisser achever leur première
fermentation. Cet emplacement, pour remplir toutes les
conditions nécessaires à toutes les manœuvres et emplois
de 2,000 tonneaux par an, doit être de 200^m. de long
sur 11^m. de large. Il sera suffisant alors à la tonnellerie, à
la rincerie, et servira au besoin de cellier de première fermentation.

Surface des caves. — Les caves dans lesquelles les
2,000 pièces de vin seront nécessairement descendues devront présenter en un ou deux arceaux 200^m. de longueur
sur 10^m. de largeur libre, les tonneaux à vins nouveaux ne
pouvant pas et ne devant pas être gerbés, c'est-à-dire placés
en rangs superposés. Une étendue pareille de caves, par un
gerbage à double et à triple hauteur, contiendrait le double
et même le triple de vins vieux.

Nombre des pressoirs. — Si les produits de la vendange
sont tous destinés à la confection des vins blancs, un bon
pressoir troyen ou tout autre pressoir simple pouvant accomplir, en vingt-quatre heures, quatre opérations produisant chacune 40 hectolitres de vin, c'est-à-dire 160 hectolitres en un jour et une nuit de travail; un bon pressoir,
dis-je, suffirait à l'exploitation de 4 hectares par jour et de
40 hectares vendangés en dix jours. Mais, si l'on considère
qu'il n'est pas toujours possible de travailler jour et nuit,
soit à cause des arrivages de raisins, soit à cause de l'insuffisance des relais d'ouvriers, soit enfin à cause de certains
dérangements ou même de certains accidents graves qui
surviennent aux pressoirs, on comprendra qu'il faut faire

une large part aux éventualités et compter sur 4 pressoirs en bon état pour l'exploitation de 100 hectares de vignes. 3 pressoirs doubles de M. Dezaunay suffiraient à remplir le même objet. Pour éviter les difficultés et la confusion des manœuvres, chaque pressoir simple doit occuper un espace libre de 10^m. de long sur 6^m de large, et le pressoir double de 15^m. de longueur sur 6^m.

Nombre des cuves de débourbage. — Les moûts des vins blancs devant séjourner environ 24 heures dans les cuves de débourbage, chaque pressoir doit être desservi par un double appareil de cuves à sa portée et pouvant contenir le double du produit de son travail par jour, c'est-à-dire de 8 cuves pouvant contenir chacune 40 hectolitres; mais, sur les quatre pressoirs simples, et sur les trois doubles, un pressoir peut être considéré comme un en-cas et comme pouvant ainsi user à son tour de l'appareil de cuves d'un des autres pressoirs, ce qui réduirait à 24 le nombre des cuves de débourbage indispensable à l'exploitation de 100 hectares de vignes en vin blanc. Toutefois il est avantageux de porter le nombre des cuves à 40 cuves d'une contenance de 50 hectolitres, parce que ce nombre et cette capacité sont nécessaires pour emmagasiner les marcs; soit qu'on y mette les marcs pour en tirer l'esprit par distillation ou pour faire la boisson des ouvriers : à cette double fin les cuves doivent porter un cercle intérieur, à 0^m.05 au-dessous du bord supérieur, pour recevoir les planches d'un fond qu'on y pose et qu'on rend jointives par de la terre glaise. Cinq barlongs, cinq égrappoirs, cinq fouloirs, complètent avec trente sapines, trente hottes à vin ou à marc, cinq pompes ou cinq appareils de tuyaux de conduite, le mobilier du pressurage et de la mise du vin à la cuve ou au tonneau.

Placement des cuves et des pressoirs dans la cuverie.

22

cuvier ou vinée. — Les cuves de débourbage et les pressoirs, avec tous leurs accessoires, peuvent être disposés dans le même emplacement ou au même étage des bâtiments; cette disposition est d'ailleurs consacrée par l'habitude la plus générale des grands vignobles; les cuves et les pressoirs sont presque toujours au rez-de-chaussée et dans un même local, appelé vinée, cuverie ou cuvier; les cuves y occuperont un espace de 600^m. superficiels et les pressoirs un espace de 400^m. à 500^m.; environ la moitié de l'espace de 2,200^m., base générale qu'il convient de donner au bâtiment d'exploitation. La moitié restant libre servira à remiser tous les accessoires des pressoirs, des cuves et tout le mobilier de la vendange, et, si tout l'espace n'est pas utilisé ainsi, le surplus sera à peine suffisant pour y étendre des suppléments de pièces pleines ou vides pour des dépôts provisoires de marcs, etc., etc.

Nombre des cuves et pressoirs à vins rouges. — Il ne faut pas moins d'emplacement pour la vinée ou cuverie des vins rouges; si deux pressoirs doubles et trois pressoirs simples sont suffisants pour l'exploitation de 100 hectares en vins rouges, 50 cuves de 50 hectolitres chacune suffiraient à peine pour les vins rosés et ne suffiraient pour la cuvaison des vins rouges que si cette cuvaison pouvait se terminer en cinq jours ; c'est-à-dire si en dix jours on pouvait faire double cuvée; car, si la cuvaison devait, soit par le mauvais état de la vendange et de la saison, soit parce qu'on voudrait faire des vins de macération, se prolonger pendant plus de cinq jours, pendant dix jours, par exemple, on conçoit que, chaque hectare ayant produit 40 hectolitres de vin, c'est-à-dire tout ce que peut contenir une cuve de 50 hectolitres, il faudrait alors 100 cuves pour recevoir et garder la vendange pendant tout le temps nécessaire ou jugé nécessaire par le propriétaire. Or 100 cu=

ves nécessiteraient pour leur place et leur service 1,500^m. superficiels et il ne resterait plus que 700^m. libres dont 200^m. à 500^m. pour les pressoirs et le reste pour les accessoires, ce qui serait à peine suffisant. Il est vrai que, lorsque les marcs sont remisés dans la moitié des cuves, on peut utiliser les cuves inoccupées au remisage d'une foule d'accessoires qu'on y classe et qu'on y conserve très bien.

Dimensions et distribution générales du bâtiment d'exploitation. — Il résulte de cet exposé rapide et superficiel qu'une exploitation de 100 hectares de bonnes vignes nécessite un bâtiment d'exploitation de 200^m. de long sur 11^m. intérieurs de large, offrant au moins trois étages; l'un supérieur *pour la tonnellerie et la rincerie*, l'autre au rez-de-chaussée *pour la cuverie et les pressoirs*, et le troisième en sous-sol *pour les caves*. Ce bâtiment serait beaucoup plus complet et ne laisserait rien à désirer s'il possédait un beau grenier au-dessus de la tonnellerie pour remiser les cercles, les osiers et pour débarras de toutes sortes, et un deuxième étage de sous-sol pour les vins vieux; dans ce cas le premier sous-sol prend le nom de celliers pour les vins nouveaux, et le second conserve le nom de caves proprement dites.

Exposition du bâtiment d'exploitation. — Ce bâtiment doit avoir sa principale façade à l'exposition nord, et, autant que possible, sa façade opposée jointe à l'escarpement d'une colline jusqu'à la hauteur du sol de la rincerie, et, s'il se peut, jusqu'au plancher du grenier placé au-dessus. Cette disposition offre un double avantage au vendangeoir : d'abord la température est au nord, pour les vaisseaux vinaires et pour les vins, plus uniforme et plus convenable que les variations énormes de température produites par l'exposition du midi, qui tourmentent d'une manière fâcheuse les vins et leurs vaisseaux; ensuite la jonction à l'escarpement permet d'arriver avec les voitures, par des rampes taillées dans la colline, aux étages supérieurs du bâtiment, tandis qu'on aborde la cuverie à niveau du sol et qu'on descend par une rampe dans les caves formant les étages inférieurs.

Forme, étendue, éclairage et entrée des caves, dispositions de la cuverie et de la tonnellerie. — Les caves doivent présenter deux berceaux de 200^m. de longueur et de $5^m.20$ de largeur, séparées par un pied droit moyen de $0^m.60$ d'épaisseur ; les voûtes plein cintre, ou mieux, surbaissées de $0^m.60$, doivent retomber sur des pieds droits de $1^m.50$; de cette façon on peut gerber à triple étage contre les murs, et à quadruple étage au milieu, les pièces de vin de deux hectolitres; les deux berceaux, ainsi remplis, contiennent facilement 8,000 pièces, c'est-à-dire la récolte moyenne de cent hectares de vignes pendant quatre années. L'entrée des berceaux doit être à une extrémité, tandis que l'autre extrémité est éclairée, dans toute sa section, par un vaste réflecteur incliné à 45 degrés et regardant librement le ciel par une vitrine de 4^m. sur 5^m. ; deux réflecteurs et deux vitrines suffisent à éclairer les caves de façon à y voir tous les objets et à y surveiller toutes les manœuvres. La cuverie doit avoir 4^m. de haut du sol à son plancher, tandis que $2^m.50$ à 3^m. sont suffisants pour la tonnellerie ; le sol de la tonnellerie doit être un terrie bitumé avec pentes et rigoles pour l'écoulement des eaux de la rincerie, et, comme le poids de ce sol est considérable, il doit reposer sur un solivage en chêne très-solide soutenu par de fortes poutres de 4^m. en 4^m., appuyées elles-mêmes sur deux rangs de poteaux à 3^m. des murailles de la cuverie.

Bâtiments, accessoires et logements. — Le bâtiment principal suppose comme accessoires et à proximité une distillerie, un atelier de menuiserie, un atelier de charronnage, une forge, des écuries, des remises, des hangars ouverts, des lieux d'aisances, et enfin des murs de cloture : il suppose encore les logements du personnel employé au service permanent de tout le vendangeoir.

Ce personnel, dans la création d'un vignoble éloigné des villes et même d'un village, doit être composé, autant que possible, d'ouvriers appartenant à toutes les industries se rattachant à la construction et à la terrasse. Voici un aperçu de sa meilleure composition :

1° Un chef tonnelier commandant à huit garçons tonneliers ;
2° Un distillateur ;
3° Un menuisier et deux compagnons ;
4° Un charpentier et un compagnon ;
5° Un serrurier et un compagnon ;
6° Un couvreur et un compagnon ;
7° Un maçon et un compagnon ;
8° Un plâtrier fumiste ;
9° Un charron ;
10° Un vitrier peintre ;
11° Un ferblantier zingueur ;
12° Un pompier plombier ;
13° Un puisatier ;
14° Un chaufournier ;
15° Un jardinier ;
16° Un vannier ;
17° Un ouvrier draineur.

Ces hommes spéciaux doivent être engagés pour tout faire, et ils doivent travailler à toutes les opérations, même les plus étrangères à leur spécialité : ce sont eux qui font tout le service intérieur des égrappoirs, fouloirs, pressoirs, cuves, tonneaux : ils accomplissent toutes les grandes manœuvres des vins, des caves, des constructions, des réparations, des terrassements, des plantations, etc., et chacun d'eux travaille selon sa profession aussitôt que son service général du vendangeoir est terminé. Un personnel ainsi composé,

22.

ou composé d'autres spécialités, selon les localités et les prévisions, donne des résultats merveilleux pour l'économie et la rapidité de l'exécution. Dans les exploitations viticoles et agricoles, les ouvriers à spécialité exclusive sont toujours des embarras et des fardeaux. Les hommes à toutes mains et à spécialité d'occasion travaillent avec plaisir et avec entrain à ce qui n'est pas leur métier, et ils apportent à ce travail toutes les ressources, toutes les malices de leur spécialité ; ils se corrigent ainsi et se perfectionnent les uns par les autres : le maçon apprend du charpentier à mettre une poutre au levage, et le charpentier sait bientôt tailler et asseoir un moellon, dresser une douve, jabler un tonneau et y remettre un fond. En agriculture et surtout en viticulture, il faut des Robinsons et non des ajusteurs ; mais, pour les attirer et les fixer, il faut leur assurer un logement et une cantine ; le vivre et le couvert plutôt encore que l'élévation du salaire. Après le couvert et le vivre assurés, le travail pour longtemps, pour toujours si les gens ne déméritent pas, de bons traitements, l'exactitude et l'équité dans le paiement du prix convenu sont la plus puissante attraction pour l'ouvrier. Comme tous les hommes, l'ouvrier cherche par-dessus tout la sécurité, la considération et la justice : les salaires exagérés ne sont jamais à ses yeux une compensation suffisante de l'indifférence, de la dureté et de la mauvaise foi avec lesquelles on le traite trop souvent.

Nécessité de loger les vignerons. — Si vous voulez créer un grand vignoble dans un lieu éloigné d'un village assez important, il faut, non-seulement créer le bâtiment principal d'exploitation avec ses accessoires et les logements des ouvriers de son service permanent, il faut encore préparer un refuge pour les deux cents ouvriers, hommes et femmes, pour les cinquante ou soixante familles néces-

saires à l'exploitation de cent hectares de vignes. Même
dans le voisinage d'un gros village, même dans le voisinage
d'une ville, ce refuge devrait être préparé, parce que vous
n'aurez de ce village ou de cette ville ni bons ouvriers ni
bons services. Le village et la ville vous attendent comme
une proie : si vos ouvriers, venus de tous les côtés, sont
obligés d'y chercher le vivre et le couvert, ils s'y ruineront
et s'y perdront ; ce n'est qu'à la longue et par le succès
qu'une grande entreprise agricole ss fait accepter et respecter ; lorsqu'elle s'est imposée par ses services et par le
temps, les populations voisines l'acceptent et la servent à
leur tour : elle a acquis son droit de bourgeoisie ; mais jusque-là le désert vaut mieux pour elle que l'atmosphère d'une
ville.

Logement du maître. — Enfin, la création d'une habitation de propriétaire, habitation dont l'importance doit
être proportionnée à celle de l'exploitation, est le couron·
nement obligé de l'œuvre colonisatrice : cette habitation
suppose l'établissement de jardins, de vergers, et d'agréments aussi complets et aussi grands que le domaine peut
le permettre. Plus l'ensemble de la maison de maître sera
convenable, de bon goût et remarquable, plus ses dépendances auront de charmes, plus la prospérité du vignoble
sera assurée, plus seront grandes la stabilité et la satisfaction de ses colons. La vue de ce qui est bien et de ce qui
est beau réjouit et attache tous les hommes, même les plus
simples et les plus pauvres : ils sont heureux de voir leur
beau domaine, ils sont fiers de leurs riches et bons maîtres,
de leurs belles et bonnes maîtresses ; c'est leur luxe à eux,
c'est leur richesse : un seul luxe pour tous, tous pour un
seul luxe : la maison du vignoble, c'est le clocher du village, la cathédrale des grandes cités : elle doit donc être
proportionnée à l'importance du vignoble.

§ 2. — APERÇU DES DÉPENSES DES CONSTRUCTIONS ET DU MOBILIER
DU VENDANGEOIR.

Nous avons vu (chapitre xi, page 201), que 100 hectares de vignes coûtaient à créer, à planter et à amener à pleine production, 600,000 fr.

Nous avons vu qu'arrivés à ce point les 100 hectares donnaient ou devaient donner, au minimum, 100,000 fr. de produit net, c'est-à-dire le revenu d'un million à 10 pour 100, ou le revenu de deux millions à 5 pour 100.

Or, sur ce capital de 1 ou 2 millions, 600,000 fr. seulement sont dépensés.

Le capitaliste dispose donc ou peut disposer de 400,000 fr. ou bien de 1,400,000 fr. pour le mobilier du vignoble, le bâtiment principal d'exploitation avec ses accessoires, pour les logements de son personnel et du personnel du vignoble, et pour la maison d'habitation, suivant qu'il veut retirer 10 ou seulement 5 pour 100 de son capital.

Dans les dépenses à faire pour ces divers objets, celle du mobilier est peu susceptible de différence, car le mobilier doit toujours être bon et complet, surtout quand on vise au profit; voici un aperçu de cette dépense :

Mobilier de la vendange.

500 paniers, à 50 c. l'un..	250 fr.
500 ciseaux, à 75 c.	375
1,000 récipients, à 5 fr.	5,000
20 voitures, à 300 fr..	6,000
20 chevaux, à 600 fr..	12,000
Petites échelles, plans inclinés ou poulins et autres accessoires.	375
Somme à valoir..	1,000
Total du matériel de la vendange. . .	25,000 fr.

Mobilier du vendangeoir.

4 pressoirs en place avec leurs accessoires, à 1,500 fr. l'un.	6,000 fr.
50 cuves chacune de 50 hectolitres (à 6 fr. par hectolitre), ou 300 fr. la cuve.	15,000
2,000 tonneaux de 2 hectolitres, à 7 fr. . . .	14,000
1,600 mètres de chantiers fixes et mobiles, à 1 fr. 50 le mètre courant..	2,400
Égrappoirs, fouloïrs, baquets, barlongs, tines, sapines, entonnoirs, siphons, robinets, perce-vins, puise-vins, gleucomètres, etc.	2,000
Grues, monte-tonneaux, diables, brouettes, chaînes, cordages, outils de tonnellerie, etc..	2,600
Sommes à valoir.	3,000
Total du mobilier du vendangeoir. . .	45,000 fr.
Report du mobilier de la vendange.. .	25,000
Total général du mobilier de la ven-dange et du vendangeoir..	70,000 fr.

Mais, si la dépense à faire pour le mobilier indispensable à l'exploitation de cent hectares de vignes ne peut être diminuée et ne peut varier, il n'en est pas de même pour les constructions diverses.

Si le bâtiment principal, de 200^m. de long sur 11^m. de large, est réduit à ses trois étages indispensables, savoir : un étage de caves en sous-sol, une cuverie au rez-de-chaussée et une tonnellerie sous les combles, ce bâtiment peut être, à la rigueur, et dans la plupart des pays, construit solidement, mais sans aucun luxe, à 60 fr. le mètre carré couvert, y compris les épaisseurs de murailles, c'est-à-dire pour 150,000 fr., avec 5,280 fr. de somme à valoir; tandis que, s'il est composé d'un étage de caves en plus et d'un beau grenier au-dessus de la tonnellerie, c'est-à-dire de cinq étages, pour peu que ses portes et fenêtres soient en pierres de taille, il doit coûter au moins 100 fr. par mètre superficiel couvert, c'est-à-dire, y compris l'épaisseur des murailles, 250,000 fr., avec une somme à valoir de 8,800 fr. seulement.

Les bâtiments accessoires peuvent être réduits à 500^m. superficiels, à 30 fr. le mètre superficiel couvert, soit 15,000 fr., ou être portés avec avantage à 1,500^m., et coûter 45,000 fr., pour logements d'ouvriers, écuries, remises, forge, distillerie, menuiserie, charronnage, etc.

Les 200 ouvriers de la vigne peuvent être logés suffisamment dans 800^m. superficiels à 30 fr., en dortoirs, avec une cantine commune, pour 25,000 fr.; ou bien chacune des 60 familles peut occuper une petite maison avec cour et jardin, coûtant 2,000 fr., ou 120,000 fr. pour les 60 maisons.

En peu de mots, les bâtiments indispensables à l'exploitation et à la colonie d'un vignoble de 100 hectares peuvent ne coûter que 190,000 fr. ou s'élever à un prix de 415,000 fr.

Si au chiffre de 190,000 fr. on joint le prix du mobilier de 70,000 fr., la dépense totale s'élèvera à 260,000 fr.; il restera donc encore 140,000 fr. disponibles sur les 400,000 fr. non employés. Avec cette somme on peut établir une maison de maître respectable pour 60 à 70,000 fr., et y joindre une petite ferme commanditée par les 70 ou 80,000 fr. restant : toutes ces dépenses étant couvertes par 10 pour 100 de revenu net.

Si les 70,000 fr. du prix du mobilier sont ajoutés aux 415,000 fr., la dépense totale de l'installation de l'exploitation et de la colonie s'élèvera à 485,000 fr., qui, avec les 600,000 fr. de la dépense faite pour la création du vignoble, complètent 1,085,000. Il resterait donc 915,000 fr. disponibles pour l'établissement d'une grande et belle habitation de maître et pour commanditer des fermes considérables, l'intérêt de 2 millions à 5 pour 100 étant assuré.

§ 3. — CONCLUSION.

En terminant ce rapide exposé de la viticulture et de la vinification, je m'empresse de déclarer que je n'entends point poser des chiffres absolus et indiquer des résultats infaillibles : j'exprime une conviction personnelle déterminée par tout ce que j'ai observé, par tout ce que j'ai expérimenté, par les comparaisons que j'ai faites et les déductions que j'ai tirées de l'observation et de l'expérience. Je crois sincèrement à la vérité de ce que je dis, mais j'ai trop fait de choses en ma vie pour ne pas savoir que le raisonnement, l'observation et l'expérience même se réunissent bien souvent pour donner à l'erreur l'apparence de la vérité : le temps seul juge souverainement les bonnes ou les mauvaises idées, les bonnes ou les mauvaises pratiques.

FIN

TABLE DES MATIÈRES

VINIFICATION

FIN DE LA TABLE DES MATIÈRES.

TABLE ALPHABÉTIQUE

FIN DE LA TABLE ALPHABÉTIQUE.

TABLE DES GRAVURES

FIN DE LA TABLE DES GRAVURES.

PARIS. — IMP. SIMON RAÇON ET COMP., RUE D'ERFURTH, 1.

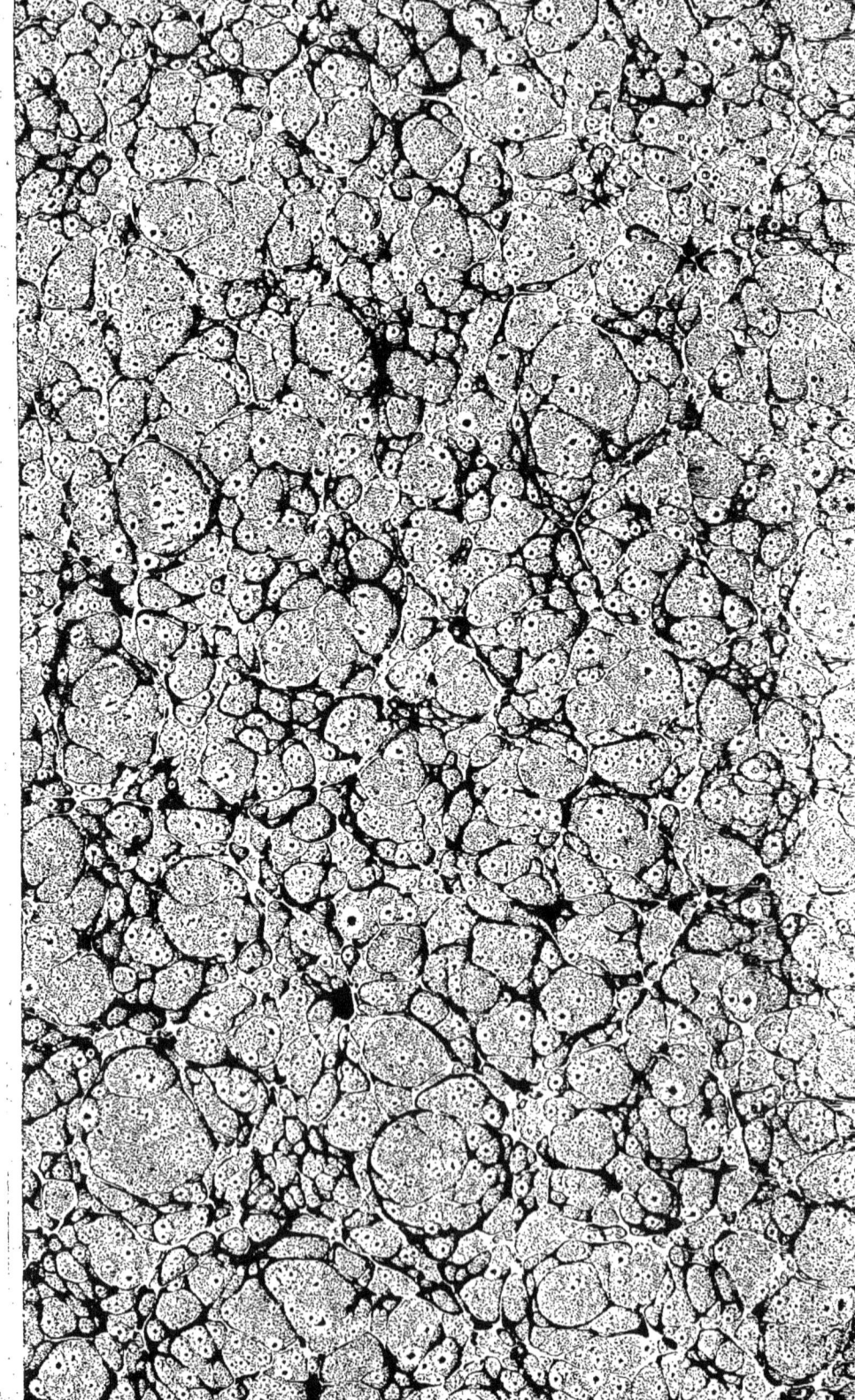

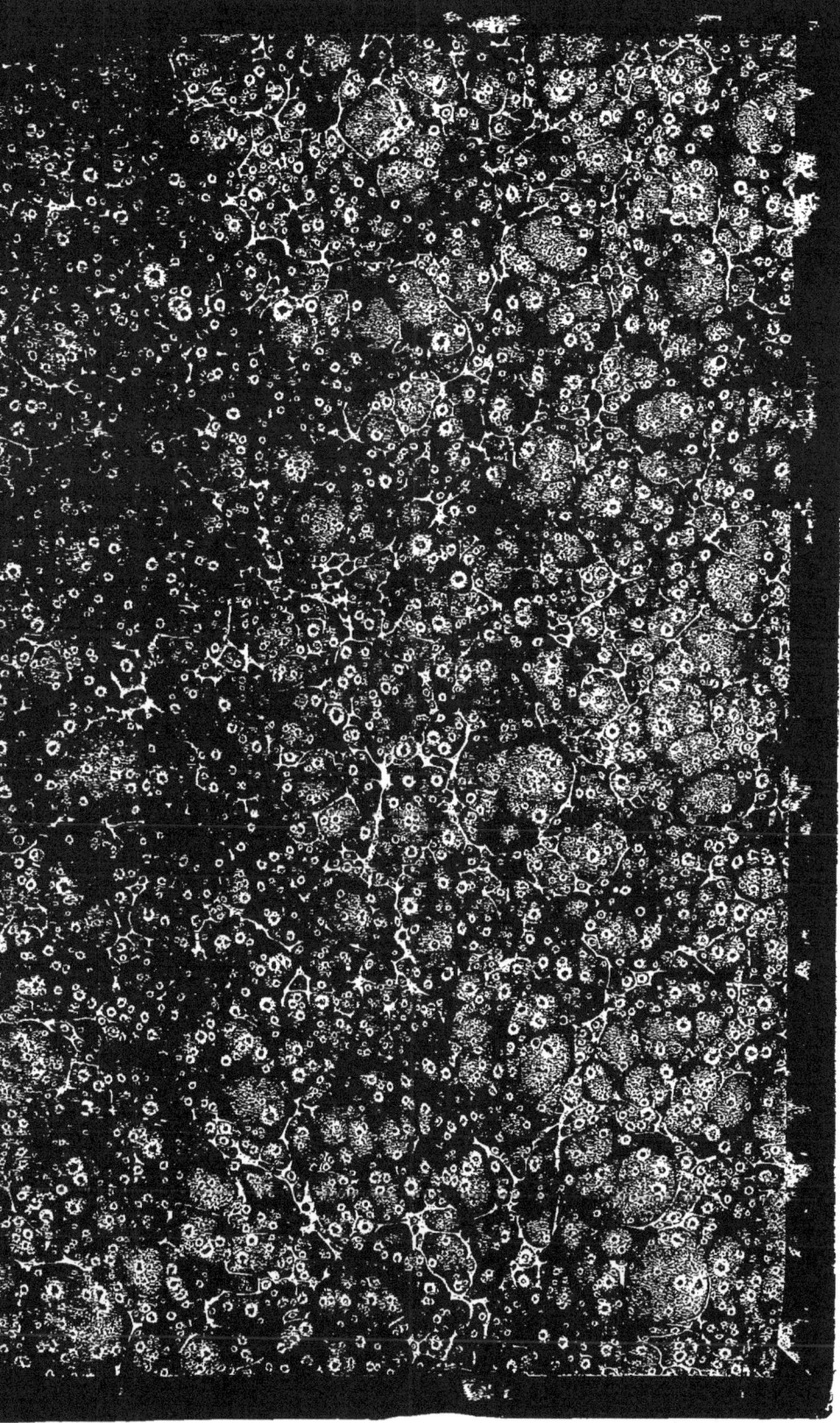

www.ingramcontent.com/pod-product-compliance
Lightning Source LLC
Chambersburg PA
CBHW070547030726
47505CB00001B/198